高职高专土木与建筑规划教材

建筑识图与构造

李　颖　林巧琴　主　编

清华大学出版社
北京

内 容 简 介

本书根据教学大纲的特点和要求，注重培养和提高学生的应用能力，突出以能力培养为目的的高等职业教育特色，采用国家最新颁布的制图标准和规范，在建筑工程上的一些新技术、新做法为基础上，组织各大高校老师编写而成。为了便于教学和学习，本书每章开始设有学习目标和教学要求引导学生学习，每章后设置了"实训练习"供学生课后练习使用，并配有习题，帮助学生巩固所学内容。

本书分为 13 章，首先介绍建筑制图的基本知识、投影的基本知识，然后在此基础上介绍建筑施工图的识读、结构施工图、民用建筑概述、基础与地下室、墙体、楼板、楼梯与电梯、门、窗和屋顶，以及变形缝、单层厂房构造等内容。

本书既可作为高职高专建筑工程技术、工程管理、工程造价、工程监理等土建施工类专业和房地产经营与管理、物业管理等相关专业的教材，同时也可作为结构设计人员、施工技术人员、工程监理人员等相关专业技术人员与企业管理人员业务知识学习的培训用书。

本书封面贴有清华大学出版社防伪标签，无标签者不得销售。
版权所有，侵权必究。举报：010-62782989，beiqinquan@tup.tsinghua.edu.cn。

图书在版编目(CIP)数据

建筑识图与构造/李颖，林巧琴主编. —北京：清华大学出版社，2019.1 (2022.9重印）
(高职高专土木与建筑规划教材)
ISBN 978-7-302-51019-2

Ⅰ．①建… Ⅱ．①李… ②林… Ⅲ．①建筑制图—识图—高等职业教育—教材 ②建筑构造—高等职业教育—教材 Ⅳ．①TU2

中国版本图书馆 CIP 数据核字(2018)第 192728 号

责任编辑：桑任松
封面设计：刘孝琼
责任校对：周剑云
责任印制：杨 艳

出版发行：清华大学出版社
网　　址：http://www.tup.com.cn, http://www.wqbook.com
地　　址：北京清华大学学研大厦A座　　邮　编：100084
社 总 机：010-83470000　　邮　购：010-62786544
投稿与读者服务：010-62776969, c-service@tup.tsinghua.edu.cn
质量反馈：010-62772015, zhiliang@tup.tsinghua.edu.cn
课件下载：http://www.tup.com.cn, 010-62791865

印 装 者：三河市铭诚印务有限公司
经　　销：全国新华书店
开　　本：185mm×260mm　　印　张：17.5　　字　数：421千字
版　　次：2019年1月第1版　　印　次：2022年9月第8次印刷
定　　价：49.00元

产品编号：078037-01

前　　言

　　建筑识图与构造是建筑工程技术专业的职业技能课程，是研究建筑识图基本知识和建筑各组成构件基本构造要求与方法的一门课程，具有实践性与综合性强以及知识面广等特点，学习此课程必须与实际工程中的新材料、新技术和新工艺相结合，并运用基本知识，解决实际生产问题。

　　本教材根据高职高专建筑工程技术专业人才培养目标、人才培养规格和国家现行规范规定编写而成。本教材以建筑识图与构造的基本原理为主要内容，以掌握基本原理与将实际动手能力和专业的基本技能训练相结合为目标。教材内容的设计是根据职业能力要求及教学特点，与建筑行业的岗位需求相对应，体现国家新的标准和技术规范；注重实用，内容精选翔实，文字叙述简练，图文并茂，充分体现了教学与综合训练相结合的编写思路。

　　本书具有如下特点。

　　(1) 新，图文并茂，生动形象，形式新颖；

　　(2) 全，知识点分门别类，包含全面，由浅入深，便于学习；

　　(3) 系统，知识讲解前后呼应，结构清晰，层次分明；

　　(4) 实用，理论和实际相结合，举一反三，学以致用；

　　(5) 赠送，除了必备的电子课件，每章习题答案外，还配套有大量的拓展图片、讲解音频、现场视频、模拟动画、AR 增强现实技术教学资料、模拟测试 AB 试卷等。通过扫描二维码的形式获取学习资源，力求让学生在学习时以最快、最高效的方式达到学习目的。

　　本书由黄河水利职业技术学院李颖老师任主编，参加编写的还有河南工程学院闫莉，龙元建设集团股份有限公司刘家印，西华大学孙华、西华大学崔宣，开封大学陈军，商丘工学院王朋粉。具体的编写分工为刘家印负责编写第 1 章、第 2 章，李颖负责编写第 3 章、第 7 章，并对全书进行统筹，王朋粉负责编写第 4 章、第 11 章的 11.1，闫莉负责编写第 5 章、第 6 章，孙华负责编写第 8 章、第 9 章，崔宣负责编写第 10 章、第 11 章的 11.2 与 11.3，陈军负责编写第 12 章、第 13 章。在此对在本书编写过程中的全体合作者和帮助者表示衷心的感谢！

　　本书在编写过程中，得到了许多同行的支持与帮助，在此一并表示感谢。由于编者水平有限和时间紧迫，书中难免有错误和不妥之处，望广大读者批评指正。

编者

目 录

电子课件获取方法.pdf

第 1 章 建筑制图的基本知识 1

1.1 制图工具 2
- 1.1.1 图板和丁字尺 2
- 1.1.2 三角板比例尺 3
- 1.1.3 圆规和分规 4
- 1.1.4 铅笔 5
- 1.1.5 其他 5

1.2 制图标准 5
- 1.2.1 图纸规格 5
- 1.2.2 图线、字体 6
- 1.2.3 比例 7
- 1.2.4 尺寸标注 8

1.3 制图的方法和步骤 10
- 1.3.1 绘图准备 10
- 1.3.2 用铅笔绘制底稿 11
- 1.3.3 图纸加深整理 11
- 1.3.4 注意事项 12

本章小结 12
实训练习 12

第 2 章 投影的基本知识 15

2.1 投影的概念与分类 16
- 2.1.1 投影的概念和投影法的形成 16
- 2.1.2 投影的分类 16
- 2.1.3 三面投影图的形成 17

2.2 三面正投影 19
- 2.2.1 三面正投影的形成 19
- 2.2.2 三视图的展开 19
- 2.2.3 三面正投影的作图方法 20
- 2.2.4 三视图之间的投影规律 22
- 2.2.5 基本几何体的三视图 23

2.3 点、线、面的投影 24
- 2.3.1 点的投影 24

                2.3.2　线的投影 26
                2.3.3　面的投影 30
        2.4　轴测图 32
                2.4.1　轴测图的概念及特性 33
                2.4.2　正轴测图 33
                2.4.3　斜轴测图 34
                2.4.4　工程上常用的投影图 35
        2.5　基本形体与组合体 36
                2.5.1　建筑形体基本元素的投影 36
                2.5.2　组合体的投影 37
        2.6　剖面图 38
        2.7　断面图 39
        本章小结 40
        实训练习 40

第3章　建筑施工图的识读 43

        3.1　概述 44
                3.1.1　建筑物的类型和组成 44
                3.1.2　建筑施工图的内容 47
        3.2　建筑施工图识读 49
                3.2.1　建筑施工图首页及总平面图 49
                3.2.2　建筑平面图 50
                3.2.3　建筑立面图 55
                3.2.4　建筑剖面图 57
                3.2.5　建筑详图 58
        本章小结 60
        实训练习 60

第4章　结构施工图 63

        4.1　概述 64
        4.2　结构施工图识读 65
                4.2.1　基础结构图 65
                4.2.2　楼层结构平面图 70
                4.2.3　钢筋混凝土构件结构详图 73
                4.2.4　钢筋混凝土框架结构图 76
        本章小结 77
        实训练习 77

第 5 章 民用建筑概述 81

5.1 建筑的分类及建筑等级的划分 82
5.1.1 建筑的分类 82
5.1.2 建筑等级的划分 83
5.1.3 常用建筑名词 85

5.2 民用建筑的构造及设计原则 86
5.2.1 民用建筑构造组成 86
5.2.2 影响建筑构造的因素和设计原则 87

5.3 建筑工业化和建筑模数协调 89
5.3.1 建筑工业化 89
5.3.2 建筑模数协调 91

本章小结 92
实训练习 92

第 6 章 基础与地下室 97

6.1 地基与基础的基本概念 98
6.1.1 地基 98
6.1.2 基础 101
6.1.3 地基与基础的区别与联系 104
6.1.4 地基与基础的设计要求 105
6.1.5 影响基础埋深的因素 105

6.2 地下室的构造 106
6.2.1 地下室的类型 106
6.2.2 地下室的构造 108
6.2.3 地下室的防水构造 109

本章小结 111
实训练习 111

第 7 章 墙体 117

7.1 墙体的类型和作用 118
7.1.1 墙体的分类和作用 118
7.1.2 墙体的设计要求 121
7.1.3 墙体的承重方案 123

7.2 砌体墙的构造 124
7.2.1 砌体墙 124
7.2.2 墙的加固措施 127
7.2.3 墙的细部构造 129

7.3 隔墙、隔断构造 131

		7.3.1 隔墙 131

        7.3.2 隔断 133

本章小结 137

实训练习 137

第 8 章　楼板 141

8.1 楼板层的分类及构成 142

8.2 钢筋混凝土楼板 144

    8.2.1 现浇钢筋混凝土楼板 144

    8.2.2 预制装配式钢筋混凝土楼板 146

    8.2.3 装配整体式钢筋混凝土楼板 147

8.3 楼地层的细部构造 148

    8.3.1 楼地层防潮 148

    8.3.2 楼地层防水保温 149

    8.3.3 楼地层隔声 150

8.4 地坪层的构造 151

    8.4.1 地坪层 151

    8.4.2 实铺地层 151

    8.4.3 空铺地层 152

8.5 顶棚 153

    8.5.1 直接式顶棚 153

    8.5.2 吊挂式顶棚 155

8.6 阳台及雨篷 156

    8.6.1 阳台的分类及构造 156

    8.6.2 雨篷的分类及构造 158

本章小结 159

实训练习 159

第 9 章　楼梯与电梯 165

9.1 楼梯 166

    9.1.1 楼梯的类型 166

    9.1.2 楼梯的构成 167

    9.1.3 楼梯的踏步 168

9.2 钢筋混凝土楼梯 169

    9.2.1 现浇式钢筋混凝土楼梯 169

    9.2.2 预制装配式钢筋混凝土楼梯 170

9.3 楼梯的细部构造 173

    9.3.1 踏步 173

    9.3.2 栏杆、栏板与扶手 174

		9.3.3 楼梯的基础	175
9.4	室外台阶与坡道		175
	9.4.1	台阶	175
	9.4.2	坡道	176
9.5	电梯与自动扶梯		178
	9.5.1	电梯的配置原则与构成	178
	9.5.2	自动扶梯的配置原则与构成	181

本章小结 ... 183
实训练习 ... 183

第 10 章 门、窗 ... 187

10.1	门窗的分类及作用		188
	10.1.1	门、窗的分类	188
	10.1.2	门、窗的作用	190
10.2	门		192
	10.2.1	门的尺度	192
	10.2.2	门的构成	192
10.3	窗		196
	10.3.1	窗的尺度	196
	10.3.2	窗的构成	197

本章小结 ... 202
实训练习 ... 202

第 11 章 屋顶 ... 205

11.1	屋顶的分类及构成		206
	11.1.1	屋顶的作用	206
	11.1.2	屋顶的分类	206
	11.1.3	屋顶的构造	207
11.2	平屋顶构成		208
	11.2.1	平屋顶排水	208
	11.2.2	平屋顶构造	210
11.3	坡屋顶构成		210
	11.3.1	坡屋顶排水	210
	11.3.2	坡屋顶构造	215

本章小结 ... 219
实训练习 ... 219

第 12 章 变形缝 ... 223

12.1	变形缝分类和作用	224

	12.1.1 伸缩缝	224
	12.1.2 沉降缝	227
	12.1.3 防震缝	229
12.2	变形缝的设置要求	230
12.3	变形缝的构造	233
本章小结		238
实训练习		238

第13章 单层厂房构造 243

13.1	工业建筑概述	244
13.2	单层工业厂房的构造	251
	13.2.1 单层工业厂房组成	251
	13.2.2 单层工业厂房的主体结构构造	254
	13.2.3 单层工业厂房的墙体构造	257
	13.2.4 单层工业厂房的其他构造	259
本章小结		262
实训练习		262

参考文献 267

建筑识图与构造
试卷 A.pdf

建筑识图与构造
试卷 A 答案.pdf

建筑识图与构造
试卷 B.pdf

建筑识图与构造
试卷 B 答案.pdf

第 1 章 建筑制图的基本知识

第 1 章 建筑制图的基本知识教案.pdf

01

【学习目标】

- 认识制图工具
- 了解制图标准
- 掌握制图的方法和步骤
- 掌握投影的基本知识

第 1 章 建筑制图的基本知识图片.pptx

【教学要求】

本章要点	掌握层次	相关知识点
制图工具	认识制图工具	制图工具
制图标准	了解制图标准	制图标准
制图的方法和步骤	掌握制图的方法和步骤	制图方式
投影的基本知识	掌握投影的基本知识	投影知识

【引子】

　　工程制图的发展是历史的延续，工程制图的现状还不能适应科学技术、生产制造业迅速发展的需要，工程制图需要试验，以试验推动课程，形成试验发展理论，理论推动试验的良性循环，是工程制图可持续发展的有效途径。二十世纪五十年代，我国著名学者赵学田教授就简明而通俗地总结了三视图的投影规律——长对正、高平齐、宽相等。1956 年原机械工业部颁布了第一个部标准的《机械制图》，1959 年国家科学技术委员会颁布了第一个国家标准的《机械制图》，随后又颁布了国家标准的《建筑制图》，使全国工程图样标准得到了统一，标志着我国工程图学进入了一个崭新的阶段。

1.1 制图工具

1.1.1 图板和丁字尺

图板是指制图时垫在图纸下面有一定规格的木板。其作用是方便绘图，尤其是在室外绘图时，图板要求表面平整，重量轻，方便携带。图板有多种不同的规格，具体选择哪种规格应根据实际情况而定，如图1-1所示。

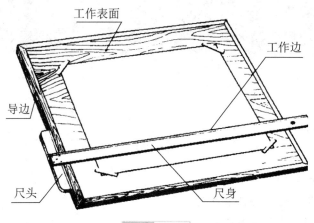

图1-1 图板

丁字尺，又称T形尺，为一端有横档的"丁"字形直尺，由互相垂直的尺头和尺身组成，一般采用透明有机玻璃制作，常在工程设计上绘制图纸时配合绘图板使用。丁字尺是画水平线和配合三角板作图的工具，一般可直接用于画平行线或用作三角板的支承物来画与直尺成各种角度的直线，如图1-2所示。丁字尺多用木料或塑料制成，一般有600mm、900mm、1200mm三种规格。

丁字尺正确使用方法：

(1) 应将丁字尺尺头放在图板的左侧，并与边缘紧贴，可上下滑动使用；

(2) 只能在丁字尺尺身上侧画线，画水平线必须自左至右；

(3) 画同一张图纸时，丁字尺尺头不得在图板的其他各边滑动，也不能用来画垂直线；

丁字尺.mp4

(4) 过长的斜线可用丁字尺来画；

(5) 较长的直平行线组可用具有可调节尺头的丁字尺来作图；

(6) 应保持工作边平直、刻度清晰准确、尺头与尺身连接牢固，不能用工作边来裁切图纸；

(7) 丁字尺放置时宜悬挂，以保证丁字尺尺身的平直。

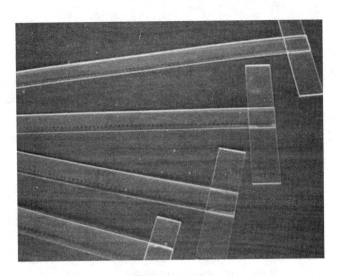

图 1-2 丁字尺

1.1.2 三角板比例尺

在现代社会中,三角板是学数学、量角度的主要作图工具之一。每副三角板由两种特殊的直角三角形组成,一种是等腰直角三角板,另一种是特殊角的直角三角板。如图 1-3 所示。

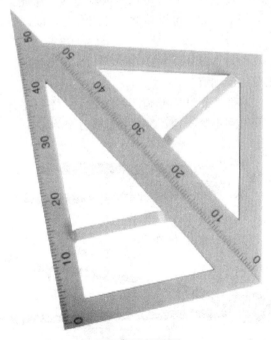

图 1-3 三角板

1. 特点

等腰直角三角板的两个锐角都是 45°，特殊角三角板的锐角分别是 30°和 60°，一块三角板上有 1 个直角，2 个锐角。

两个完全一样的等腰直角三角板可以拼成一个正方形，也可以拼成一个更大的等腰直角三角形。等腰直角三角板的两条直角边长度相等。

两个完全一样的特殊角三角板可以拼成一个正三角形。特殊角三角板的斜边长度是短直角边长度的两倍。

2. 用途

使用三角板可以方便地画出 15°角的整倍数角。特别是将一块三角板和丁字尺配合，按照自下而上的顺序，可画出一系列的垂直线。将丁字尺与一个三角板配合可以画出 30°、45°、60°的角。画图时通常按照从左向右的原则绘制斜线。用两块三角板与丁字尺配合还可以画出 15°、75°的斜线。用两块三角板配合，可以画出任意一条图线的平行线。两块三角板拼凑可画出 75°、105°、120°、135°、150°的角。

1.1.3 圆规和分规

圆规用于画圆及圆弧。使用前应先调整针脚，使针脚带阶梯的一端向下，并使针尖稍长于铅芯，如图 1-4 所示。

分规是用来截取线段、量取尺寸和等分线段或圆弧线的绘图工具。有两股，上端铰接，下端都是针脚，可以随意分开或合拢，以调整针尖间的距离。

分规可分为普通分规和弹簧分规两种。

使用分规时，应注意的事项有：

(1) 量取等分线时，应使两个针尖准确落在线条上，不得错开。

(2) 普通的分规应调整到不紧不松、容易控制的工作状态。

圆规和分规.mp4

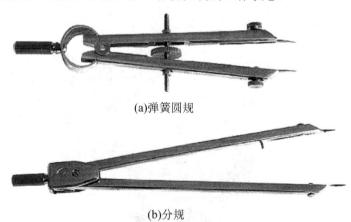

(a)弹簧圆规

(b)分规

图 1-4　圆规和分规

1.1.4 铅笔

铅笔用于绘图线及写字，是手工绘图必不可少的工具。绘图铅笔的一端有铅芯软硬程度的标记，H、2H、3H 表示硬铅芯，H 前的数字越大，表示铅芯越硬；B、2B、3B 表示软铅芯，B 前的数字越大，表示铅芯越软；HB 表示铅芯软硬适中。如图 1-5 所示。画粗实线常用 B、2B 铅芯的铅笔，写字用 HB 或 H 铅芯的铅笔，画细线用 H 或 2H 铅芯的铅笔。画粗实线的铅笔芯一般应磨成矩形，其余应磨成锥形。

图 1-5 铅笔

1.1.5 其他

除上面已介绍的用具之外，绘图时还需准备一把专用的削铅笔刀，修磨铅笔芯用的砂纸，固定图纸用的透明胶带和擦改图线用的橡皮。

如需要，还可准备光滑连接曲线的曲线板(或曲线尺)，度量角度的量角器，量取不同作图比例线段的比例尺(或三棱尺)，绘各种符号用的模板，擦除图线时用的擦图片以及描墨线图时用的直线笔(或鸭嘴笔)等。绘图工具种类繁多，有些仅在特定绘图时才会用到。随着计算机绘图的普及，描图、晒图等复制工程图的工作已逐步被计算机绘图所替代，手工绘图使用的工具大大简化。

1.2 制图标准

1.2.1 图纸规格

图纸幅面简称图幅，指由图纸的宽度和长度组成的图面，即图纸的有效范围，通常用细实线绘出，称为图纸的幅面线或边框线，基本幅面的尺寸及边框尺寸见表 1-1 所示。如基本幅面不能满足绘图时的布图需要，可加长幅面。加长幅面一般是由基本幅面的长边加上 A4 的短边或

图纸的规格.mp4

长边的整数倍而形成的，如 297×630 即 297×(420+210)，841×1783 即 841×(1189+2×297)等。需要时，可查阅有关规定。

表 1-1　基本幅面尺寸及图纸边框尺寸(单位 mm)

幅面代号	A0	A1	A2	A3	A4
B×L	841×1189	594×841	420×594	297×420	210×297
a	25				
c	10			5	

1.2.2　图线、字体

1. 图线

(1) 粗线宽度 b，为图线的基本线宽，按图样的复杂程度在 0.35mm、0.5mm、0.7mm、1mm、1.4mm、2mm 数系中选择。所有线型的图线分粗线、中粗线和细线三种，其宽度比率为 4∶2∶1。当选定粗线宽度 b 后，同一图样中的中粗线宽为 $0.5b$、细线宽为 $0.25b$。在同一图样中，同类图线的宽度应基本一致。

(2) 在作图时，图线的画法应尽量做到：粗细分明、均匀光滑、清晰整齐、交接正确。虚线、点画线与同类型或其他线相交时，均应交于线段处；虚线为实线的延长线时，不得与实线连接；两条平行线之间的最小间隙不得小于 0.7mm，见表 1-2。

表 1-2　图线名称、形式、宽度及用途

图线名称		线　型	线　宽	一般用途
实线	粗		b	主要可见轮廓线
	中		$0.5b$	可见轮廓线
	细		$0.25b$	可见轮廓线、图例线
虚线	粗		b	见有关专业制图标准
	中		$0.5b$	不可见轮廓线
	细		$0.25b$	不可见轮廓线、图例线
单点长画线	粗		b	见有关专业制图标准
	中		$0.5b$	见有关专业制图标准
	细		$0.25b$	中心线、对称线等
双点长画线	粗		b	见有关专业制图标准
	中		$0.5b$	见有关专业制图标准
	细		$0.25b$	假想轮廓线、成型前原始轮廓线
折断线			$0.25b$	断开界线
波浪线			$0.25b$	断开界线

2. 工程图中的文字必须遵循的规定

(1) 图样中书写的文字、数字、符号等，必须做到：字体端正、笔画清楚、排列整齐，标点符号应清楚正确。

(2) 文字的高度，应从如下系列中选用：2.5mm、3.5mm、5mm、7mm、10mm、14mm、20mm。

(3) 图样及说明中的汉字，宜采用长仿宋体，其字高不得小于 3.5mm。汉字的简化书写，应符合国务院公布的《汉字简化方案》和有关规定。如图 1-6 所示为长仿宋体汉字示例。大标题、图册封面、地形图等的汉字，也可使用其他字体，但应易于辨认。

10号字
字体端正笔画清楚排列整齐

7号字
横平竖直注意起落结构均匀填满方格

5号字
房屋建筑工程图土木结构设备给排水通风采暖供电基础门窗楼梯

3.5号字
地面墙体梁柱天花顶钢筋混凝土水泥砂浆夯实找平东南西北剖面断面布置

图 1-6　图样及说明

(4) 字母和数字分 A 型(窄字体)和 B 型(一般字体)，A 型字体的笔画宽度约为字高的十四分之一，B 型字体的笔画宽度约为字高的十分之一。

(5) 字母和数字可写成斜体或直体(常用斜体)。斜体字字头向右倾斜，与水平线成 75°。

(6) 数量的数值注写，应采用正体阿拉伯数字，如 8 层楼、③号钢筋等。各种计量单位前面有量值的，均应采用国家颁布的单位符号注写，单位符号应采用正体字母，如 20mm、30℃、5km 等。

(7) 分数、百分数及比例的注写，应采用阿拉伯数字和数字符号，如 3/4、25%、1：20 等。

(8) 当注写的数字小于 1 时，必须写出个位的"0"，小数点应采用圆点，齐基准线书写，如-0.020、±0.000 等。

1.2.3 比例

绘制图样时所采用的比例是指图样中的图形与实物相对应的线性尺寸之比，即"图距：实距=比例尺"。比值为 1 的比例称为原值比例，比值大于 1 的比例称为放大比例，比值小于 1 的比例称为缩小比例。需要按比例绘制图样时，应从规定的系列中选取适当的比例，如图 1-7 所示。

一般情况下，一个图样应选用一种比例。根据专业制图需要，同一图样可选用两种比例。特殊情况下可自选比例，这时在注出绘图比例后，还

比例.mp4

必须在适当位置绘制出相应的比例尺。

种 类	比 例
常用比例	10∶1、5∶1、2∶1、1∶1、1∶2、1∶5、1∶10、1∶20、1∶100、1∶150、1∶200、1∶500、1∶1000、1∶2000、1∶5000、1∶10000、1∶20000
可用比例	8∶1、4∶1、3∶1、2.5∶1、1∶3、1∶4、1∶6、1∶15、1∶25、1∶30、1∶40、1∶60、1∶80、1∶250、1∶300、1∶400、1∶600

图 1-7　绘图比例

不论绘图比例如何，标注尺寸时必须标注工程形体的实际尺寸，如图 1-8 所示。

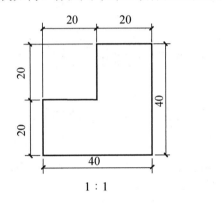

图 1-8　用不同比例画出的图形

比例宜注写在图名的右侧，字的基准线应取平，比例的字高宜比图名的字高小一号或二号，如图 1-9 所示。

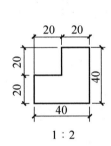

图 1-9　比例的注写方式

1.2.4　尺寸标注

1. 尺寸标注

图形主要表达工程形体的形状及结构，而工程形体的大小通常由标注的尺寸确定。标注尺寸是一项极为重要的工作，必须认真细致，一丝不苟。如果尺寸有遗漏或错误，将给施工带来困难和损失。

2. 尺寸的组成

图样上的尺寸一般应包括尺寸界线、尺寸线、尺寸起止符号和尺寸数字四个部分，如图 1-10(a)所示。

（1）尺寸界线。

尺寸界线应用细实线绘制，一般应与被注长度垂直，其一端应离开图样轮廓线不小于 2mm，另一端宜超出尺寸线 2～3mm。必要时，图样轮廓

尺寸的组成.mp4

线或中心线也可用作尺寸界线。

(2) 尺寸线。

尺寸线也用细实线绘制，应与被注长度平行。图样本身的任何图线均不得用作尺寸线。

(3) 尺寸起止符号。

尺寸起止符号一般应用中粗斜短线绘制，其倾斜方向应与尺寸界线成顺时针 45°角，长度宜为 2～3mm，如图 1-10(b)所示。半径、直径、角度与弧长的尺寸起止符号，宜用箭头表示。

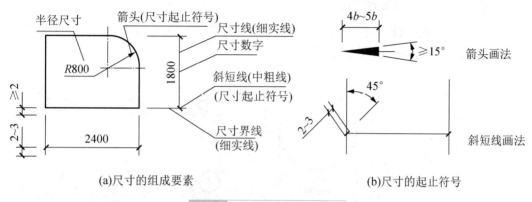

(a)尺寸的组成要素　　　　　　　　　　(b)尺寸的起止符号

图 1-10　尺寸的组成标注示例

(4) 尺寸数字。

图样上的尺寸，应以尺寸数字为准，不应从图上直接量取，所注写的尺寸数字与绘图所选用的比例及作图准确性无关。图样上的长度尺寸单位，除标高及总平面图以米为单位外，都应以毫米为单位。因此，图样上的长度尺寸数字不需注写单位。

尺寸数字的方向，应按图 1-11(a)的规定注写。若尺寸数字在 30°斜线区内，宜按图 1-11(b)所示的形式注写。尺寸数字一般应依据其方向注写在靠近尺寸线的上方中部，如没有足够的注写位置，最外边的尺寸数字可注写在尺寸界线的外侧，中间相邻的尺寸数字可错开注写，也可引出注写，如图 1-11(c)所示。

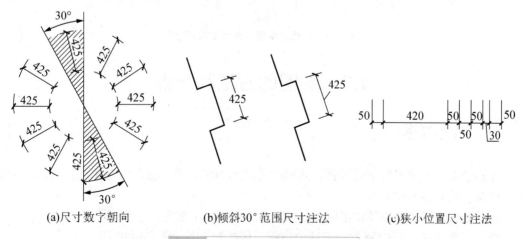

(a)尺寸数字朝向　　　　(b)倾斜30°范围尺寸注法　　　　(c)狭小位置尺寸注法

图 1-11　尺寸数字的注写方向及位置

3. 尺寸的排列与布置

尺寸宜标注在图样轮廓线以外，不宜与图线、文字及符号等相交，如果图线不得不穿过尺寸数字时，应将尺寸数字处的图线断开。

互相平行的尺寸线，应从被注的图样轮廓线由近向远整齐排列，小尺寸应离轮廓线较近，大尺寸应离轮廓线较远。图样轮廓线以外的尺寸线，距图样最外轮廓线之间的距离，不宜小于 10mm。平行排列的尺寸线的间距宜为 7～10mm，并保持一致。

4. 直径、半径、角度的标注

大于半圆的圆弧或圆应标注直径，小于或等于半圆的圆弧应标注半径。标注角度时，尺寸数字一律水平注写，如图 1-12 所示。

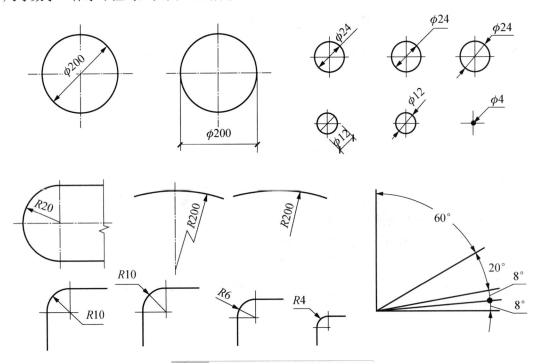

图 1-12 直径、半径、角度的标注示例

1.3 制图的方法和步骤

1.3.1 绘图准备

开始绘图与刚学习写字时一样，正确的方法和习惯，将直接影响后来作图的质量及效率。绘图前的准备工作如下：

(1) 准备好所需的各种作图用具，如：擦净图板、丁字尺、三角板；

(2) 削磨铅笔、铅芯(通常应于课前进行，使绘图工具处于备用状态)；

(3) 分析了解所绘对象，根据所绘对象的尺寸选择合适的图幅及绘图比例；

(4) 固定图纸。通常将图板划分为作图区、丁字尺区、样图区和工具区，图纸应尽量固定于图板的左下方，但下方应留出放丁字尺的位置。固定图纸时首先用透明胶带贴住图纸的一个角，然后用丁字尺校正图纸(丁字尺与图纸边线或图框线对准)，再固定其余三个角。

1.3.2 用铅笔绘制底稿

本阶段的目的是确定所绘对象在图纸上的确切位置，这是保证绘图正确、高效、准确的重要步骤。通常不分线型，全部采用超细实线(比细实线更细、更轻)绘制。
(1) 依次绘出图样幅面线(也称边框线)、图框线和标题栏框线；
(2) 合理布置图形，使所绘对象处于图纸的适当位置；
(3) 绘重要的基准线、轴线、中心线等；
(4) 绘已知线段及已知圆弧；
(5) 作图求解，绘制中间线段、连接线段。如圆弧连接，则需求出各中间弧及连接弧的圆心和切点；
(6) 对照原图检查、整理全图，将不需要的作图过程线擦去。如发现与原图轮廓不符，应找出原因，并及时改正。

1.3.3 图纸加深整理

图纸加深整理是体现作图技巧、提高图面质量的重要阶段。所绘的全部内容都将是图纸的最终成果，故应认真、细致并一丝不苟。

加深的原则是：先粗后细，先曲后直；从上至下，从左至右。

图线要求：线型正确，粗细分明，均匀光滑，深浅一致。

图面要求：布图适中，整洁美观，字体、数字的类型符合标准规定。

具体步骤如下：
(1) 加粗圆弧。圆弧与圆弧相接时应顺次进行；
(2) 用丁字尺从上至下加粗水平直线，到图纸最下方后应刷去图中的碳粉，并擦净丁字尺；
(3) 用三角板与丁字尺配合，从左至右加粗垂直方向的直线，到图纸最右方后刷去图中的碳粉，并擦净三角板；
(4) 加粗斜线；
(5) 加深图中的全部细线，包括轴线、中心线、虚线等；
(6) 一次性绘出标题栏内分格线、剖面线、尺寸界线、尺寸线及尺寸起止符号等。填写尺寸数据、符号、文字及标题栏；
(7) 检查、整理全图，擦去图中不需要的线条，擦净图中被弄脏的部分，如发现错误应及时修改；
(8) 去掉透明胶带，取下图纸，完成作图。

1.3.4 注意事项

在画图时,一定要注意细节问题,保持画面的整洁。

本章小结

本章主要介绍工程图样绘制所涉及的中华人民共和国国家标准《技术制图》及《房屋建筑图统一标准》中有关图纸幅面、比例、字体、图线及尺寸标注等方面的基本规范,它是工程技术图样必须遵循的标准。同时,还介绍了常用绘图工具的使用方法,绘图的基本方法、步骤以及手工绘图的基本技能、技巧。使初学者了解绘制工程图样的基本规范,并得到手工绘图的基本训练。

实训练习

一、单选题

1. A1号横式幅面图纸,其绘图区的图框尺寸(宽×长)为(   )。
   A. 594×841mm B. 574×831mm
   C. 420×594mm D. 574×806mm
2. 尺寸界线应与被注长度垂直,其一端应离开图样轮廓线不小于(   )。
   A. 10mm B. 6mm C. 4mm D. 2mm
3. 尺寸宽×长为297×420(单位:mm)的图纸幅面代号为(   )。
   A. A1 B. A2 C. A3 D. A4
4. 在建筑立面图中,建筑物的外轮廓用(   )表示。
   A. 特粗实线 B. 粗实线 C. 中实线 D. 细实线
5. 工程中的图纸幅面通常有(   )。
   A. 2种 B. 3种 C. 4种 D. 5种

二、多选题

1. 工程中所谓的三视图指的是(   )。
   A. 正视图 B. 侧视图 C. 俯视图
   D. 透视图 E. 轴测图
2. 在三个投影图之间还有"三等"关系,这个"三等"关系指(   )。
   A. 正立面图的长与侧立面图的长相等 B. 正立面图的长与平面图的长相等
   C. 正立面图的宽与平面图的宽相等 D. 正立面图的高与侧立面图的高相等
   E. 平面图的宽与侧立面图的宽相等
3. 组合体尺寸根据其功能的不同可分为(   )。

A. 定形尺寸　　　　B. 标注尺寸　　　　C. 定位尺寸
D. 总体尺寸　　　　E. 组合尺寸

4. 一个完整的尺寸一般应包括(　　)部分。
A. 尺寸界线　　　　B. 尺寸线　　　　C. 尺寸标注
D. 尺寸起止符号　　E. 尺寸数字

5. 结构图中断面图分为(　　)。
A. 空间断面图　　　B. 移出断面图　　　C. 几何断面图
D. 重合断面图　　　E. 立体断面图

三、简答题

1. 图纸规格有什么要求?
2. 制图有哪些步骤?
3. 什么叫断面图?

第1章　建筑制图的基本知识习题答案.pdf

建筑识图与构造

实训工作单

班级		姓名		日期	
教学项目	建筑识图制图具体实操作图				
任务	建筑平面图：A3 图纸作图两份，A1 图纸作图一份		制图工具		画板、丁字尺、铅笔、橡皮、图纸等
相关知识	制图识图基础知识				
其他要求					

工作过程记录

评语		指导老师	

第 2 章 投影的基础知识教案.pdf

第 2 章　投影的基本知识

02

第 2 章 学习目标.mp4

第 2 章 投影基础知识.pptx

【学习目标】

- 了解投影的基本概念和分类
- 掌握三面正投影和点、线、面投影的相关知识
- 熟悉轴测图的分类

【教学要求】

本章要点	掌握层次	相关知识点
投影	1. 投影的概念和形成 2. 投影的分类	1. 投影的具体概念 2. 投影法的形成过程 3. 投影的分类情况
三面正投影	1. 三视图展开 2. 三面正投影的作图方法 3. 三面正投影之间的规律	1. 三视图展开的定义 2. 三面正投影作图的具体步骤 3. 三面正投影之间的相互规律
点、线、面的投影	1. 点的投影 2. 线的投影 3. 面的投影	1. 点、线、面投影的概念 2. 点、线、面投影的绘制

【引子】

据《汉书·外戚传》记载：汉武帝最宠爱的妃子李夫人死后，汉武帝伤心欲绝，朝思暮想。道士李少翁知道汉武帝日夜思念已故的李夫人，便说他能够把夫人请回来与皇上相会。汉武帝十分高兴，遂宣李少翁入宫施法术。

李少翁要了李夫人生前的衣服，准备净室，中间挂着薄纱幕，幕里点着蜡烛，果然，通过灯光的照映，李夫人的影子投在薄纱幕上，只见她侧着身子慢慢地走过来，一下子就在纱幕上消失了。实际上，李少翁表演的是一出皮影戏，汉武帝看到李夫人的影子，对李夫人更加思念。

他还写了一首《伤悼李夫人赋》："是邪，非邪？立而望之，偏何姗姗其来迟。"令宫中乐府的乐师谱曲演唱，李少翁因表演灯影戏，在纱幕上再现李夫人的形象，被封为文成将军，这大概是关于投影最早的记载了，本章节我们就共同来学习一下投影的基本知识。

2.1 投影的概念与分类

2.1.1 投影的概念和投影法的形成

投影的概念.mp4

1. 投影的概念

物体在光线的照射下，在地面或者墙面上会形成物体的影子，随着光线照射的角度及光源与物体距离的变化，其影子的位置与大小也会发生变化。人们从光线、形体与影子之间的关系中，经过科学归纳总结，总结出形体投影的原理以及投影作图的方法。

光线照射物体产生的影子可以反映出物体的外形轮廓。光线照射物体将物体的各个顶点和棱线在平面上产生影像，物体顶点与棱线的影像连线组成了一个能够反映物体外形形状的图形，这个图形为物体的影子。

在投影理论中，人们将物体称为形体，表示光线的线为投射线，光线的照射方向为投射线的透射方向，落影的平面称为投影面，产生的影子称为投影。用投影表示形体的形状与大小的方法为投影法，用投影法画出的形体图形称为投影图。

形体产生投影必须具备三个条件：形体、投影面与投射线，三者缺一不可，称为投影的三要素。

2. 投影法的形成

光线照射物体，在墙面或地面上就会产生影子，影子只能反映物体的外形轮廓，不能表达出物体的形状和内部结构，这就是日常生活中经常看到的影子现象。人们对这种自然现象进行科学的抽象总结，逐步形成了用投影来表示物体形状和大小的方法，即投影法。

2.1.2 投影的分类

投影分为平行投影法与中心投影法两大类，这两种方法主要区别是形体与投射中心距离的不同。

中心投影法概念.mp4

1. 中心投影法

当投射中心与投影面的距离为有限远时，所有的投射线均从投射中心 S 一点发出，所形成的投影称为中心投影，这种投影的方法为中心投影法，如图 2-1 所示。

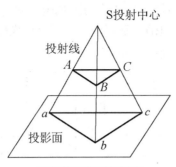

图 2-1　中心投影图

中心投影的大小由投影面、空间形体及投射中心之间的相对位置来确定，当投影面和投射中心的距离确定后，形体投影的大小随着形体与投影面的距离变化而发生变化。中心投影法作出的投影图，不能够准确反映形体尺寸的大小，度量性较差。

2．平行投影法

当投射中心距离形体无穷远时，投射线可以看作是一组平行线，这种投影的方法称为平行投影法，所得的形体投影称为平行投影。根据投射线与投影面的相对位置不同，又可以分为斜投影法与正投影法，如图 2-2 所示。

平行投影法概念.mp4

（1）正投影法。

相互平行的投射线与投影面垂直的投影法称为正投影法。根据正投影法所画出的图形称为正投影图，简称正投影。

（2）斜投影法。

相互平行的投影线与投影面倾斜的投影法称为斜投影法。根据斜投影法所画出的图形称为斜投影图，简称斜投影。

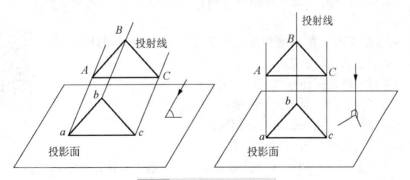

图 2-2　正投影和斜投影图

2.1.3　三面投影图的形成

在工程制图中常把物体在某个投影面上的正投影称为视图，相应的投射方向称为视向，分别有正视、俯视、侧视。三视图：正视图、侧视图、俯视图，形成了三面投影图。

正面投影、水平投影、侧面投影分别称为正视图、俯视图、侧视图，在建筑工程制图中则分别称为正立面图(简称正面图)、平面图、左侧立面图(简称侧面图)。物体的三面投影图总称为三视图或三面图，如图2-3所示。

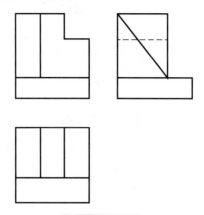

图2-3　三视图

一般不太复杂的形体，用三面图就能将其表达清楚。因此三面图是工程中常用的图示方法。

三视图的画法：

(1)　画三面图时首先要熟悉形体，先进行形体分析，然后确定正视方向，选定作图比例，最后依据投影方向作三面图。

(2)　对于一个物体可用三视投影图来表达它的三个面。这三个投影图之间既有区别又有联系，具体如下：

①　正立面图(主视图)：能反映物体的正立面形状以及物体的高度和长度，及其上下、左右的位置关系；

②　侧立面图(侧视图)：能反映物体的侧立面形状以及物体的高度和宽度，及其上下、前后的位置关系；

③　平面图(俯视图)：能反映物体的水平面形状以及物体的长度和宽度，及其前后、左右的位置关系。

(3)　在三个投影图之间还有"三等"关系：

①　正立面图的长与平面图的长相等；

②　正立面图的高与侧立面图的高相等；

③　平面图的宽与侧立面图的宽相等。

三个投影之间的关系.mp4

"三等"的关系是绘制和阅读投影图必须遵循的投影规律，在通常情况下，三个视图的位置不应随意移动。

第 2 章　投影的基本知识

2.2　三面正投影

2.2.1　三面正投影的形成

用三个互相垂直的投影面构成一空间投影体系，即正面 V、水平面 H、侧面 W，把物体放在空间的某一位置固定不动，分别向三个投影面上对物体进行投影，在 V 面上得到的投影叫作主视图，在 H 面上得到的投影叫俯视图，在 W 面上得到的投影叫左视图。为了在同一张图纸上画出物体的三个视图，国家标准规定了其展开方法：V 面不动，H 面绕 OX 轴向下旋转 90°与 V 面重合，W 面绕 OZ 轴向后旋转 90°与 V 面重合，这样，便把三个互相垂直的投影面展平在同一张图纸上了。三视图的配置为：以主视图为基准，俯视图在主视图的下方，左视图在主视图的右方，如图 2-4 所示。

三面正投影的概念.mp4

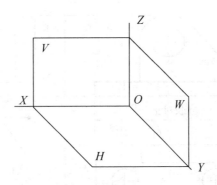

图 2-4　三视图投影面图

(1) 正面投影面 V，简称正面；
(2) 水平投影面 H，简称水平面；
(3) 侧立投影面 W，简称侧面；
(4) 三投影面之间两两的交线，称为投影轴，分别用 OX、OY、OZ 表示，三根轴的交点 O 称为原点。

2.2.2　三视图的展开

为了更好地展示物体，可以将三视图画在一个平面上，需要将三视图展开。V、H、W 三个面是相互垂直的，现在让正面不动，水平面绕 OX 轴旋转 90°，侧面绕 OZ 轴向右旋转 90°。这样三个视图都摊在一个平面上，如图 2-5 所示。

图 2-6 中三视图的位置关系是俯视图在主视图正下方，左视图在主视图的正右方。三个位置不能发生变化，如果位置发生变化，那么所画的就不是规范图。

三视图的展开.mp4

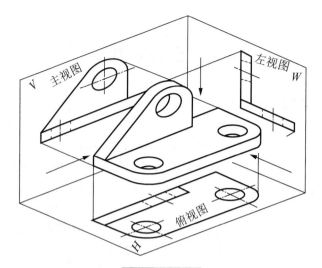

图 2-5 实物图

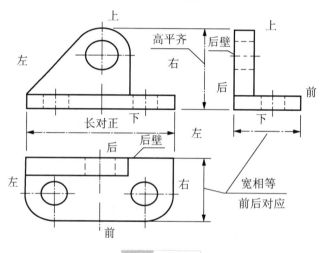

图 2-6 三视图

2.2.3 三面正投影的作图方法

根据物体或立体图画三视图时,应把物体摆平放正,选择形体主要特征明显的方向作为主视图的投影方向,一般画图步骤如下。

在画组合体三视图之前,首先运用形体分析法把组合体分解为若干个形体,确定它们的组合形式,判断形体间邻接表面是否处于共面、相切和相交的特殊位置;然后逐个画出形体的三视图;最后对组合体中的垂直面、一般位置面、邻接表面处于共面,相切或相交位置的面,线进行投影分析。当组合体中出现不完整形体、组合柱或复合形体相贯时,可用恢复原形法进行分析。

三视图的绘制
步骤.mp4

1. 进行形体分析

把组合体分解为若干形体，并确定它们的组合形式，以及相邻表面间的相互位置，如图 2-7 所示。

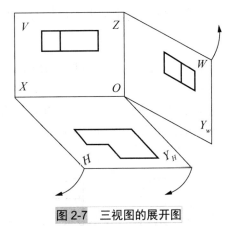

图 2-7　三视图的展开图

2. 确定主视图

三视图中，主视图是最主要的视图。

（1）要确定主视投影方向，首先要解决放置问题。选择组合体的放置位置时，以自然平稳为原则，并使组合体的表面相对于投影面尽可能多地处于平行或垂直的位置。

（2）确定主视投影方向。选最能反映组合体的形体特征及各个基本体之间的相互位置，并能减少俯、左视图上虚线的那个方向，作为主视图投影方向，如图 2-8 所示。

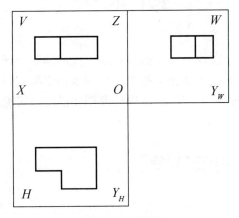

图 2-8　三视图

3. 选比例、定图幅

画图时，尽量选用 1∶1 的比例。这样既便于直接估量组合体的大小，也便于画图。按选定的比例，根据组合体长、宽、高估测出三个视图所占的面积，并在视图之间留出标注尺寸的位置和适当的间距，据此选用合适的标准图幅。

4. 布图、画基准线

先固定图纸，然后画出各视图的基准线，这样每个视图在图纸上的具体位置就确定了。基准线是画图时测量尺寸的基准，每个视图都需要确定两个方向的基准线。一般常用对称中心线、轴线和较大的平面作为基准线，逐个画出各形体的三视图。

5. 画法

根据各形体的投影规律，逐个画出形体的三视图。画形体的顺序：一般先实(实形体)后空(挖去的形体)；先大(大形体)后小(小形体)；先画轮廓，后画细节。画每个形体时，要三个视图联系起来画，并从最能反映形体特征的视图画起，再按投影规律画出其他两个视图。对称图形、半圆和大于半圆的圆弧要画出对称中心线，回转体一定要画出轴线。对称中心线和轴线用细点划线画出，如图 2-9 所示。

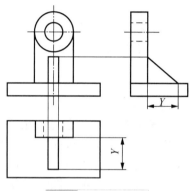

图 2-9 构件三视图

6. 检查

检查、描深，最后再全面检查。底稿画完后，按形体逐个仔细检查，对形体中的垂直面，一般位置面，形体间邻接表面处于相切、共面或相交特殊位置的面、线，用面、线投影规律重点校核，纠正错误和补充遗漏。按标准图线描深，可见部分用粗实线画出，不可见部分用虚线画出。

2.2.4 三视图之间的投影规律

我们把物体的左右尺寸称为长，前后尺寸称为宽，上下尺寸称为高，主、俯视图都反映了物体的长；主、左视图都反映了物体的高；左、俯视图都反映了物体的宽。所以可以归纳成三条投影规律：

(1) 主视图与俯视图长对正。
(2) 主视图与左视图高平齐。
(3) 俯视图与左视图宽相等。

三视图之间的投影规律.mp4

2.2.5 基本几何体的三视图

1. 圆柱(如图 2-10 所示)

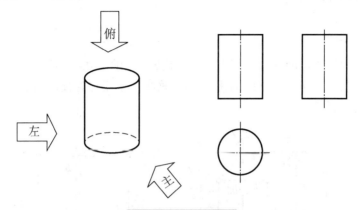

图 2-10　圆柱三视图

2. 球体(如图 2-11 所示)

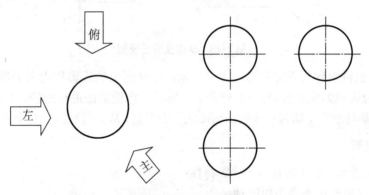

图 2-11　球体三视图

3. 圆锥(如图 2-12 所示)

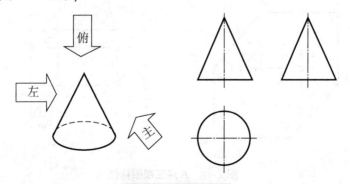

图 2-12　圆锥三视图

2.3 点、线、面的投影

2.3.1 点的投影

1. 点投影的概念

点投影是一种最基本的投影，指点的直角投影。如图 2-13 所示，在三面投影体系由空间点 B 分别向三个投影面作垂线，垂线与各投影面的交点，称为点的投影。

点投影的概念.mp4

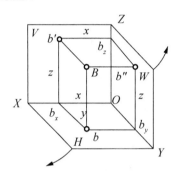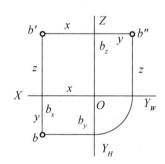

图 2-13 B 点投影三视图

在 V 面上的投影称为正面投影，以 b' 表示；在 H 面上的投影称为水平投影，以 b 表示；在 W 面上的投影称为侧面投影，以 b″ 表示。然后，将投影面进行旋转，V 面不动，H、W 面按箭头方向旋转 90°，即将三个投影面展成一个平面，从而得到点的三个投影的正投影图。

2. 点的投影

如图 2-14 所示，A 点具有下述投影特性：

(1) 点的投影连线垂直于投影轴；
(2) 点的投影与投影轴的距离，反映该点的坐标，也就是该点与相应的投影面的距离。

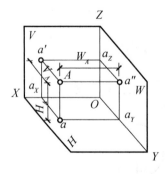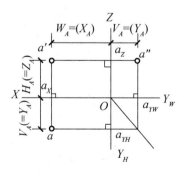

图 2-14 A 点三视图特性

【案例2-1】 已知空间点 B 的坐标为 $x=12$，$y=10$，$z=15$，也可以写成 $B(12，10，15)$。单位为 mm(下同)。求作 B 点的三投影。

(1) 分析，如图 2-15 所示，已知空间点的三点坐标，便可作出该点的两个投影，从而作出另一投影。

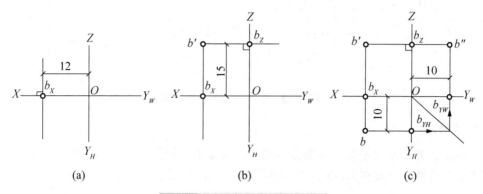

图 2-15 由点的坐标作三面投影

(2) 作图。

① 画投影轴，在 OX 轴上由 O 点向左量取 12，定出 b_X，过 b_X 作 OX 轴的垂线，如图 2-15(a)。

② 在 OZ 轴上由 O 点向上量取 15，定出 b_Z，过 b_Z 作 OZ 轴垂线，两条线交点即为 b'，如图 2-15(b)。

③ 在 $b'b_X$ 的延长线上，从 b_X 向下量取 10 得 b；在 $b'b_Z$ 的延长线上，从 b_Z 向右量取 10 得 b''，或者由 b' 和 b 用图 2-15(c)所示的方法作出 b''。

点与投影面的相对位置有四类：空间点、投影面上的点、投影轴上的点、与原点 O 重合的点。

3. 两点的相对位置

(1) 两点的相对位置是指空间中两个点的上下、左右、前后关系，在投影图中，是以它们的坐标差来确定的。

(2) 两点的 V 面投影反映上下、左右关系；两点的 H 面投影反映左右、前后关系；两点的 W 面投影反映上下、前后关系。

【案例2-2】 已知空间点 $C(15，8，12)$，D 点在 C 点的右方7，前方5，下方6。求作 D 点的三面投影。

(1) 分析。

D 点在 C 点的右方和下方，说明 D 点的 X、Z 轴坐标小于 C 点的 X、Z 轴坐标；D 点在 C 点的前方，说明 D 点的 Y 轴坐标大于 C 点的 Y 轴坐标。可根据两点的坐标差作出 D 点的三投影。

(2) 作图(如图 2-16 所示)。

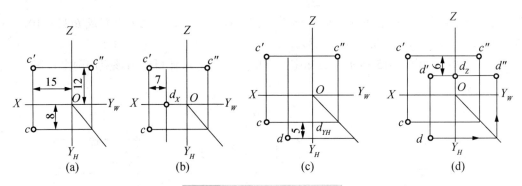

图 2-16　求作 D 点的三投影图

4. 重影点

若两个点处于垂直于某一投影面的同一投影线上，则两个点在这个投影面上的投影便互相重合，这两个点就称为对这个投影面的重影点，如图 2-17 所示。

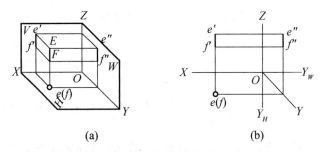

图 2-17　重影点的投影

2.3.2　线的投影

1. 直线投影的概念

两点确定一条直线，将两点的同名投影用直线连接，就得到直线的同名投影，如图 2-18 所示。

直线投影的概念和特性.mp4

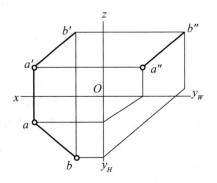

图 2-18　直线投影图

2. 直线投影的特性

直线投影的特性，如图 2-19 所示。

(1) 直线倾斜于投影面时，投影是收缩的直线，具有收缩性；
(2) 直线平行于投影面时，投影是反映实长的直线，具有真实性；
(3) 直线垂直于投影面时，投影是一个点，具有积聚性。

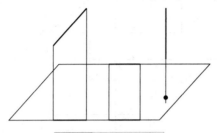

图 2-19　直线投影图

3. 直线投影的分类

1) 根据直线与三个投影面的相对位置不同，可以把直线分为三种：
(1) 一般位置直线：与三个投影面都倾斜的直线；
(2) 投影面平行线：平行于一个投影面，倾斜于另外两个投影面的直线；
(3) 投影面垂直线：垂直于一个投影面，同时必平行于另外两投影面的直线。
2) 投影面平行线和投影面垂直线统称为特殊位置直线。
3) 投影面的倾斜线：对三个投影面都倾斜的直线为一般位置线。

直线投影的
分类 .mp4

4. 投影面平行线

1) 水平线(平行于 H 面)

投影特性，如图 2-20 所示：$ab=AB$，与 OX、OY_H 轴倾斜；$a'b'//OX$ 轴，$a''b''//OY_W$；$a'b' < AB$，$a''b'' < AB$。

2) 正平线(平行于 V 面)

投影特性，如图 2-21 所示：$a'b'=AB$，与 OX、OZ 轴倾斜；$ab//OX$ 轴，$a''b''//OZ$ 轴。$ab < AB$，$a''b'' < AB$。

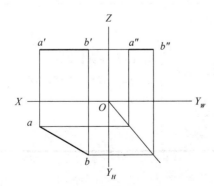

图 2-20　水平投影线图

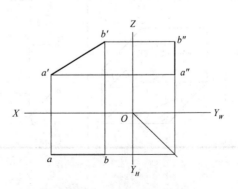

图 2-21　正平行线投影图

3) 侧平线(平行于 W 面)

投影特性，如图 2-22 所示：$a''b''=AB$，与 OZ、OY_W 轴倾斜；$ab//OY_H$ 轴，$a'b'//OZ$ 轴。$ab<AB$，$a'b'<AB$。

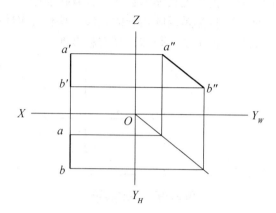

图 2-22 侧平线投影图

4) 投影面平行线的投影特性
(1) 在其平行的投影面上的投影反映实长；
(2) 另两个投影面上的投影分别平行于相应的投影轴。
5) 投影面平行线的投影特性。

投影面平行线的投影特性见表 2-1 所示。

表 2-1 投影面平行线的投影特性

名 称	轴 测 图	投 影 图	投影特性
正平线			1. $a'b'$ 反映真长和 α、γ 角。 2. $a'b'//OX$，$a''b''//OZ$，且长度缩短
水平线			1. cd 反映真长和 β、γ 角。 2. $c'd'//OX$，$c''d''//OY_W$，且长度缩短

续表

名 称	轴 测 图	投 影 图	投影特性
侧平线	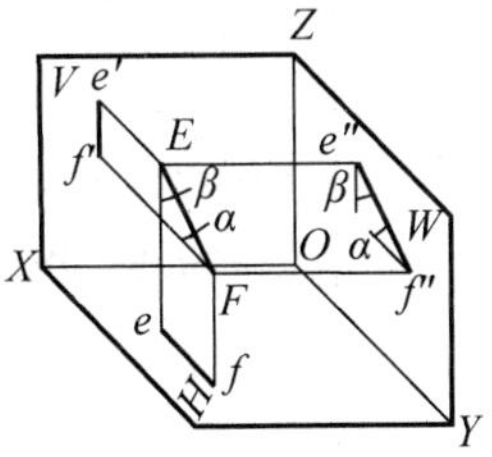	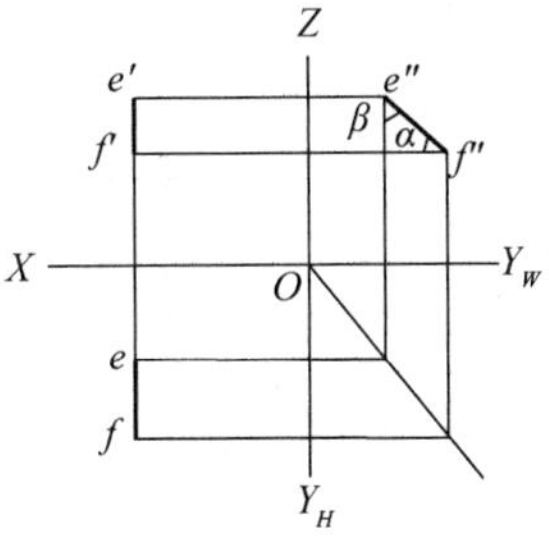	1. $e''f''$反映真长和α、β角。 2. $ef // OY_H$，$e'f' // OZ$，且长度缩短。

5. 投影面垂直线

1) 投影垂直线的种类
(1) 铅垂线(垂直于H面)；
(2) 正垂线(垂直于V)；
(3) 侧垂线(垂直于W面)。
2) 投影面垂直线的投影特性
(1) 在其垂直的投影面上，投影有积聚性；
(2) 另外两个投影，反映线段实长，且分别垂直于相应的投影轴。
3) 投影面垂直线的投影特性见表2-2

表2-2 投影面垂直线的投影特性

名 称	轴 测 图	投 影 图	投影特性
正垂线	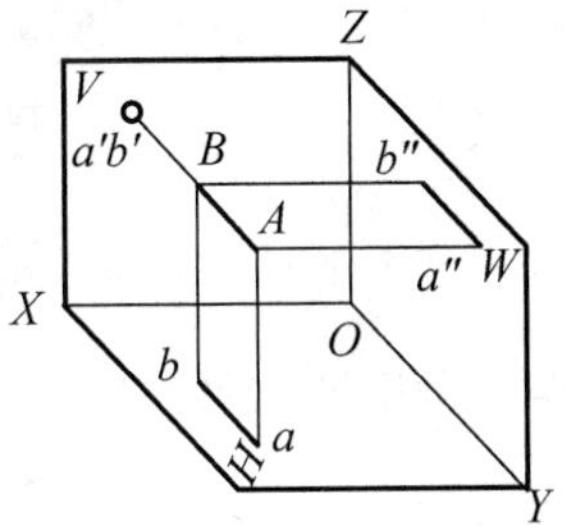	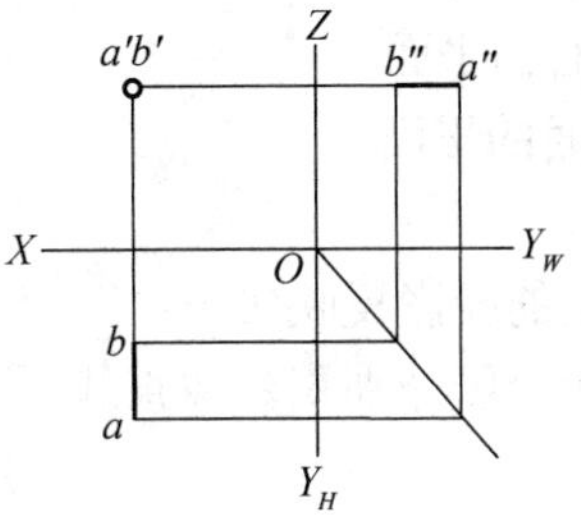	1. $a'b'$积聚成一点。 2. $ab // OY_H$，$a''b'' // OY_W$，且反映真长
铅垂线	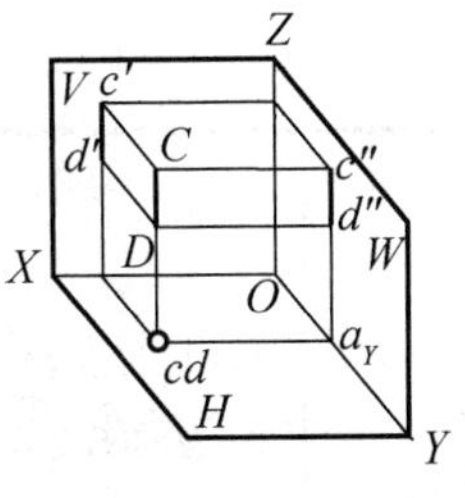	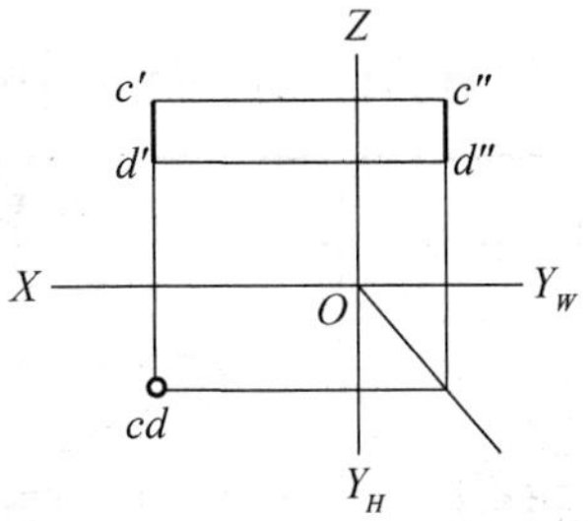	1. cd积聚成一点。 2. $c'd' // OZ$，$c''d'' // OZ$，且反映真长

续表

名称	轴测图	投影图	投影特性
侧垂线			1. $e''f''$ 积聚成一点。 2. ef // OX，$e'f'$ // OX，且反映真长

2.3.3 面的投影

1. 平面的三面投影

将平面进行投影时，可根据平面的几何形状特点及其对投影面的相对位置，找出能够决定平面的形状、大小和位置的一系列点来，然后作出这些点的三面投影并连接这些点的同面投影，即得到平面的三面投影。

平面三面投影的概念.mp4

2. 投影面平行面

投影面平行面：平行于一个投影面，垂直于另外两个投影面的平面。
1) 投影分类
(1) 正平面：平行于 V 面的平面；
(2) 水平面：平行于 H 面的平面；
(3) 侧平面：平行于 W 面的平面。
2) 投影特性
(1) 在所平行的投影面上的投影反映实形；
(2) 在其他两投影面上的投影分别积聚成直线，且平行于相应的投影轴。
3) 投影面平行面特性

其特性如表 2-3 所示。

投影面平行面的位置关系和特性.mp4

表 2-3 投影面平行面特性表

名称	轴测图	投影图	投影特性
正平面			1. V 面投影反映真形。 2. H 面投影、W 面投影积聚成直线，分别平行于投影轴 OX、OZ

续表

名 称	轴 测 图	投 影 图	投影特性
水平面			1. H 面投影反映真形。 2. V 面投影、W 面投影积聚成直线，分别平行于投影轴 OX、OY_W
侧平面			1. W 面投影反映真形。 2. V 面投影、H 面投影积聚成直线，分别平行于投影轴 OZ、OY_H

3. 投影面垂直面

投影面垂直面：垂直于一个投影面而倾斜于另外两个投影面的平面。

1) 投影分类
(1) 正垂面：垂直于 V 面的平面；
(2) 铅垂面：垂直于 H 面的平面；
(3) 侧垂面：垂直于 W 面的平面。
2) 投影特性
(1) 在所垂直的投影面上的投影积聚为一段斜线；
(2) 在其他两投影面上的投影均为缩小的类似形。
3) 投影面垂直面特性

其特性如表 2-4 所示。

投影面垂直面的
位置分类和
特性.mp4

表 2-4 投影面垂直面特性表

名 称	轴 测 图	投 影 图	投影特性
正垂面			1. V 面投影积聚成一直线，并反映与 H、W 面的倾角 α、γ。 2. 其他两个投影为面积缩小的类似形

续表

名　称	轴测图	投影图	投影特性
铅垂面			1. H 面投影积聚成一直线，并反映与 V、W 面的倾角 β、γ。 2. 其他两个投影为面积缩小的类似形
侧垂面			1. W 面投影积聚成一直线，并反映与 H、V 面的倾角 α、β。 2. 其他两个投影为面积缩小的类似形

4. 一般位置平面

与三个投影面都处于倾斜位置的平面，称为一般位置平面。在三个投影面上的投影，均为原平面的类似形；但形状缩小，不反映真实形状。

2.4　轴　测　图

将长方体向 V、H 面作正投影得主、俯两视图，若用平行投影法将长方体连同固定在其上的参考直角坐标系一起沿不平行于任何一个坐标平面的方向投射到一个选定的投影面上，在该面上得到的具有立体感的图形称为轴测投影图，又称轴测图。这个选定的投影面就是轴测投影面，如图 2-23 所示。

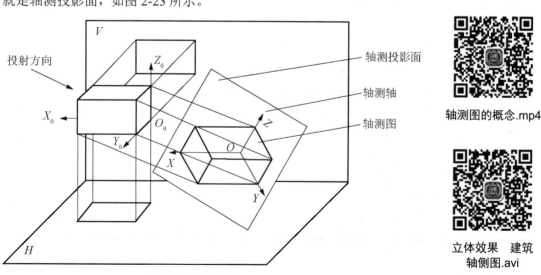

图 2-23　轴测图

2.4.1 轴测图的概念及特性

1. 轴承图的概念

轴测图是一种单一投影面视图，在同一投影面上能同时反映出物体三个坐标面的形状，并接近于人们的视觉习惯，形象、逼真、并富有立体感。但是轴测图一般不能反映物体单个表面的实形，因而度量性差，同时作图较复杂。因此，在工程上，常把轴测图作为辅助图样。

轴测图的分类和特性.mp4

2. 轴测图的特性

由于轴测图是用平行投影法得到的，因此具有以下投影特性：
(1) 空间相互平行的直线，它们的轴测投影互相平行；
(2) 立体上凡是与坐标轴平行的直线，在其轴测图中也必与轴测轴互相平行；
(3) 立体上两平行线段或同一直线上的两线段长度之比，在轴测图上保持不变。

3. 轴测图的分类

轴测图分为正轴测图和斜轴测图两大类：
1) 当投影方向垂直于轴测投影面时，称为正轴测图；
2) 当投影方向倾于轴测投影面时，称为斜轴测图。
由此可见：正轴测图是由正投影法得来的，而斜轴测图则是用斜投影法得来的。
(1) 正轴测图按三个轴向伸缩系数是否相等分为三种：
① 正等测图，简称正等测：三个轴向伸缩系数都相等；
② 正二测图，简称正二测：只有两个轴向伸缩系数相等；
③ 正三测图，简称正三测：三个轴向伸缩系数各不相等。
(2) 斜轴测图也相应地分为三种：
① 斜等测图，简称斜等测：三个轴向伸缩系数都相等；
② 斜二测图，简称斜二测：只有两个轴向伸缩系数相等；
③ 斜三测图，简称斜三测：三个轴向伸缩系数各不相等。

2.4.2 正轴测图

正等轴测图的形成和画法.mp4

1. 正轴测图的形成

当三根坐标轴与轴测投影面倾斜的角度相同时，用正投影法得到的投影图称为正等轴测图，简称正等测。

2. 轴间角和轴向伸缩系数

由于空间坐标轴 OX、OY、OZ 对轴测投影面的倾角相等，可计算出其轴间角 $\angle X_1O_1Y_1 = \angle X_1O_1Z_1 = \angle Y_1O_1Z_1 = 120°$，其中 O_1Z_1 轴规定画成铅垂方向。由理论计算可知：三根轴的轴向伸缩系数为 0.82，但为了作图方便，通常简化伸缩系数为 1。用此轴向伸缩系数画出的图形其形状不变，但比实物放大了 1.22 倍。

3．正轴测图的画法

画轴测图的方法有坐标法、切割法和叠加法三种，绘制轴测图最基本的方法是坐标法。

(1) 坐标法。

画轴测图时，先在物体三视图中确定坐标原点和坐标轴，然后按物体上各点的坐标关系采用简化轴向变形系数，依次画出各点的轴测图，由点连线而得到物体的正等测图。坐标法是画轴测图最基本的方法。

(2) 切割法。

在平面立体的轴测图上，图形由直线组成，作图比较简单，且能反映各种轴测图的基本绘图方法，因此，在学习轴测图时，一般先从平面立体的轴测图入手。当平面立体上的平面多数和坐标平面平行时，可采用叠加或切割的方法绘制，画图时，可先画出基本形体的轴测图，然后再用叠加切割法逐步完成作图。画图时，可先确定轴测轴的位置，然后沿与轴测轴平行的方向，按轴向缩短系数直接量取尺寸。特别值得注意的是，在画和坐标平面不平行的平面时，不能沿与坐标轴倾斜的方向测量尺寸。

(3) 叠加法。

绘制轴测图时，要按形体分析法画图，先画基本形体，然后从大的形体着手，由大到小，采用叠加或切割法逐步完成。在切割和叠加时，要注意形体位置的确定方法。轴测投影的可见性比较直观，对不可见的轮廓可省略虚线，在轴测图上形体轮廓能否被挡住要作图判断，不能凭感觉绘图。

2.4.3 斜轴测图

1．斜二轴测图的概念

斜二轴测图是由斜投影方式获得的，当选定的轴测投影面平行于 V 面，投射方向倾斜于轴测投影面，并使 OX 轴与 OY 轴夹角为 135°，沿 OY 轴的轴向伸缩系数为 0.5 时，所得的轴测图就是斜二等轴测图，简称斜二轴测图，如图 2-24 所示。

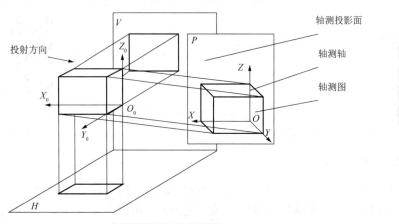

斜二轴测图的概念.mp4

图 2-24　斜二轴测图

2. 斜二轴测图的特点

由于斜二轴测图的 XOZ 面与物体参考坐标系的 $X_0O_0Z_0$ 面平行，所以物体上与正面平行平面的轴测投影均反映实形。斜二轴测图的轴间角是：$\angle XOY=\angle YOZ=135°$，$\angle ZOX=90°$。在沿 OX、OZ 方向上，其轴向伸缩系数为 1，沿 OY 方向为 0.5。如图 2-24 所示给出了斜二轴测的轴间角和一个长方体的斜二轴测图。

3. 斜轴测图的基本作图方法和基本作图步骤

1) 基本作图方法

斜轴测图的基本作图方法与前文正轴测图的画法一致，这里就不再赘述。

2) 基本作图步骤

绘制物体的轴测图时，应先选择要画哪种轴测图，从而确定各轴间角和轴向伸缩系数。轴测图可根据已确定的轴间角，以表达清楚和作图方便为原则，画出坐标原点和轴测轴，一般 Z 轴常画在铅垂位置。利用三种基本作图方法逐个画出各顶点或线段，用粗实线画出物体的可见轮廓线。在轴测图中，为了使画出的图形更加明显，且增强立体感，通常不画出物体的不可见轮廓线，但在必要时，可用虚线画出物体的不可见轮廓线。

2.4.4 工程上常用的投影图

1. 透视图

用中心投影法将空间形体投射到单一投影面上得到的图形称为透视图，如图 2-25 所示。透视图与人的视觉习惯相符，能体现近大远小的效果，所以形象逼真，具有丰富的立体感，但作图比较麻烦，且度量性差，常用于绘制建筑效果图。

2. 轴测图

将空间形体正放用斜投影法画出的图或将空间形体斜放用正投影法画出的图称为轴测图。如图 2-26 所示，形体上互相平行且长度相等的线段，在轴测图上仍互相平行、长度相等。轴测图虽不符合近大远小的视觉习惯，但仍具有很强的直观性，所以在工程上得到广泛应用。

图 2-25　建筑透视图

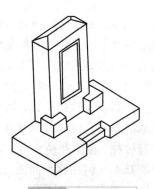

图 2-26　建筑轴测图

3. 标高投影图

用正投影法将局部地面的等高线投射在水平的投影面上，并标注出各等高线的高程，从而表达该局部的地形。这种用标高来表示地面形状的正投影图，称为标高投影图，如图 2-27 所示。

4. 正投影图

根据正投影法所得到的图形称为正投影图，如图 2-28 所示为房屋(模型)的正投影图。正投影图直观性不强，但能正确反映物体的形状和大小，并且作图方便，度量性好，所以工程上应用最广。绘制房屋建筑图主要用正投影，今后不作特别说明，"投影"即指"正投影"。

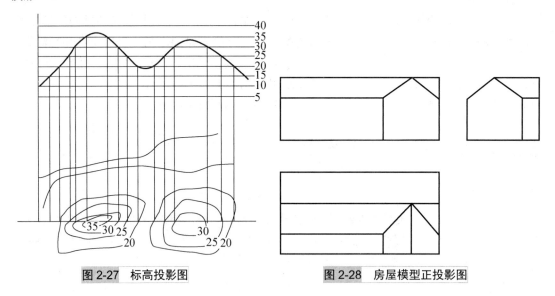

图 2-27　标高投影图　　　　图 2-28　房屋模型正投影图

2.5　基本形体与组合体

2.5.1　建筑形体基本元素的投影

在建筑工程中，经常会接触到各种形状的建筑物，这些建筑物及其构配件的形状虽然复杂，但其一般都是由一些形状简单、构成也简单的几何体组合而成的。在建筑制图中，常把这些工程上经常使用的单一几何形体，如棱柱、棱锥、圆柱、圆锥、球和圆环等称为基本几何体，简称基本形体。

基本形体按其表面性质不同，可分为平面立体和曲面立体。把表面全部由平面围成的基本几何体称为平面立体，简称平面体。工程中常见的平面立体主要有棱柱、棱锥和棱台等，如图 2-29(a)所示。把表面全部或部分由曲面围成的基本几何体称为曲面立体，简称曲面体。工程中常见的曲面立体主要有圆柱、圆锥和圆球等，如图 2-29(b)所示。

立体效果　建筑形体.avi

第 2 章 投影的基本知识

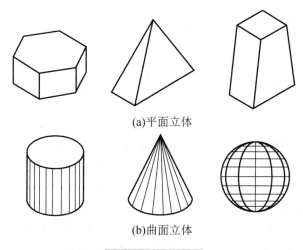

(a)平面立体

(b)曲面立体

图 2-29　基本形体

如图 2-30 所示，一个房屋建筑的局部模型，它可被分解为两个四棱柱和一个五棱柱。因此，理解并掌握基本形体的投影规律，对认识和理解建筑物的投影规律，更好地掌握识图与制图技能有很大帮助。

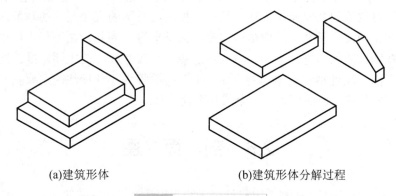

(a)建筑形体　　　　　　　(b)建筑形体分解过程

图 2-30　建筑形体的分解

2.5.2　组合体的投影

顾名思义，组合体就是由两个以上基本立体组合而形成的立体，它是相对于基本立体而言的，因此，可以说除基本立体之外的一切立体都是组合体。

因此，称由一个或多个基本立体叠加、切割等方式而组成的立体为组合体。这里的叠加、切割就是形成组合体的基本组合方式，而相邻表面之间，还存在着对齐、相切和相交三种基本形式。

组合体.mp4

画组合体投影图的过程，就是在理解组合体的形成方式、各部分形状、结构的基础上，选定适当观察方位，正确、完整、清晰地表达组合体的过程。其作图过程就是运用形体分析法及线面分析法将空间形体进行平面图形化表达的过程，也是将复杂问题简单化的思维方法的具体体现。绘制组合体投影图的基本要求是：
① 正确指投影正确、线型正确；
② 完整指投影表达完整；
③ 清晰指 V 面投影的投射方向选择适当，绘图比例选择适当，布图合理，线型分明，图面整洁。

显然，通过投影图可表达组合体的结构及形状，而组合体的大小，则需要通过尺寸标注来表达。进行组合体的尺寸标注，通常应遵循如下基本要求：
① 正确，即尺寸标注时应严格遵守国家相关标准的规定，尺寸数据及单位必须准确；
② 完整，即要求标注出能完全确定形体各部分形状大小及相对位置的尺寸，不得遗漏；
③ 清晰，即尺寸应标注在最能反映物体特征的位置上，排布整齐、便于读图和理解。

组合体尺寸根据其功能的不同可分为定形尺寸、定位尺寸和总体尺寸三类。
① 定形尺寸：确定组合体各组成部分形状大小的尺寸；
② 定位尺寸：确定组合体各组成部分之间相对位置的尺寸；
③ 总体尺寸：确定组合体总长、总宽、总高的尺寸。

在进行具体尺寸标注时，定形、定位及总体尺寸并非是绝对的，有时定形尺寸可具有定位的功能，而定位尺寸也可具有定形或总体尺寸的功能。尺寸本身是具有相对位置的量，称确定尺寸相对位置的几何元素为尺寸基准。如圆心是圆的直径尺寸的基准，对称中心线是对称几何要素的尺寸基准，地面是楼房高度的基准等。为此，在进行物体尺寸标注时，首先应分别在物体的长、宽、高三个方向各选择一个尺寸标注的主要基准。通常应选择组合体的对称平面、经过轴线或球心的平面、重要端面等为尺寸标注的主要基准。同一方向只应有一个主要基准，但还可以有一个或几个辅助基准。

2.6 剖 面 图

当物体有内部结构时，在视图中只能用虚线来表达，若视图中的虚线过多，则会影响物体表达的清晰度，给读图和尺寸标注带来不便。为此，国家标准中给出了物体内部结构及形状的表达方法：剖面图及断面图。

假想用剖切面剖开物体，将处在观察者和剖切面之间的部分移去，而将其余部分向投影面投射所得到的图形，称为剖面图。

用于剖切被表达物体的假想平面称为剖切面；剖切面与物体的接触部分称之为剖切断面(图中画材料图例的部分)；指示剖切面位置的线称为剖切位置线(用粗短画表示，长度宜为6～10mm)；指示投射方向的线称为投射方向线(垂直于剖切面位置线，用粗短画表示，长度宜为4～6mm)，剖切位置线与投射方向线合起来称为剖切符号。剖切符号的编号宜采用阿拉伯数字(如有多处时，则按顺序由左向右、由下向上连续编排)，并注写在投射方向线的端部，绘制剖面图时，剖切符号不应与图中其他图线相接触，如图2-31所示。

剖面图.mp4

建筑剖面图..avi

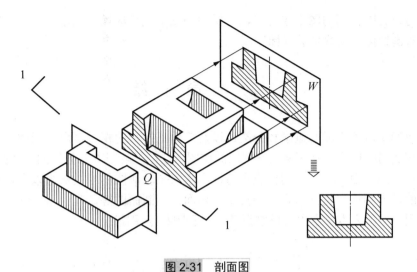

图 2-31　剖面图

2.7　断　面　图

假想用剖切面将物体的某处切断，仅画出该剖切面与物体接触部分的图形，称为断面图。对断面图与剖面图进行比较可知，对仅需要表达断面形状的结构，采用断面图比剖面图表达更为简洁、方便。断面图常用于表达梁、柱、板等构件的断面形状。

断面图.mp4

断面图分为移出断面图和重合断面图两种。

(1) 移出断面图。

如图 2-32 所示，布置在视图之外的断面图，称为移出断面图。移出断面图一般应画在剖切线的延长线上或其他适当位置，其轮廓线用粗实线绘制。

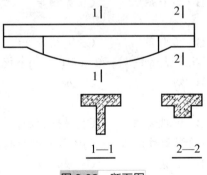

图 2-32　断面图

在移出断面图的下方应标注断面图的编号及名称，并在相应剖切位置画出剖切位置线(不画投射方向线，这是与剖面图标注的区别)，在投射方向的一侧注写出断面图的编号。

(2) 重合断面图。

画在视图内的断面图称为重合断面图，重合断面图的轮廓线用粗实线绘制。当视图中的轮廓线与重合断面图的图形重叠时，视图中的轮廓线仍应连续画出，不可间断。重合断面图不需对剖切位置及编号进行标注。

本章小结

本章我们学习了投影的概念和分类，以及三面正投影的相关概念、形成、三视图的展开和三视图之间的规律，要求掌握三视图的作图方法，了解基本几何体的三视图如何绘制，还学习了点、线、面三种投影的分类和特性，学习了轴测图的相关概念以及特性，并熟悉了投影图的基本知识，包括组合体的投影、剖面图、断面图等，其中重点学习了常用的正轴测投影图。学习完本章学生可以掌握基本的看图和绘图技巧。

实训练习

一、单选题

1. 下列投影法中不属于平行投影法的是(　　)。
   A. 中心投影法　　B. 正投影法　　C. 斜投影法　　D. 侧投影法
2. 当一条直线平行于投影面时，在该投影面上反映(　　)。
   A. 实形性　　B. 类似性　　C. 积聚性　　D. 以上都不正确
3. 当一条直线垂直于投影面时，在该投影面上反映(　　)。
   A. 实形性　　B. 类似性　　C. 积聚性　　D. 以上都不正确
4. 在三视图中，主视图反映物体的(　　)。
   A. 长和宽　　B. 长和高　　C. 宽和高　　D. 以上都不正确
5. 主视图与俯视图(　　)。
   A. 长对正　　B. 高平齐　　C. 宽相等　　D. 不相等
6. 主视图与左视图(　　)。
   A. 长对正　　B. 高平齐　　C. 宽相等　　D. 以上都不正确
7. 为了将物体的外部形状表达清楚，一般采用(　　)个视图来表达。
   A. 三　　B. 四　　C. 五　　D. 六
8. 三视图是采用(　　)得到的。
   A. 中心投影法　　B. 正投影法　　C. 斜投影法　　D. 侧投影法
9. 当一个面平行于一个投影面时，必(　　)于另外两个投影面。
   A. 平行　　B. 垂直　　C. 倾斜　　D. 重合
10. 当一条线垂直于一个投影面时，必(　　)于另外两个投影面。
    A. 平行　　B. 垂直　　C. 倾斜　　D. 重合

二、多选题

1. 平行投影依次分为(　　)。
   A. 中心投影　　B. 斜投影　　C. 正投影

D. 分散投影　　　　E. 单面投影

2. 平行投影基本规律与特性主要包括(　　)。

  A. 平行性　　　　B. 定比性　　　　C. 度量性

  D. 类似性　　　　E. 积聚性

3. 度量性是指(　　)。

  A. 当空间直线平行于投影面时，其投影反映其线段的实长

  B. 点的投影仍旧是点

  C. 当空间平面图形平行于投影面时，其投影反映平面的实形

  D. 当直线倾斜于投影面时，其投影小于实长

  E. 当直线垂直于投影面时，其投影积聚为一点

4. 积聚性是指(　　)。

  A. 在空间平行的两直线，它们的同面投影也平行

  B. 当直线垂直于投影面时，其投影积聚为一点

  C. 点的投影仍旧是点

  D. 当平面垂直于投影面时，其投影积聚为一直线

  E. 当直线倾斜于投影面时，其投影小于实长

5. 在 W 面上能反映直线的实长的直线可能是(　　)。

  A. 正平线　　　　B. 水平线　　　　C. 正垂线

  D. 铅垂线　　　　E. 侧平线

三、简答题

1. 什么是投影法？
2. 三面正投影的作图步骤是什么？
3. 轴测图的特性有哪些？

第 2 章　投影基础知识习题答案.pdf

实训工作单

班级		姓名		日期	
教学项目	投影三视图的绘制				
任务	绘制几何图形简单的投影三视图		绘图工具	画板、丁字尺、铅笔、橡皮、图纸等	
相关知识	投影的基础知识				
其他要求					
工作过程记录					
评语				指导老师	

第 3 章 建筑施工图的识读教案.pdf

第 3 章 建筑施工图的识读

03

【学习目标】

- 了解建筑物的基本组成和作用
- 掌握建筑施工图的内容
- 认识建筑施工图首页及总平面图
- 掌握建筑平面图、立面图、剖面图及建筑局部详图的识图方法

第 3 章 建筑施工图的识读.pptx

【教学要求】

本章要点	掌握层次	相关知识点
建筑物的基本组成和作用	了解建筑物的基本组成和作用	建筑物的组成和作用
建筑施工图的内容	1. 了解建筑施工图的分类 2. 掌握建筑施工图的识图方法	建筑施工图
建筑施工图首页及总平面图	1. 建筑施工图首页及总平面图基本内容 2. 掌握识图方法	施工图首页及总平面图
建筑平面图、立面图、剖面图及建筑局部详图	1. 了解建筑平面图、立面图、剖面图及建筑局部详图的基本内容 2. 掌握建筑平面图、立面图、剖面图及建筑局部详图基本识图方法	建筑平面图、立面图、剖面图及建筑局部详图

chapter 03 建筑识图与构造

【引子】

建筑业是我国国民经济的重要支柱产业之一，建筑业涵盖与建筑生产相关的所有服务内容，包括规划、勘察、设计、建筑物的生产、施工、安装、建成环境运营、维护管理，以及相关的咨询和中介服务等，其关联度高、产业链长、就业面广的特性决定其在国民经济和社会发展中发挥着重要作用。

房屋施工图是用来表达建筑物构配件的组成、外形轮廓、平面布置、结构构造及装饰、尺寸、材料做法等的工程图纸，是组织施工和编制预、决算的依据。

建造一幢房屋从设计到施工，要由许多专业和不同工种共同配合来完成。按专业分工不同，可分为：建筑施工图(简称建施)、结构施工图(简称结施)、电气施工图(简称电施)、给排水施工图(简称水施)、采暖通风与空气调节(简称空施)及装饰施工图(简称装施)。

建筑施工图：主要用来表达建筑设计的内容，即表示建筑物的总体布局、外部造型、内部布置、内外装饰、细部构造及施工要求等。它包括首页图、总平面图、建筑平面图、立面图、剖面图和建筑详图等。

3.1 概　　述

3.1.1 建筑物的类型和组成

1. 建筑物的分类

(1) 建筑物根据其使用性质，通常可分为生产性建筑和非生产性建筑两大类。

(2) 生产性建筑可以根据其生产内容的区别划分为工业建筑、农业建筑等不同的类别。

各构件作用.mp4

非生产性建筑则可统称为民用建筑，民用建筑根据其使用功能，又可分为居住建筑和公共建筑两大类。居住建筑一般包括住宅和宿舍。

(3) 公共建筑涵盖的面较广，按其功能特征，大致可分为：

生活服务性建筑、文教建筑、托幼建筑、科研建筑、医疗建筑、商业建筑、行政办公建筑、交通建筑、通信广播建筑、体育建筑、观演建筑、展览建筑、旅馆建筑、园林建筑、纪念性建筑、宗教建筑等。

(4) 建筑一般是由基础、墙、楼板层、地坪、楼梯、屋顶和门窗等构成。对不同使用功能的建筑，还有各种不同的构件和配件，如阳台、雨篷、烟囱、散水、垃圾井等，如图3-1所示。

第 3 章 建筑施工图的识读

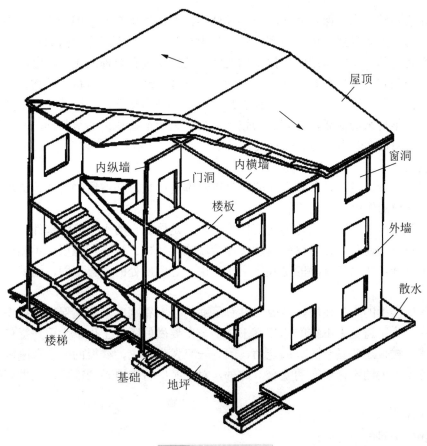

图 3-1 某建筑示意图

2. 建筑物的组成

1) 基础

基础承受着建筑物的全部荷载,并将这些荷载传给地基。

作为建筑物地面以下的承重结构,基础起到了至关重要的作用,因为它要承担上部结构传来的荷载,支撑建筑物上部结构使之稳定矗立,并且将荷载和基础自重一起传递到地基上。鉴于地基在地下工程中的重要性,它要严格符合房屋建筑相关的规范要求。

(1) 基础自身要具有较高的强度和刚度以确保有足够的能力承担上部结构的荷载。

(2) 基础下部的地基除了要满足强度和刚度的要求外,还要严格控制其沉降量,避免因沉降过多而造成建筑物的下沉、倾斜倒塌,若能合理有效地控制其沉降就能提高建筑物的稳定性。

在保证基础安全性的条件下还要考虑设备管线安装时所需的预留管道孔,以防建筑物的沉降对这些设备管线产生不良剪切作用。一般情况下,基础的造价要在总造价中占到 30% 左右,因此,根据上部结构和现场施工条件确定基础的形式和构造方案,在满足安全合理的前提下选择造价低的基础形式有利于成本的降低,经济效益将会大幅度增加。

2) 墙或柱

墙或柱是建筑的竖向承重构件,它的作用是承担由屋顶或者楼板传来的上部荷载,并将荷载传递给基础。为了保护室内环境不被外界侵扰，墙体起到了围护作用，使得室内不会遭到风、雨、雪等自然环境的不利影响，为用户提供了一个舒适整洁的环境。墙体还具有分隔建筑物内部空间的作用，根据人们对空间的需求进行合理的隔断，既起到了空间的合理利用，还起到了美化和装饰的作用。因此，选择合理的墙体材料、结构设计方案、构造做法就显得十分重要了。同样的，柱也是建筑物的竖向构件，不同的是它所要承担的是屋顶或楼板和梁传来的荷载，并且受力较为集中，最后把荷载传递给基础，在结构形式上与墙相比，截面尺寸较小，高宽比较大。

3) 楼板层

楼板层承受着家具、设备和人体的荷载以及本身自重，并将这些荷载传给墙，还对墙身起着水平支撑的作用。

从空间分布来看，楼地层与上述构件不同，它是建筑物的水平分隔构件，主要承担着人和家具等设备的荷载，并将这些荷载传递给墙或梁、柱。楼层与地层又不相同，前者分隔的是上下空间，而后者分隔的是底层空间。由于它们所处的位置不同，这就决定了它们的受力也不同。

为了保证楼板的正常使用，楼板应具有足够的强度和刚度，这是保证结构安全的首要条件。其次，为了避免上下空间的相互干扰，一定要做好隔声工作，为用户提供一个良好的居住环境；楼板还要具有防火的能力，因为一旦发生火灾，楼板的强度和刚度将会大幅度降低，危及人们的生命财产的安全；此外，对于某些特殊要求的部位，要做好防潮、防水等工作。

4) 地坪

承受底层房间内的荷载。

5) 楼梯

楼梯在建筑物中发挥着运输作用，它是垂直交通联系设施，给人们的日常通行带来了便利，遇到紧急情况时能够快速地疏散。因此，楼梯的设计要遵循上下通行方便，有足够的通行和疏散能力，防火性能要高等特点，绝不可出现楼梯先倒塌的情况。否则，事故发生时不能做到及时疏散，将会造成人员伤亡和巨大损失。

6) 屋顶

抵御着自然界雨雪及太阳热辐射等对顶层房间的影响；承受着建筑物顶部荷载，并将这些荷载传给竖向的承重构件。

屋顶的构造设计和施工工艺在房屋建筑中十分重要，这种覆盖作用的围护结构也是考虑因素较多的一个环节。由于它要保证室内不被破坏，所以要防止风、雨、雪、日晒等侵蚀，同时它要承担自重和屋顶上部各种荷载，并将这些荷载传递给墙或者梁、柱。与楼层相同，它在设计中也应满足保温隔热、防潮防火等性能的要求。

7) 门窗

门和窗主要为人们提供通行和分隔房间的作用，充当建筑物的围护结构。门主要是交通出入、分隔联系空间、采光和通风的作用；窗的主要功能除了采光和通风的作用外还兼顾观察的作用，为用户提供舒适的居住环境有着不可磨灭的贡献。虽然门窗的设计要求没有基础、墙柱等结构那么严格，但是设计人员同样不可忽略其重要性，在设计上要满足坚固耐用、功能合理的基本要求。根据不同的房屋需求，门窗的级别也不相同，要依据使用功能的要求合理地选择门窗，以达到人们要求的最终效果。

3.1.2 建筑施工图的内容

建筑施工图是用来表示房屋的规划位置、外部造型、内部布置、内外装修、细部构造、固定设施及施工要求等的图纸。它包括施工图首页、总平面图、平面图、立面图、剖面图和详图等。

1. 施工图分类

根据施工图所表示的内容和各专业分工不同，分为了不同的图件：建筑施工图、结构施工图、设备施工图。

施工图分类.mp4

2. 建筑施工图

建筑施工图主要用来表示建筑物的规划位置、外部造型、内部各房间的布置、内外装修构造和施工要求的图件。

主要图件有：施工首页图、建筑总平面图、建筑平面图、建筑立面图、建筑剖面图和建筑详图(主要详图有外墙身剖面详图、楼梯详图、门窗详图、厨厕详图)，简称"建施"。

3. 结构施工图

结构施工图主要表示建筑物承重结构的结构类型、结构布置，构件种类、数量、大小及做法的图件。

主要图件有：结构设计说明、结构平面布置图(基础平面图、柱网平面图、楼层结构平面图及屋顶结构平面图)和结构详图(基础断面图、楼梯结构施工图、柱、梁等现浇构件的配筋图)，简称"结施"。

4. 设备施工图

设备施工图主要表示建筑物的给排水、采暖通风、供电照明等设备的布置和施工要求的图件。因此设备施工图又分为三类图件：

(1) 给排水施工图：表示给排水管道的平面布置和空间走向、管道及附件做法和加工安装要求的图件。包括管道平面布置图、管道系统图、管道安装详图和图例及施工说明。

(2) 采暖通风施工图：主要表示管道平面布置和构造安装要求的图件。包括管道平面布置图、管道系统图、管道安装详图和图例及施工说明。

(3) 电气施工图：主要表示电气线路走向和安装要求的图件。包括线路平面布置图、线路系统图、线路安装详图和图例及施工说明，简称"设施"。

5. 房屋施工图的特点

(1) 大多数图样用正投影法绘制。

(2) 用较小的比例绘制。基本图常用的绘图比例是1：100，也可选用1：50或1：200，总平面图的绘图比例一般为1：500、1：1000或1：2000，详图的绘图比例较大一些，如1：2、

1∶5、1∶10、1∶20、1∶30等，相对于建筑物的实际大小，在绘图时均要缩小。

(3) 用图例符号来表示房屋的构、配件和材料。由于绘图比例较小，房屋的构、配件和材料都采用图例符号表示，要识读房屋施工图，必须熟悉建筑的相关图例。

6. 施工图的编排次序

为了便于查阅图件和管理档案，施工方便，一套完整的房屋施工图总是按照一定的次序进行编排装订。对于各专业图件，在编排时按下列要求进行：

(1) 基本图在前，详图在后。
(2) 先施工的图在前，后施工的图在后。
(3) 主要部分的在前，次要部分的在后。
(4) 总体图在前，局部图在后。
(5) 布置图在前，构件图在后。

一套完整的房屋施工图的编排次序如下：

(1) 首页图。

首页图列出了图纸目录，在图纸目录中有各专业图纸的图件名称、数量、所在位置，反映出了一套完整施工图纸的编排次序，便于查找。

(2) 设计总说明。

① 工程设计的依据有：建筑面积，单位面积造价，有关地质、水文、气象等方面资料；

② 设计标准：建筑标准、结构荷载等级、抗震设防标准、采暖、通风、照明标准等；

③ 施工要求：施工技术要求，建筑材料要求，如水泥标号、混凝土强度等级、砖的标号、钢筋的强度等级，水泥砂浆的标号等。

(3) 建筑施工图包括：总平面图——建筑平面图(底层平面图、标准层平面图、顶层平面图、屋顶平面图)——建筑立面图(正立面图、背立面图、侧立面图)——建筑剖面图——建筑详图(厨厕详图、屋顶详图、外墙身详图、楼梯详图、门窗详图、安装节点详图等)。

(4) 结构施工图包括：结构设计说明——基础平面图——基础详图——结构平面图(楼层结构平面图、屋顶结构平面图)——构件详图(楼梯结构施工图、现浇构件配筋图)。

(5) 给排水施工图包括：管道平面图——管道系统图——管道加工安装详图——图例及施工说明。

(6) 采暖通风施工图包括：管道平面图——管道系统图——管道加工安装详图——图例及施工说明。

(7) 电气施工图包括：线路平面图——线路系统图——线路安装详图——图例及施工说明。

7. 阅读房屋施工图的方法

1) 基本要求

(1) 具备正投影的基本知识，掌握点、线、面正投影的基本规律；
(2) 熟悉施工图中常用的图例、符号、线型、尺寸和比例的含义；
(3) 熟悉各种用途房屋的组成和构造上的基本情况。

阅读房屋施工图的方法.mp4

2) 阅读方法

阅读时要从大局入手,按照施工图的编排次序,由粗到细、前后对照阅读。

(1) 先读首页图。从首页图中的图纸目录中,可以了解到该套房屋施工图由哪几类专业图纸组成,各专业图纸有多少张,每张图纸的图名及图号。

(2) 阅读设计总说明。从中可了解设计的依据、设计标准以及施工中的基本要求,也有图中没有绘出而设计人员认为应该说明的内容。

(3) 按建筑施工图→结构施工图→设备施工图顺序逐张阅读。

(4) 在各专业图纸的阅读中,基本图和详图要对照阅读,看清楚各专业图纸所表示的主要内容。

(5) 当建筑施工图和结构施工图发生矛盾,应以结构施工图为准(构件尺寸),以保证建筑物的强度和施工质量。

3.2 建筑施工图识读

3.2.1 建筑施工图首页及总平面图

建筑施工图首页图是建筑施工图的第一张图样,主要内容包括图样目录、设计说明、工程做法和门窗表等。

1. 图样目录

图样目录主要说明工程由哪几类专业图样组成,各专业图样的名称、张数和图纸顺序,以便查阅图样。

在建筑总平面图中应包括内容.mp4

2. 工程做法表

1) 工程做法表

工程做法表主要是对建筑各部位构造做法用表格的形式加以详细说明。在表中对各施工部位的名称、做法等详细描述,如采用标准图集中的做法,应注明所采用标准图集的代号、做法编号。如有改变,在备注中说明。

2) 门窗表

门窗表是对建筑物上所有类型的门窗分别统计后列成的表格,以备施工、预算的需要。在门窗表中应反映门窗的类型、大小、所选用的标准图集及其类型编号,如有特殊要求,应在备注中加以说明。

3. 在建筑总平面图中应包括内容

(1) 保留的地形和地物;

(2) 测量坐标网、坐标值,场地范围的测量坐标(或定位尺寸),道路红线、建筑控制线,用地红线;

(3) 场地四邻原有以及规划的道路、绿化带等的位置(主要坐标或定位尺寸)和主要建筑物及构筑物的位置、名称、层数、间距;

(4) 建筑物、构筑物的位置，人防工程、地下车库、油库、贮水池等隐蔽工程用虚线表示；

(5) 与各类控制线的距离，其中主要建筑物、构筑物应标注坐标或定位尺寸，与相邻建筑物之间的距离及建筑物总尺寸、名称(编号)、层数；

(6) 道路、广场的主要坐标(定位尺寸)，停车场及停车位、消防车道及高层建筑消防扑救场地的布置，必要时加绘交通流线示意；

(7) 绿化、景观及休闲设施的布置示意，并表示出护坡、挡土墙、排水沟等；

(8) 指北针或风玫瑰图；

(9) 主要技术经济指标表；

(10) 说明栏内注写：尺寸单位、比例、地形图的测绘单位、日期、坐标及高程系统名称(如为场地建筑坐标网时，应说明其与测量坐标网的换算关系)，补充图例及其他必要的说明等。

4. 建筑总平面图布置

建筑总平面图布置的是建筑物及其附属物与建筑物所在场地、道路的相互关系。

应当依据已经依法批准的控制性详细规划，对所在地块的建设提出具体的设计和安排。其内容包括：

(1) 建设条件分析及综合经济技术论证；

(2) 根据对建筑、道路和绿地等的空间布局和景观规划设计，布置总平面图；

(3) 对住宅、医院、学校和托幼所等建筑进行日照分析；

(4) 根据交通影响分析，提出交通组织的设计方案；

(5) 市政工程管线规划设计和管线综合；

(6) 竖向规划设计；

(7) 估算工程量、拆迁量和总造价，分析投资效益。

基本可以归纳为五图一书。"五图"是现状图、用地规划图、道路管线工程规划图、环保环卫绿化规划图、近期建设规划图，"一书"是规划说明书。

3.2.2 建筑平面图

1. 建筑平面图概念

建筑平面图，又可简称平面图，是一种假想在房屋的窗台以上作水平剖切后，移去上部后作剩余部分的正投影而得到的水平剖面图。将新建建筑物或构筑物的墙、门窗、楼梯、地面及内部功能布局等建筑情况，以水平投影方法和相应的图例所组成的图纸。

对多层楼房，原则上每一楼层均要绘制一个平面图，并在平面图下方注写图名(如底层平面图、二层平面图等)。若房屋某几层平面布置相同，可将其作为标准层，并在图样下方注写适用的楼层图名(如三、四、五层平面图)。若房屋对称，可利用其对称性，在对称符号的两侧各画半个不同楼层平面图。

建筑平面图实质上是房屋各层的水平剖面图。平面图虽然是房屋的水平剖面图，但按习惯不必标注其剖切位置，也不称为剖面图，如图 3-2 所示。

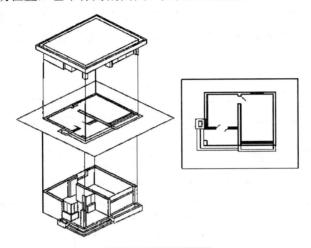

图 3-2　建筑平面图

2. 建筑平面图的作用

它反映出房屋的平面形状、大小和布置；墙、柱的位置、尺寸和材料；门窗的类型和位置等。建筑平面图可作为施工放线，砌筑墙、柱，门窗安装和室内装修及编制预算的重要依据。

3. 建筑平面图的意义

建筑平面图作为建筑设计、施工图纸中的重要组成部分，它反映出建筑物的功能需要、平面布局及其平面的构成关系，是决定建筑立面及内部结构的关键。其主要反映建筑的平面形状、大小、内部布局、地面、门窗的具体位置和占地面积等情况。所以说，建筑平面图是新建建筑物的施工及施工现场布置的重要依据，也是设计及规划给排水、强弱电、暖通设备等专业工程平面图和绘制管线综合图的依据。

4. 建筑平面图的分类

建筑平面图按工种分类一般可分为建筑施工图、结构施工图和设备施工图。用作施工使用的房屋建筑平面图，一般有：底层平面图(表示第一层房间的布置、建筑入口、门厅及楼梯等)、标准层平面图(表示中间各层的布置)、顶层平面图(房屋最高层的平面布置图)以及屋顶平面图(即屋顶平面的水平投影，其比例尺一般比其他平面图小)。

建筑平面图的
分类.mp4

1) 底层平面图

底层平面图称一层平面图或首层平面图，它是所有建筑平面图中首先绘制的一张图。绘制此图时，应将剖切平面选在房屋的一层地面与从一楼通向二楼的休息平台之间，且要尽量通过该层上所有的门窗洞，如图 3-3 所示。

2) 中间标准层平面图

由于房屋内部平面布置的差异，对于多层建筑而言，应该有一层就画一个平面图，其名称就用本身的层数来命名，例如"二层平面图"或"四层平面图"等。但在实际的建筑设计过程中，多层建筑往往存在许多相同或相近平面布置形式的楼层，因此在实际绘图时，可将这些相同或相近的楼层合用一张平面图来表示，这张合用的图，就叫作"标准层平面图"。有时也可以用其对应的楼层命名，例如"二至六层平面图"等，如图3-4所示。

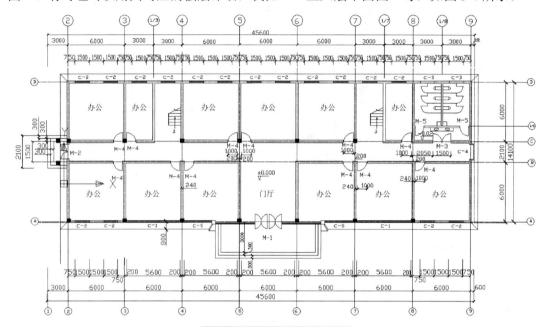

图 3-3　某住宅楼底层平面图

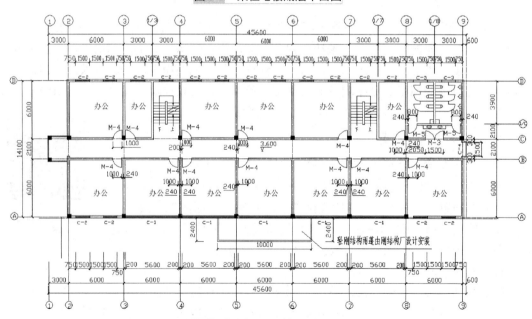

图 3-4　某住宅楼标准层平面图

3）顶层平面图

房屋最高层的平面布置图，主要表明屋顶的形状、屋面排水方向及坡度、檐沟、女儿墙、屋脊线、落水口、上人孔、水箱及其他构筑物的位置和索引符号等。屋顶平面图比较简单，可用较小的比例绘制。也可用相应的楼层数命名，如图 3-5 所示。

除了上面所讲的平面图外，建筑平面图还应包括屋顶平面图和局部平面图。

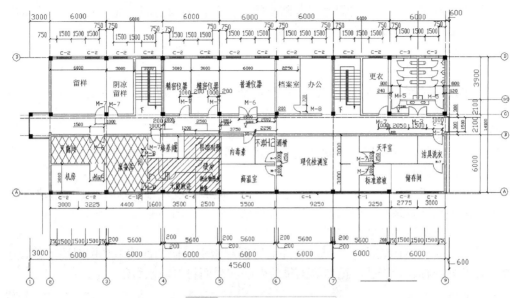

图 3-5 某住宅楼顶层平面图

【案例 3-1】 试分析图 3-3、图 3-4、图 3-5 的建筑施工平面图构造。

5. 建筑平面图的读图注意事项

(1) 看清图名和绘图比例，以及有关文字说明。

(2) 阅读平面图时，应由低向高逐层阅读平面图。首先从定位轴线开始，根据所注尺寸看房间的开间和进深，再看墙的厚度或柱子的尺寸，看清楚定位轴线是处于墙体的中心位置还是偏心位置，看清楚门窗的位置和尺寸。尤其应注意各层平面图变化之处。

(3) 在平面图中，被剖切到的砖墙断面上，按规定应绘制砖墙材料图例，若绘图比例小于等于 1∶50，则不绘制砖墙材料图例。

(4) 平面图中的剖切位置与详图索引标志也是不可忽视的问题，它涉及朝向与所表达的详尽内容。

(5) 房屋的朝向可通过底层平面图中的指北针来确定。

砖墙.avi

6. 平面图的内容

1) 底层平面图

底层平面图(又称首层或一层平面图)主要表达建筑物底层的形状、大小，房间平面的布置情况及名称，入口、走道、门窗、楼梯等的平面位置、数量以及墙或柱的平面形状及材料等情况。除此之外，还应反映房屋的朝向(用指北针表示)、室外台阶、散水、花坛等的布置，并应注明建筑剖面图的剖切符号等。

2) 中间标准层平面图

平面图原则上每层一个，如果上下楼层的房间数量、大小和布置都一样，则相同的楼层可用一个平面图表示，称为中间标准层平面图。已在底层平面图中表示过的内容（如室外台阶、坡道、花坛、明沟、散水、雨水管的形状和位置、指北针、剖切符号等）不必在中间标准层中重复绘制，所以中间标准层平面图除要表达本层室内情况外，只需要画出本层的室外阳台和下一层室外的雨篷、遮阳板等。此外，因为剖切情况不同，中间标准层平面图楼梯间部分表达的梯段情况与底层平面图也不同。

3) 屋顶平面图

(1) 屋顶平面图的形成。

屋顶平面图是屋面的水平投影图，不管是平屋顶还是坡屋顶，应主要表示出屋面排水情况和突出屋面的全部构造位置。

(2) 屋顶平面图的基本内容。

① 表明屋顶形状和尺寸，女儿墙的位置和墙厚，以及突出屋面的楼梯间、水箱、烟道、通风道、检查孔等具体位置。

② 表示出屋面排水分区情况，屋脊、天沟、屋面坡度及排水方向和下水口位置等。

③ 屋顶构造复杂的还要加注详图索引符号，画出详图。

(3) 屋顶平面图的读图注意事项。

屋顶平面图虽然比较简单，也应与外墙详图和索引屋面细部构造详图对照才能读懂，尤其是设有外楼梯、检查孔、檐口等部位的做法和屋面材料防水做法。

4) 局部平面图

局部平面图的图示方法与底层平面图相同。为了清楚表明局部平面图所处的位置，必须标注与平面图一致的轴线及编号，常见的局部平面图有卫生间、盥洗室、楼梯间等。

7. 建筑平面图的图示内容及表示方法

(1) 注写图名和绘图比例。平面图常用 1∶50、1∶100、1∶200 的比例绘制。

(2) 纵横定位轴线及编号，定位轴线是各构件在长宽方向的定位依据。凡是承重的墙、柱，都必须标注定位轴线，并按顺序予以编号。

(3) 房屋的平面形状，内、外部尺寸和总尺寸。

(4) 房间的布置、用途及交通联系。

(5) 门窗的布置、数量及型号。

(6) 房屋的开间、进深、细部尺寸和室内外标高。

(7) 房屋细部构造和设备配置等情况。

(8) 底层平面图应注明剖面图的剖切位置，需用详图表达部位，应标注索引符号。剖切位置及索引符号一般在底层平面图中应标注剖面图的剖切位置线和投影方向，并注出编号；凡套用标准图集或另有详图表示的构配件、节点，均需画出详图索引符号，以便对照阅读。

(9) 指北针。一般在底层平面图的下侧要画出指北针符号，以表明房屋的朝向。

建筑平面图的图示
内容及表示
方法.mp4

8. 有关规定

被剖切到的墙体、柱用粗实线绘制；可见部分轮廓线、门扇、窗台的图例线用中粗实线绘制；较小的构配件图例线、尺寸线等用细实线绘制。一般采用 1∶50、1∶100、1∶200 的比例绘图平面图。

9．识图

建筑施工图需要识读的内容：

(1) 图名、比例和朝向；
(2) 定位轴线、轴线编号及尺寸；
(3) 墙、柱配置；
(4) 房屋名称及用途；
(5) 楼梯配置；
(6) 剖切符号、散水、雨水管、台阶、坡度、门窗和索引符号。

3.2.3 建筑立面图

1．建筑立面图的基础知识

在与建筑物立面平行的铅垂投影面上所做的投影图称为建筑立面图，简称立面图。其中反映主要出入口或比较显著地反映出房屋外貌特征的那一立面图，称为正立面图，其余的立面图相应地称为背立面图和侧立面图。通常也按房屋的朝向来命名，如南立面图、北立面图、东立面图和西立面图等，如图 3-6 所示。有时也按轴线编号来命名，如①～⑨立面图或 A～E 立面图等。

建筑立面图.mp4

图 3-6　某住宅楼立面图

按投影原理，立面图上应将立面上所有看得见的细部都表示出来。但由于立面图的比例较小，如门窗扇、檐口构造、阳台栏杆和墙面复杂的装修等细部，往往只用图例表示。它们的构造和做法，另有详图或文字说明。因此，习惯上往往对这些细部只分别画出一两个作为代表，其他都可简化，只需画出它们的轮廓线。若房屋左右对称时，正立面图和背立面图也可各画出一半，单独布置或合并成一张图。合并时，应在图的中间画一条铅直的对称符号作为分哦界线。

立体效果　建筑立面图.avi

2. 建筑立面图的表示方法

(1) 建筑立面图的比例与平面图一致，常用 1∶50，1∶100，1∶200 的比例绘制。

为使立面图外形更清晰，通常用粗实线表示立面图的最外轮廓线，而凸出墙面的雨篷、阳台、柱子、窗台、窗楣、台阶、花池等投影线用中粗线画出，地坪线用加粗线(粗于标准粗度的 1.4 倍)画出，其余如门、窗及墙面分格线，落水管以及材料符号引出线，说明引出线等用细实线画出。

(2) 建筑立面图大致包括南、北立面图，东、西立面图四部分，若建筑各立面的结构有差异，都应绘出对应立面的立面图来诠释所设计的建筑。

【案例 3-2】 结合建筑立面图的基础知识，分析图 3-6 某住宅楼立面图尺寸标注和室外装修做法。

3. 命名方式

(1) 可用朝向命名，立面朝向哪个方向就称为某方向立面图；

(2) 可用外貌特征命名，其中反映主要出入口或比较显著地反映房屋外貌特征的那一面的立面图；

(3) 可以用立面图上首尾轴线命名。房屋立面如果有一部分不平行于投影面，例如呈圆弧形、折线形、曲线形等，可将该部分展开到与投影面平行，再用正投影法画出其立面图，但应在图名后注写"展开"二字。对于平面为回字形的房屋，它在院落中的局部立面，可在相关的剖面图上附带表示。如不能表示时，则应单独绘出。从立面图中我们可以查出建筑物外形高度方向上各部位的标高和尺寸。

4. 建筑立面图注意事项

(1) 画出室外地面线及房屋的勒脚、台阶、花台、门、窗、雨篷、阳台、室外楼梯、墙、柱、外墙的预留孔洞、檐口、屋顶(女儿墙或隔热层)、雨水管、墙面分格线或其他装饰构件等。

(2) 注出外墙各主要部位的标高。如室外地面、台阶、窗台、门窗顶、阳台、雨篷、檐口标高、屋顶等处完成面的标高。

(3) 一般立面图上可不注高度方向尺寸。但对于外墙预留洞，除注出标高外，还应注出其大小尺寸及定位尺寸。

(4) 标出建筑物两端或分段的轴线及编号。

(5) 标出各部分构造、装饰节点详图的索引符号。

(6) 用图例、文字或列表说明外墙面的装修材料及做法。

(7) 从图上可看到该房屋的整个外貌形状，也可了解该房屋的屋顶、门窗、雨篷、阳台、台阶、花池及勒脚等细部的形式和位置。

(8) 从图中所标注的标高，可知房屋最低(室外地面)处比室内标高上 0.000 低或高多少。一般标高注在图形外，并做到符号排列整齐、大小一致。若房屋立面左右对称时，一般注在左侧。不对称时，左右两侧均应标注。必要时为了审图更清楚起见，可标注在图内(如正门上方的雨篷底面标高)。

(9) 从图上的文字说明，了解房屋外墙面装修的做法。

5. 识读图纸的要点

(1) 图名和比例；

(2) 首尾轴线及编号；

(3) 各部分的标高；

(4) 外墙做法；

(5) 各构配件。

3.2.4 建筑剖面图

1. 建筑剖面图基础知识

建筑剖面图，如图 3-7 某楼梯剖面图，指的是假想用一个或多个垂直于外墙轴线的铅垂剖切面将房屋剖开，所得的投影图，称为建筑剖面图，简称剖面图。剖面图用以表示房屋内部的结构或构造形式、分层情况和各部位的联系、材料及其高度等，是与平面图、立面图相互配合的不可缺少的重要图样之一。

剖面图的数量是根据房屋的具体情况和施工实际需要而决定的。剖切面一般是横向的，即平行于侧面，必要时也可纵向，即平行于正面。其位置应选择在能反映出房屋内部构造比较复杂和典型的部位，并应通过门窗洞的位置。若为多层房屋，应选择在楼梯间或层高不同、层数不同的部位。剖面图的图名应与平面图上所标注剖切符号的编号一致，如 1-1 剖面图、2-2 剖面图等。剖面图中的断面，其材料图例与粉刷面层和楼、地面面层线的表示原则及方法，与平面图相同。

建筑剖面图.mp4

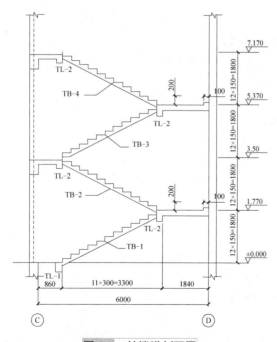

图 3-7 某楼梯剖面图

【案例 3-3】 结合本章所学剖面图的构造要求和内容，分析图 3-7 某楼梯剖面图的细部构造。

2. 建筑剖面图表现的主要内容

建筑剖面图主要表示建筑各部分的高度、层数、建筑空间的组合利用，以及建筑剖面中的结构关系、层次、做法等。剖面图的剖视位置应选在层高不同、层数不同、内外部空间比较复杂、最有代表性的部分。

主要包括以下内容：
(1) 表示墙柱及其定位轴线；
(2) 表示室内地面、地坑，各层楼面、顶棚、屋顶、门窗、楼梯、阳台、雨篷、墙裙、踢脚板、防潮层、室外地面、散水、排水沟等剖切到的可见内容；
(3) 各部位完成面标高和竖向尺寸；
(4) 表示楼地面的构造做法，一般用引出线说明。或在剖面图上引出索引符号，另画详图加注说明；
(5) 表示需画详图之处的索引符号。

3. 建筑剖面设计的主要内容

(1) 房间的剖面形状、尺寸及比例关系；
(2) 确定房屋的层数和各部分的标高，如层高、净高、窗台高度、室内外地面标高；
(3) 解决天然采光、自然通风、保温、隔热、屋面排水问题及选择建筑构造方案；
(4) 选择主体结构与围护方案；
(5) 进行房屋竖向空间的组合，研究建筑空间的利用。

4. 识图

建筑剖面图中的识读重点：
(1) 剖切位置、投影方向和绘图比例；
(2) 墙体的剖切情况；
(3) 地、楼、屋面的构造；
(4) 楼梯的形式和构造；
(5) 其他未剖切到的可见部分。

3.2.5 建筑详图

1. 建筑详图

建筑详图是建筑细部的施工图，是建筑平面图、立面图、剖面图的补充。因为立面图、平面图、剖面图的比例尺较小，建筑物上许多细部构造无法表示清楚，根据施工需要，必须另外绘制比例尺较大的图样才能表达清楚。

建筑详图包括：
(1) 表示局部构造的详图，如外墙墙身详图、楼梯详图、阳台详图等；
(2) 表示房屋设备的详图，如卫生间、厨房、实验室内设备的位置及构造等；

(3) 表示房屋特殊装修部位的详图，如吊顶、花饰等。

建筑详图是把房屋的某些细部构造及构配件用较大的比例(如 1∶20，1∶10，1∶5 等)将其形状、大小、材料和做法详细表达出来的图样，简称详图或大样图、节点图。常用的详图一般有：墙身详图，楼梯详图，门窗详图，厨房、卫生间、浴室、壁橱及装修详图(吊顶、墙裙、贴面)等。建筑详图分为局部构造详图和构配件详图。局部构造详图主要表示房屋某一局部构造做法和材料的组成，如墙身详图、楼梯详图等。构配件详图主要表示构配件本身的构造，如门、窗、花格等详图。

2. 建筑详图的特点

(1) 详图采用较大比例绘制，各部分结构应表达详细、层次清楚，但又要详而不繁；

(2) 建筑详图各结构的尺寸要标注完整齐全；

(3) 无法用图形表达的内容应配合文字说明，要详尽清楚；

(4) 详图的表达方法和数量，可根据房屋构造的复杂程度而定。有的只用一个剖面详图就能表达清楚(如墙身详图)，有的需加平面详图(如楼梯间、卫生间)，或用立面详图(如门、窗详图)。

建筑详图的特点.mp4

3. 局部详图

在施工图中，有时会因为比例问题而无法表达清楚某一局部，为方便施工需另画详图。一般用索引符号注明画出详图的位置、详图的编号以及详图所在的图纸编号，如图 3-8 所示。

局部详图.mp4

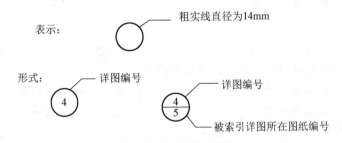

图 3-8　索引标注样式

索引符号和详图符号内的详图编号与图纸编号两者对应一致。索引符号和详图符号按"国标"规定，索引符号的圆和引出线均应以细实线绘制，圆直径为 10mm。引出线应对准圆心，圆内过圆心画一水平线，上半圆中用阿拉伯数字注明该详图的编号，下半圆中用阿拉伯数字注明该详图所在图纸的图纸号。如果详图与被索引的图样在同一张图纸内，则在下半圆中间画一水平细实线。索引出的详图，如采用标准图，应在索引符号水平直径的延长线上加注该标准图册的编号，如图 3-9 所示。

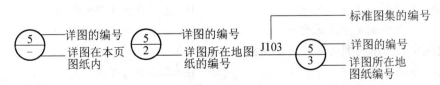

图 3-9　详细标注

本章小结

本章主要学习了建筑物的基本组成和作用，建筑施工图的内容，建筑施工图首页及总平面图的基本概念及识图技巧，建筑平面图、立面图、剖面图和建筑局部详图中所包含的内容及识图方法，并能熟练地识图、读图。

实训练习

一、单选题

1. 国标规定施工图中水平方向定位轴线的编号应是（　　）。
   A. 大写拉丁字母　　B. 英文字母　　C. 阿拉伯字母　　D. 罗马字母
2. 附加定位轴线2/4是指（　　）。
   A. 4号轴线之前附加的第二根定位轴线　　B. 4号轴线之后附加的第二根定位轴线
   C. 2号轴线之后的第4根定位轴线　　D. 2号轴线之前附加的第4根定位轴线
3. 索引符号图中的分子表示的是（　　）。
   A. 详图所在图纸编号　　B. 被索引的详图所在图纸编号
   C. 详图编号　　D. 详图在第几页上
4. 有一图纸量得某线段长度为5.34cm，当图纸比例为1∶30时，该线段实际长度是（　　）米。
   A. 160.2　　B. 17.8　　C. 1.062　　D. 16.02
5. 门窗图例中平面图和剖面图上的开启方向是指（　　）。
   A. 朝下，朝左为外开　　B. 朝上，朝右为外开
   C. 朝下，朝右为外开　　D. 朝上，朝左为外开
6. 房屋施工图中所注的尺寸单位都是（　　）。
   A. 以米为单位
   B. 以毫米为单位
   C. 除标高及总平面图上以米为单位外，其余一律以毫米为单位
   D. 除标高以米为单位外，其余一律以毫米为单位
7. 图标中规定定位轴线的编号圆圈一般用（　　）。
   A. 8mm　　B. 10mm　　C. 6mm　　D. 14mm
8. 总平面图中用的风玫瑰图中所画的实线表示（　　）。
   A. 常年所刮主导风风向　　B. 夏季所刮主导风风向
   C. 一年所刮主导风风向　　D. 春季所刮主导风风向
9. 建施中剖面图的剖切符号应标注在（　　）。
   A. 底层平面图中　　B. 二层平面图中
   C. 顶层平面图中　　D. 中间层平面图中

10. 楼梯平面图中标明的"上"或"下"的长箭头是(　　)为起点。
    A. 都以室内首层地坪　　　　　　B. 都以室外地坪
    C. 都以该层楼地面　　　　　　　D. 都以该层休息平台

二、多选题

1. 根据基准点的不同，标高分为(　　)。
    A. 绝对标高　　　　B. 相对标高　　　　C. 基准标高
    D. 高程标高　　　　E. 黄海标高
2. 建筑专业施工图主要包括(　　)。
    A. 设计说明、总平面图　　B. 结构平面布置图　　C. 平面图、立面图
    D. 剖面图、详图　　　　　E. 基础平面图
3. 建筑立面图主要表明建筑物的(　　)。
    A. 屋顶的形式　　　　B. 外墙饰面　　　　C. 房间大小
    D. 内部分隔　　　　　E. 楼层高度
4. 结构专业施工图的基本内容包括(　　)。
    A. 结构布置图　　　　B. 构件图　　　　C. 管线系统图
    D. 结构设计说明　　　E. 结构计算书
5. 剖面图主要用于表达物件(　　)。
    A. 内部形状　　　　B. 内部结构　　　　C. 断面形状
    D. 外部形状　　　　E. 断面结构

三、简答题

1. 请简述建筑施工图的概念。
2. 请简述建筑平面图的分类。
3. 建筑详图包括哪些？

第 3 章 建筑施工图的识读习题答案.pdf

建筑识图与构造

实训工作单

班级		姓名		日期	
教学项目	建筑施工图识读				
任务	解读一套完整的建筑施工图		图纸类型	多层框架结构建筑施工图	
相关知识	建筑施工图的识读知识点				
其他要求					
工作过程记录					
评语				指导老师	

第 4 章 结构施工图.pdf

第 4 章 结构施工图

04

第 4 章 学习目标.mp4

第 4 章 结构施工图片.pptx

【学习目标】

- 了解结构施工图概述
- 掌握基础施工图中的基础、基础平面图及基础详图相关知识点
- 掌握楼层结构平面图、屋面结构平面图及其他结构平面图基础知识
- 掌握钢筋混凝土构件详图及其梁、板、柱的相关内容
- 了解钢筋混凝土框架结构图的基本知识

【教学要求】

本章要点	掌握层次	相关知识点
结构施工图概述	了解结构施工图概述	结构施工图
基础结构图	1. 了解基础施工图中的基础知识 2. 掌握基础平面图及基础详图有关识图、读图、画图的内容	基础结构图
楼层结构平面图	1. 了解楼层结构平面图的概念及表示方法 2. 掌握识图步骤及注意事项	楼层结构平面图
钢筋混凝土构件结构详图	1. 了解钢筋混凝土构件详图基本知识 2. 掌握钢筋混凝土柱、梁、板的基础知识及图上主要内容	钢筋混凝土构件结构详图
钢筋混凝土框架结构图	1. 了解钢筋混凝土框架结构图的基本知识 2. 掌握钢筋混凝土框架结构图的优点	钢筋混凝土框架结构图

【引子】

结构施工图是根据房屋建筑中的承重构件进行结构设计后绘制成的图样。结构设计时根据建筑要求选择结构类型、进行合理布置，再通过力学计算确定构件的断面形状、大小、材料及构造等，并将设计结果绘成图样，以指导施工，这种图样简称为"结施"。结构施工图与建筑施工图一样，是施工的依据，主要用于放灰线、挖基槽、基础施工、支承模板、配钢筋、浇灌混凝土等施工过程，也是计算工程量、编制预算和施工进度计划的依据。

4.1 概　　述

1. 结构施工图概念

结构施工图是关于承重构件的布置，使用的材料、形状、大小及内部构造的工程图样，是承重构件以及其他受力构件施工的依据。图纸目录应按图纸序号排列，先列新绘制图纸，后列选用的重复利用图和标准图。

结构施工图的
概念.mp4

2. 结构施工图的内容

结构施工图包含以下内容：结构总说明、基础布置图、承台配筋图、地梁布置图、各层柱布置图、各层柱配筋图、各层梁配筋图、屋面梁配筋图、楼梯屋面梁配筋图、各层板配筋图、屋面板配筋图、楼梯大样、节点大样。

结构施工图包含
的内容.mp4

3. 结构施工图的作用

建筑结构施工图(简称"结施")，是经过结构选型、内力计算、建筑材料选用，最后绘制出来的施工图。其内容包括房屋结构的类型、结构构件的布置，如各种构件的代号、位置、数量、施工要求及各种构件尺寸大小、材料规格等。

建筑结构施工图是施工的依据，如放灰线、开挖基槽、模板放样、钢筋骨架绑扎、浇灌混凝土等，必须严格按图加工同时也是编制建筑预算、编制施工组织进度计划的主要依据，是不可缺少的施工图纸。

结构施工图的
作用.mp4

4. 结构施工图的组成

1) 结构设计说明书

一般以文字辅以图标来说明结构，内容有设计的主要依据(如功能要求、荷载情况、水文地质资料、地震烈度等)、结构的类型、建筑材料的规格形式、局部做法、标准图和地区通用图的选用情况、施工的要求等。

结构施工图的
组成部分.mp4

2) 结构构件平面布置图

通常包含以下内容：

(1) 基础平面图(含基础截面详图)，主要表示基础位置、轴线的距离、基础类型及尺寸；

(2) 楼层结构平面布置图，主要是楼板的布置、楼板的厚度、梁的位置、梁的跨度等；

(3) 屋面结构平面布置图，主要表示屋面楼板的位置、屋面楼板的厚度等。

3) 构件详图

(1) 基础详图，主要表明基础的具体做法。条形基础一般取平面处的剖面来说明，独立基础则给一个基础大样图；

(2) 梁类、板类、柱类等构件详图(包括预制构件、现浇结构构件等)；

(3) 楼梯结构详图；

(4) 屋架结构详图(包括钢屋架、木屋架、钢筋混凝土屋架)；

(5) 其他结构构件详图(如支撑等)。

4) 结构施工图常用构件代号

结构施工图需注明结构的名称，一般采用代号表示。构件的代号，一般用该构件名称汉语拼音的第一个字母的大写表示。预应力混凝土构件代号，应在前面加 Y，如 Y-KB 表示预应力空心板，如图 4-1 所示。

序号	名称	代号	序号	名称	代号	序号	名称	代号
1	板	B	19	圈梁	QL	37	承台	CT
2	屋面板	WB	20	过梁	GL	38	设备基础	SJ
3	空心板	KB	21	连系梁	LL	39	桩	ZH
4	槽形板	CB	22	基础梁	JL	40	挡土墙	DQ
5	折板	ZB	23	楼梯梁	TL	41	地沟	DG
6	密肋板	MB	24	框架梁	KL	42	柱间支撑	ZC
7	楼梯板	TB	25	框支梁	KZL	43	垂直支撑	CC
8	盖板或沟盖板	GB	26	屋面框架梁	WKL	44	水平支撑	SC
9	挡雨板或檐口板	YB	27	檩条	LT	45	梯	T
10	吊车安全走道板	DB	28	屋架	WJ	46	雨篷	YP
11	墙板	QB	29	托架	TJ	47	阳台	YT
12	天沟板	TGB	30	天窗架	CJ	48	梁垫	LD
13	梁	L	31	框架	KJ	49	预埋件	M—
14	屋面梁	WL	32	刚架	GJ	50	天窗端壁	TD
15	吊车梁	DL	33	支架	ZJ	51	钢筋网	W
16	单轨吊车梁	DDL	34	柱	Z	52	钢筋骨架	G
17	轨道连接	DGL	35	框架柱	KZ	53	基础	J
18	车挡	CD	36	构造柱	GZ	54	暗柱	AZ

图 4-1 常用构件代号

4.2 结构施工图识读

4.2.1 基础结构图

1. 基础

基础指建筑底部与地基接触的承重构件，它的作用是把建筑上部的荷载传给地基。因

基础的定义和作用.mp4

此地基必须坚固、稳定可靠。基础是建筑物地面以下的结构构件,用来将上部结构荷载传给地基,是房屋、桥梁、码头及其他构筑物的重要组成部分。

1) 建筑基础常见的几种形式

按构造方式分有独立基础、条形基础、桩基础、筏板基础、箱形基础等形式。

2) 基础按受力特点及材料性能可分为刚性基础和柔性基础

常用的基础有条形基础和独立基础。

(1) 条形基础。

条形基础一般布置在承重墙的下面,基础的走向与墙体相同,是连续的带形,因此也称带形基础,如图 4-2 所示。

条形基础一般用于多层混合结构的承重墙下,低层或小型建筑常用红砖、毛石、混凝土等材料砌成。如上部建筑为钢筋混凝土墙或地基分布不均匀及荷载较大时,应采用钢筋混凝土条形基础。

(2) 独立基础。

独立基础是整个或局部结构物下的无筋或配筋基础,如图 4-3 所示。

基础的分类和常见的类型.mp4

立体效果 独立基础.avi

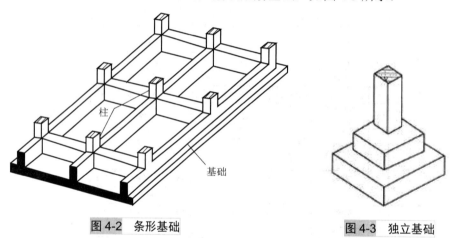

图 4-2 条形基础　　　图 4-3 独立基础

建筑物上部结构采用框架结构或单层排架结构承重时,基础常采用圆柱形和多边形等形式的独立式基础,这类基础称为独立式基础,也称单独基础。独立基础分三种:阶形基础、坡形基础、杯形基础。

2. 基础平面图

1) 基础平面图基本知识

基础是在建筑物地面以下承受房屋全部荷载的构件,常用的形式有条形基础和独立基础。基础平面图是假想用一个水平面沿房屋的地面与基础之间的适当位置把整幢房屋剖开后,移开上层的房屋和泥土(基坑没有填土之前)所做出的基础水平投影,如图 4-4 所示。

基础底下天然的或经过加固的土壤称为地基。基坑是为基础施工而在地面开挖的地坑,坑底就是基础的底面。埋置深度是从室内±0.000 地面到基础底面的深度。埋入地下的墙称为基础墙,基础墙与垫层之间做成的阶梯形砌体,称为大放脚。

基础图是表示建筑物在相对标高±0.000 以下基础结构的图纸,一般包括基础平面图和基础详图。它是施工放灰线、开挖基槽、砌筑基础的依据。

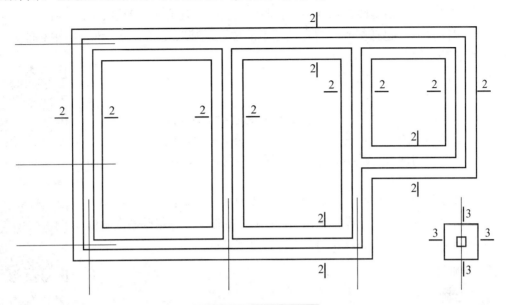

图 4-4　基础平面示意图

2)　基础平面图的表示方法

在基础平面图中，只画出基础墙、柱及基础底面的轮廓线，基础的细部轮廓(如大放脚)可省略不画。凡被剖切到的基础墙、柱轮廓线，应画成中实线，基础底面的轮廓线应画成细实线。基础平面图中采用的比例及材料图例与建筑平面图相同，基础平面图应注出与建筑平面图相一致的定位轴线编号和轴线尺寸。当基础墙上留有管洞时，应用虚线表示其位置，具体做法及尺寸另用详图表示。当设基础梁和地圈梁时，用粗单点长画线表示其中心线的位置。

基础平面图的表示方法.mp4

3)　基础平面图的尺寸标注

基础平面图的尺寸标注分内部尺寸和外部尺寸两部分。外部尺寸只标注定位轴线的间距和总尺寸。内部尺寸应标注各道墙的厚度、柱的断面尺寸和基础底面的宽度等。基础平面图中的轴线编号、轴线尺寸均应与建筑平面图相吻合。

4)　基础平面图的剖切符号

基础宽度、墙厚、大放脚、基底标高、管沟做法不同时，均以不同的断面图表示，所以在基础平面图中还应注出各断面图的剖切符号及编号，以便对照查阅。

5)　基础平面图的主要内容

(1)　图名、比例；

(2)　纵向、横向定位轴线及编号；

(3)　基础平面布置，即基础墙、柱、基础底面的形状(大小)与定位轴线的关系；

(4)　基础梁的位置与编号；

(5)　基础断面图的剖切位置线及编号；

(6)　基础的定形尺寸、定位尺寸和轴线间尺寸；

(7) 地沟与孔洞。由于给排水的要求，常常设置地沟或在地面以下的基础墙上预留孔洞，在基础平面图中用虚线表示地沟或孔洞的位置，并注明大小及洞底的标高；

(8) 附注说明。包括基础埋置在地基中的位置，基底处理墙施，地基的承载能力及对施工的有关要求等。

6) 基础平面图的识读过程

(1) 了解图名、比例；

(2) 与建筑平面图对照，了解基础平面图的定位轴线；

(3) 了解基础的平面布置，结构构件的种类、位置、代号；

(4) 了解剖切编号，通过剖切编号了解基础的种类，各类基础的平面尺寸；

(5) 阅读基础设计说明，了解基础的施工要求、用料；

(6) 结合基础平面图与设备施工图，明确设备管线穿越基础的准确位置，了解洞口的形状、大小以及洞口上方的过梁情况。

基础平面图的读图过程.mp4

基础详图绘制要求.mp4

3. 基础详图

1) 基础详图概念

在基础平面布置图中或文字说明中，无法交代或交代不清的基础结构构造，都用详细的局部大样图来表示，就属于基础详图，如图 4-5 所示。

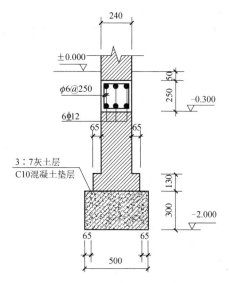

图 4-5 基础详图示意图

注：对形状简单规则的无筋扩展基础、扩展基础、基础梁和承台板，也可用列表方法表示。

2) 基础详图绘制的深度

(1) 无筋扩展基础表达出剖面、基础圈梁、防潮层位置；总尺寸、分尺寸、标高及定位尺寸。

(2) 扩展基础表达出平、剖面及配筋，基础垫层，总尺寸、分尺寸、标高及定位尺寸等。

(3) 桩基应表达出承台梁剖面或承台板平面,剖面,垫层,配筋,总尺寸、分尺寸、标高及定位尺寸,桩构造详图(可另图绘制)及桩与承台的连接构造详图。

(4) 筏基、箱基可参照现浇楼面梁、板详图的方法表示,应绘出承重墙、柱的位置。当要求设后浇带时应标出其平面位置并绘制构造详图。对箱基和地下室基础,应绘出钢筋混凝土墙的平面、剖面及其配筋图,当预留孔洞、预埋件较多或复杂时,可另绘墙的模板图。

(5) 基础梁可参照现浇楼面梁的详图方法表示。

(6) 附加说明包含基础材料的品种、规格、性能、抗渗等级、垫层材料、杯口填充材料、钢筋保护层厚度及其他对施工的要求。

【案例 4-1】 根据本章节所讲述的基础详图构造要求和读图识图基本知识分析图 4-5 基础详图的基本构造。

3) 基础详图的数量

同一幢房屋,由于各处荷载和地基承载力的不同,下面的基础也不同。对于每一种不同的基础,都要画出它的断面图,并在基础平面图上用 1-1、2-2、3-3 剖切位置线标出该断面的位置。

4) 基础详图的表示方法

基础断面形状的细部构造按正投影法绘制。基础断面除钢筋混凝土材料外,其他材料宜画出材料图例符号。钢筋混凝土独立基础除画出基础的断面图外,有时还要画出基础的平面图,并在平面图中采用局部剖面表示出底板配筋,如图 4-6 所示基础详图的轮廓线用中实线表示,钢筋符号用粗实线绘制,如图 4-6 所示。

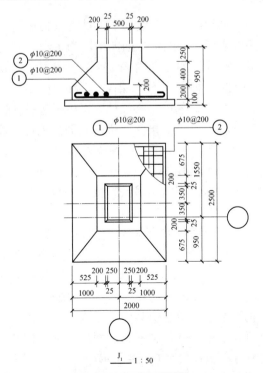

图 4-6 独立基础详图

【案例 4-2】 根据本章节所讲的基础详图的读图基础知识分析图 4-6 独立基础的配筋情况。

4.2.2 楼层结构平面图

1. 楼层结构平面图概念

楼层结构平面图是假想用一个剖切平面沿着楼板上皮水平剖开后，移走上部建筑物后作水平投影所得到的图样。主要表示该层楼面中的梁、板的布置，构件代号及构造做法等。

(1) 轴线：结构平面图上的轴线应和建筑平面图上的轴线编号及尺寸保持一致。

楼层平面图的概念.mp4

(2) 墙身线：在结构平面图中剖到的梁、板、墙身，可见轮廓线用中粗实线表示；楼板可见轮廓线用粗实线表示；楼板下的不可见墙身轮廓线用中粗虚线表示；可见的钢筋混凝土楼板的轮廓线用细实线表示。

结构平面图是表示房屋各层承重构件布置情况及相互关系的图样，它是施工时布置或安放各层承重构件、制作圈梁和浇筑现浇板的依据。原则上每层建筑都需画出它的结构平面图，但一般因底层地面直接做在地基上，它的做法、材料等已在建筑详图中表明，无须再画底层结构布置图，因此一般民用建筑只有楼层结构平面图和屋面结构平面图等。

2. 结构平面图的表示

结构平面图中墙身的可见轮廓用中粗线表示，被楼板挡住而看不见的墙、柱和梁的轮廓用中虚线表示。在结构平面图中，为了画图方便，习惯上也有把楼板下的不可见轮廓线，如墙身线、门窗洞口线由虚线改画成细实线的，这是一种镜像投影法。各种梁[如楼面梁(L)、楼梯梁(TL)、过梁(GL)、连系梁(LL)等]都用粗点划线表示它们的中心线位置，并在这些梁的代号后面加括号注明它们的梁底结构标高，如果同类梁的底面结构标高相同时，也可用文字统一说明。屋顶结构平面图中的屋架(WJ)也用粗点划线来表示。

结构平面图的表示方法.mp4

结构平面图中预制楼板的铺放不必按实际情况分块画，而用一条对角线(细实线)表示预制楼板的布置范围，并沿着对角线方向注写预制板的块数，编号和规格，预制板的型号各地没有统一规定。

楼层结构平面图中，对于现浇楼板应表示出楼板的厚度、配筋情况。板中的钢筋用粗实线表示，板下的墙用细线表示，梁、圈梁、过梁等用粗点划线表示。柱、构造柱用断面(涂黑)表示。在楼层结构平面图中，未能完全表示清楚之处，需绘出结构剖面图。

楼面的现浇部分，如楼梯板(TB)结构较复杂，一般需另画结构详图。凡需画结构详图的梁、板、屋架，在结构平面图中应注明其代号。构件代号由主代号和副代号组成，主代号用构件名称大写汉语拼音字母表示，制图标准规定了常用构件的主代号；副代号采用阿拉伯数字来表示构件的型号，如过梁用 GL18 表示。

结构平面图通常与基础平面图采用相同的比例。在结构平面图中应标注轴线尺寸，梁、板的定位尺寸，板的长、宽尺寸以及底面的结构标高。

结构平面图是表示建筑物室外地面以上各层承重构件(梁、板、柱、屋架、墙等)平面布置的图样，一般采用分层的结构平面图来表示，例如各楼层结构平面图和屋顶结构平面图等，它们的图示方法基本相同。

3．楼层结构平面图的识读步骤

(1) 了解图名、比例；
(2) 与建筑平面图对照，了解楼层结构平面图的定位轴线；
(3) 通过结构构件代号了解该楼层中结构构件的位置与类型；
(4) 了解现浇板的配筋情况及板的厚度；
(5) 了解各部位的标高情况，并与建筑标高对照，了解装修层的厚度；
(6) 如有预制板，了解预制板的规格、数量等级和布置情况。

楼层平面图读图步骤.mp4

4．结构平面图轴线及结构布置注意事项

(1) 结构施工图、结构平面图、建筑平面图要逐项检查；
(2) 根据相应的建筑平面图，校对轴线网、轴线编号、轴线尺寸；
(3) 查看有没有未定位的轴线，有没有多余轴号；
(4) 圆弧轴线有没有注明半径，圆心有没有定位；
(5) 结构轮廓与建筑是否一致；
(6) 结构平面图各部分的标高是否注明，是否与建筑相应位置吻合，注意建筑覆土范围、各层卫生间、室外露台、小屋面、电梯机房、屋顶花园、台阶、电梯底坑、水池、厨房等局部标高可能变化的地方；
(7) 板厚及配筋变化(挑板、卫生间、设备机房、配电间、绿化屋面、较重的荷载、电梯机房、消防前室等)；
(8) 结构标高变化位置及反梁是否为实线，有没有实线与虚线相交的地方；
(9) 邻接区域的梁、板连接关系与分缝是否正确；
(10) 建筑、设备在板上的开洞有没有遗漏。

5．屋面结构平面图

屋面结构平面图是表示屋顶面承重构件平面布置的图样，其内容和图示要求基本同楼层结构平面图。但因屋面有排水要求，可设天沟板或将屋面板按一定坡度设置。另外，还有楼梯间屋面的铺设，有些屋面上还设有上人孔及水箱等结构，因此需单独绘制。

6．其他结构平面图

在民用建筑中，常见的结构平面图除了楼层、屋面外，还有圈梁平面图等。在单层工业厂房中，另有屋架及支撑结构平面图，柱、吊车梁等构件平面图，它们反映这些构件的平面位置，包括连系梁、圈梁(如图4-7所示)、过梁(如图4-8所示)、

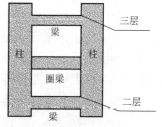

图 4-7 圈梁示意图

门板及柱间支撑等构件的布置。由于这些图样较简单，常以示意的单线绘制，单线应为粗实线，并采用 1∶200 或 1∶500 的比例。

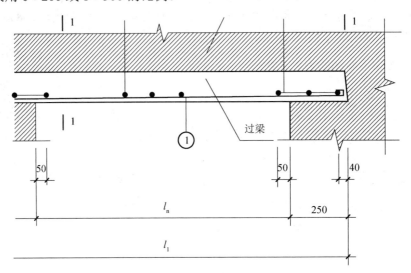

图 4-8　过梁示意图

7. 读图注意事项

一套图纸中，一般在首页附有总说明，每张图纸中一般都有附注或局部说明。总说明中包括：设计依据、设计原则、技术经济指标、结构特征、构件选型、材料及施工要求、注意事项等内容。图中附注是对图中某些表达不清楚的地方或特定部位的要求加以补充和说明，它是图纸中不可缺少的部分。

看图前，首先应看首页总说明。看了总说明，就会对整个工程有一个初步的较为完整的概念。在看图过程中，应注意每张图中的附注，这是正确读图的重要步骤。

施工图反映了建筑物的外貌特征和内部结构形式以及具体做法，它是施工的依据。在看图时，不能把建筑施工图和结构施工图割裂开，要联系起来参照着看。也就是说，在看建筑施工图时，要联想到结构形式；在看结构施工图时，要知道构件布置在建筑图中什么位置。同时，看图要有侧重，对钢筋工来说，必须把结构平面布置图和构件详图看懂，才能正确地进行钢筋加工和安装。

8. 识读结构平面图

结构平面布置图主要是表示建筑物结构的平面布置情况。一般民用建筑的结构平面图包括基础图、楼层和屋面结构布置图等。基础平面图反映了基础的放线宽度、墙柱轴线位置、地梁和上下水留洞位置等。考虑图面的布置，也可以将基础详图画在一张图纸上。楼层及屋面结构平面图主要表示梁、板、过梁、圈梁、楼梯、阳台、雨篷、天沟等的编号数量、安装位置以及各种构件详图的图号或所采用标准图的图集号。

识图必须具备基本的识图知识，比如图幅、图标、比例、标高、轴线等基本识图知识。

1) 图幅

图幅就是图纸的大小，有 A0 号、A1 号、A2 号、A3 号、A4 号之分。A0 号图纸尺寸为长 1189 毫米，宽 841 毫米。A1 号图纸只有 A0 号图纸的一半，其余类推。A0 号图纸用作画总图。建筑及结构施工图以 A1 号、A2 号图用得较多，A3 号和 A4 号图纸很少采用。

2) 图标

在图纸的右下角。图标栏内有设计单位，工程名称，图纸内容，设计人员签名，图号比例、日期等内容。

3) 比例

施工图一般都是按比例缩小画的，也就是说，将建筑物按实际尺寸，缩小一定的倍数画到图纸上，缩小的倍数就叫作比例。如 1∶100，说明图纸上的大小比建筑物的实际大小缩小了 100 倍。建筑图中的平、立、剖面图一般用 1∶100 的比例，大样图(详图)一般用 1∶20 或 1∶30 的比例。尽管图是按比例画的，但不要在图上用比例尺直接量尺寸，应以图上标注的尺寸为准，以免发生误差。

4) 轴线

建筑物墙体、柱子的平面定位线，一般用点画线表示。在其一端用一个圆圈内加一个数或一个大写拼音字母代表。从左至右用阿拉伯数字依次注写，表示开间、柱距。从下至上用大写拼音字母注写，表示建筑物的进深和跨度。构件中心线一般用点划粗实线表示，基本上与轴线重合，但轴线也不一定是构件的中心线。要仔细看清构件的位置，不要与轴线混为一谈，以免在钢筋配料和安装时发生错误。

4.2.3 钢筋混凝土构件结构详图

1. 钢筋混凝土构件详图

1) 钢筋混凝土构件详图概念

钢筋混凝土构件详图是假想混凝土为透明体，用细实线表示构件。假想混凝土为透明体，用细实线表示构件的外形轮廓，用粗实线或黑圆点画出钢筋，并标注出钢筋种类的代号、直径大小、根数、间距等。在断面图中不画混凝土或钢筋混凝土的图例，而被剖切到的或可见砖砌体的轮廓线用中实线表示。

钢筋混凝土构件详图概念.mp4

钢筋混凝土构件详图按其着重表示的对象不同，有配筋图和模板图两种：

(1) 配筋图着重表示构件内部的钢筋配置、形状、数量和规格；

(2) 模板图是表示构件外形和预埋件位置的图样，图中标注构件的外形尺寸和预埋位置。

2) 钢筋混凝土构件详图中的钢筋

结构平面图只能表示建筑物各承重构件的平面布置，许多承重构件的形状、大小、材料、构造和连接情况并未清楚地表示出来。因此，需要单独画出各承重构件的结构详图。

钢筋混凝土构件有定型构件和非定型构件两种。定型的预制或现浇构件可直接引用标准图或通用图，只要在图纸上写明选用构件所在标准图集或通用图集的名称、代号即可。自行设计的非定型预制或现浇构件，则必须绘制构件详图。

钢筋混凝土构件详图是钢筋翻样、制作、绑扎、现场制模、设置预埋、浇捣混凝土的依据。钢筋在混凝土构件中的作用除了增强受拉区的抗拉强度外，有时还起着其他作用。所以，常把构件中不同位置的钢筋分为以下几种：

（1）受力筋。

这是构件中根据计算确定的主要受力钢筋，在受拉区的钢筋为受拉筋，在受压区的钢筋为受压筋。

（2）箍筋。

在梁和柱中承受剪力或扭力作用的钢筋，并对纵向钢筋起定位的作用，使钢筋形成钢筋骨架。

（3）构造筋。

构造筋包括架立筋、分布筋及由于构造需要的各种附加钢筋的总称。其中，架立筋是在梁内与受力筋、箍筋构成骨架的钢筋，分布筋是在板内与受力筋组成骨架的钢筋。构件中钢筋的名称，如图4-9所示。

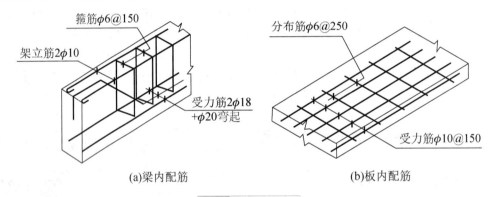

图 4-9 构件中钢筋

3）钢筋混凝土构件详图的主要内容

（1）构件名称或代号、比例；

（2）构件定位轴线及其编号；

（3）构件的形状、尺寸和预埋件代号及布置(模板图)，构件的配筋(配筋图)。当构件外形简单又无预埋件时，一般用配筋图来表示构件的形状和配筋；

（4）钢筋尺寸和构造尺寸，构件底面的结构标高；

（5）施工说明等。

钢筋混凝土构件详图的内容.mp4

2．钢筋混凝土柱

（1）钢筋混凝土柱基本概念。

用钢筋混凝土材料制成的柱，是房屋、桥梁、水工等各种工程结构中最基本的承重构件，常用作楼盖的支柱、桥墩、基础柱、塔架和桁架的压杆(如图4-10所示)。

在单层工业厂房中设有边柱、中间柱，牛腿(架设吊车梁)部分的断面变化多，配筋复杂。因此，需在配筋复杂部位给各类钢筋编号，并逐个画出各类钢筋大样图，以便阅读、施工。

（2）钢筋混凝土柱分类。

按照制造和施工方法分为现浇柱和预制柱。现浇钢筋混凝土柱整体性好，但支模工作量大。预制钢筋混凝土柱施工比较方便,但要保证节点连接质量。

按配筋方式分为普通钢箍柱、螺旋形钢箍柱和劲性钢筋柱。普通钢箍柱适用于各种截面形状的柱,是基本的、主要的类型,普通钢箍柱用以约束纵向钢筋的横向变位;螺旋形钢箍柱可以提高构件的承载能力,柱截面一般是圆形或多边形;劲性钢筋混凝土柱在柱的内部或外部配置型钢,型钢分担很大一部分荷载,用钢量大,但可减小柱的断面和提高柱的刚度,在未浇灌混凝土前,柱的型钢骨架可以承受施工荷载和减少模板支撑用材。用钢管作外壳,内浇混凝土的钢管混凝土柱,是劲性钢筋柱的另一种形式。

按受力情况分为中心受压柱和偏心受压柱,后者是受压兼受弯构件。工程中的柱绝大多数都是偏心受压柱。

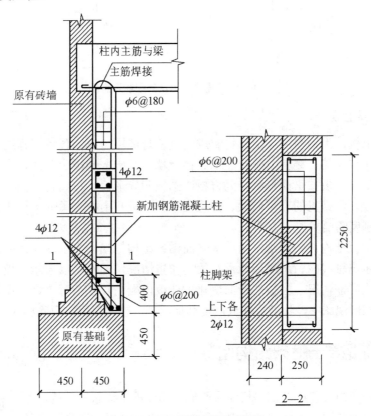

图 4-10 钢筋混凝土柱示意图

3. 钢筋混凝土梁

钢筋混凝土梁的结构详图以配筋图为主,包括钢筋混凝土梁的立面图和断面图。图 4-11 是钢筋混凝土简支梁的结构详图,钢筋的布置在配筋图中表达清楚,如果在配筋比较复杂、钢筋重叠无法看清时,应在配筋图外另增加钢筋详图(又称钢筋大样图)。钢筋详图应按照钢筋在立面图中的位置由上而下,用同一比例排列在梁下方,并与相应的钢筋对齐。钢筋编号圆圈的直径为 6mm。

【案例 4-3】 根据钢筋混凝土构件结构详图识图的步骤和方法,具体分析图 4-11 钢筋混凝土梁的具体配筋构造。

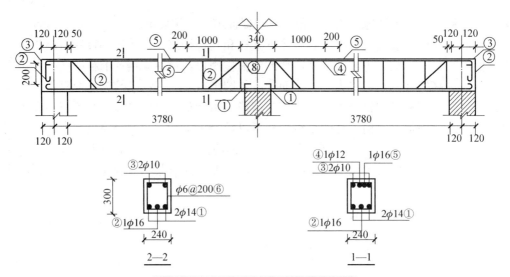

图 4-11 钢筋混凝土梁及其配筋示意图

4. 钢筋混凝土板

钢筋混凝土板，用钢筋混凝土材料制成的板，是房屋建筑和各种工程结构中的基本结构或构件，常用作屋盖、楼盖、平台、墙、挡土墙、基础、地坪、路面、水池等，应用范围极广。钢筋混凝土板按平面形状分为方板、圆板和异形板，按结构的受力作用方式分为单向板和双向板。最常见的有单向板、四边支承双向板和由柱支承的无梁平板，板的厚度应满足强度和刚度的要求。

钢筋混凝土板结构详图通常采用结构平面图或结构剖视图表示。在钢筋混凝土板结构平面图中能表示出轴线网、承重墙或承重梁的布置情况，同时可以表示出板支承在墙、梁上的长度及板内配筋情况。当板的断面变化大或板内配筋较复杂时，常采用板的结构剖视图表示。在结构剖视图中，除能反映板内配筋情况外，板的厚度，板底标高也能反映清楚。

4.2.4 钢筋混凝土框架结构图

框架结构是指由梁和柱以钢筋相连接而成，构成承重体系的结构，即由梁和柱组成框架共同抵抗使用过程中出现的水平荷载和竖向荷载。框架结构的房屋墙体不承重，仅起到围护和分隔作用，一般用预制的加气混凝土、膨胀珍珠岩、空心砖或多孔砖、浮石、蛭石、陶粒等轻质板材砌筑或装配而成，如图 4-12 所示。

钢筋混凝土框架的概念.mp4

框架结构又称构架式结构。房屋的框架按跨数分为单跨、多跨；按层数分为单层、多层；按立面构成分为对称、不对称；按所用材料分为钢框架、混凝土框架、胶合木结构框架或钢与钢筋混凝土混合框架等。其中最常用的是混凝土框架(现浇式、装配式、整体装配式，也可根据需要施加预应力，主要是对梁或板)、钢框架。装配式、装配整体式混凝土框架和钢框架适合大规模工业化施工，效率较高，工程质量较好。

框架结构不太多见，主要用于新建的 6 层以下的住宅，以及独栋、连排、叠加别墅和洋房等,占据的市场份额相对较小。细分的话,还可以分成普通框架和异形柱框架,但其实都差不多。

框架建筑的主要优点:空间分隔灵活,自重轻,节省材料;可以较灵活地配合建筑平面布置,利于安排需要较大空间的建筑结构;框架结构的梁、柱构件易于标准化、定型化,便于采用装配整体式结构,以缩短施工工期;采用现浇混凝土框架时,结构的整体性、刚度较好,设计处理好也能达到较好的抗震效果,而且可以把梁或柱浇注成各种需要的截面形状。

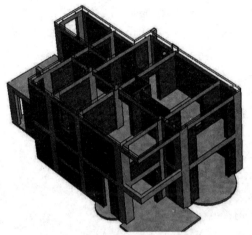

框架结构示意图.avi

图 4-12 框架结构示意图

本 章 小 结

通过本章的学习,我们主要了解结构施工图概述、基础施工图中的基础、基础平面图及基础详图的相关知识点;掌握楼层结构平面图、屋面结构平面图及其他结构平面图基础知识;熟悉钢筋混凝土构件详图及其中梁、板、柱的相关内容;了解钢筋混凝土框架结构图的基本知识。

实 训 练 习

一、单选题

1. 钢筋混凝土基础的受力钢筋配置在基础底板的(　　)。
   A. 上部　　　　　　B. 下部　　　　　　C. 中部　　　　　　D. 以上均可
2. 钢筋的种类代号"ϕ"表示的钢筋种类是(　　)。
   A. HPB235 钢筋　　B. HRB335 钢筋　　C. HRB400 钢筋　　D. RRB400 钢筋
3. 基础外轮廓线用(　　)绘制。
   A. 粗实线　　　　　B. 中粗实线　　　　C. 细实线　　　　　D. 细虚线

4. 关于基础平面图画法规定的表述中，以下正确的有(   )。
   A. 不可见的基础梁用细虚线表示   B. 地沟用粗实线表示
   C. 穿过基础的管道洞口可用粗实线表示   D. 剖到的钢筋混凝土柱用涂黑表示
5. 条形基础上设有基础梁的可见的梁用(   )表示。
   A. 细实线   B. 粗实线   C. 虚线   D. 细点划线

二、多选题

1. 建筑剖面图应标注(   )等内容。
   A. 门窗洞口高度   B. 层间高度   C. 建筑总高度
   D. 楼板与梁的断面高度   E. 室内门窗洞口的高度
2. 下面属于建筑施工图的有(   )。
   A. 首页   B. 总平面图   C. 基础平面布置图
   D. 建筑立面图   E. 建筑详图
3. 建筑平面图的组成为(   )。
   A. 一层平面图   B. 中间标准层平面图   C. 顶层平面图
   D. 屋顶平面图   E. 局部平面图
4. 楼梯详图一般包括(   )。
   A. 楼梯平面图   B. 楼梯立面图   C. 楼梯剖面图
   D. 楼梯节点详图   E. 楼梯首页
5. 建筑立面图要标注(   )等内容。
   A. 详图索引符号   B. 入口大门的高度和宽度
   C. 外墙各主要部位的标高   D. 建筑物两端的定位轴线及其编号
   E. 文字说明外墙面装修的材料及其做法
6. 墙身详图要表明(   )。
   A. 墙角的做法   B. 梁、板等构件的位置   C. 大梁的配筋
   D. 构件表面的装饰   E. 墙身定位轴线

三、识图题

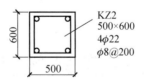

1. 该柱的编号是(   )。
2. 该柱的截面尺寸是(   )。
3. 4φ22 表示(   )。
4. φ8@200 表示(   )。

四、简答题

1. 建筑基础有哪几种形式？
2. 什么是楼层结构平面图？
3. 框架结构建筑的优点有哪些？

第 4 章 结构施工图习题答案.pdf

第 4 章 结构施工图

实训工作单

班级		姓名		日期	
教学项目	结构施工图识读				
任务	解读一套完整的结构施工图		建筑结构类型	多层框架结构	
相关知识	结构施工图基础知识				
其他要求					

工作过程记录

| 评语 | | | | 指导老师 | |

第 5 章 民用建筑概述教案.pdf

第 5 章 民用建筑概述

05

【学习目标】

第 5 章 学习目标.mp4

第 5 章 民用建筑概述图片.pptx

- 了解建筑的分类、等级划分
- 理解常见的建筑名词
- 熟悉民用建筑的构造和设计原则
- 了解影响建筑构造的因素

【教学要求】

本章要点	掌握层次	相关知识点
建筑的分类	了解建筑的分类	居住建筑
建筑等级的划分	1. 了解建筑的级别 2. 了解不同级别所承担任务范围	建筑的级别
常用建筑名词	理解常用的建筑名词	层高、净高
民用建筑构造组成	1. 掌握民用建筑构造组成 2. 掌握影响建筑构造的因素	基础 墙体
建筑工业化	1. 了解建筑工业化的特征 2. 了解实现建筑工业化的措施	系统性 重复性

【引子】

民用建筑处于不断发展之中，建筑设计需要满足其不断发展变化的功能和形式上的需求。在进行建筑设计的时候，要考虑到与之相关的各种因素，这是设计人员确保建筑能够正常使用的基础。特别是对于户型的合理安排，建筑设计师在进行设计的时候，必须在保证民用建筑自身质量安全的前提下，减少资源的浪费，降低成本，考虑建筑采光等因素这样才能建造出符合人民群众需要的民用建筑。

5.1 建筑的分类及建筑等级的划分

5.1.1 建筑的分类

1. 按使用功能分类

（1）居住建筑。

居住建筑主要是指提供人们进行家庭和集体生活起居用的建筑物，如住宅、宿舍、宾馆、招待所等。

（2）公共建筑。

公共建筑主要是指供人们从事社会性公共活动的建筑和各种福利设施的建筑物，如各类学校、图书馆、影剧院等。

（3）工业建筑。

工业建筑主要是指为工业生产服务的各类建筑，如生产车间、辅助车间、动力用房、仓储建筑等。

（4）农业建筑。

农业建筑主要是指用于农业、牧业生产和加工的建筑，如温室、畜禽饲养场、粮食与饲料加工站、农机修理站等。

2. 按规模分类

（1）大量性建筑。

大量性建筑主要是指量大面广、与人们生活密切相关的那些建筑，如住宅、学校、商店、医院、中小型办公楼等。

（2）大型性建筑。

大型性建筑主要是指建筑规模大、耗资多、影响较大的建筑，与大量性建筑相比，其修建数量有限，但这些建筑在一个国家或一个地区具有代表性，对城市的面貌影响很大，如大型火车站、航空港、大型体育馆、博物馆、大会堂等。

按照规模划分建筑类型.mp4

按照建筑材料类型划分建筑类型.mp4

3. 按建筑结构的材料分类

（1）砖木结构。

这类房屋的主要承重构件用砖、木构成。其中竖向承重构件如墙、柱等采用砖砌，水平承重构件的楼板、屋架等采用木材制作。这种结构形式的房屋层数较少，一般多为单层房屋。

（2）砖混结构。

建筑物的墙、柱用砖砌筑，梁、楼板、楼梯、屋顶用钢筋混凝土制作，成为砖—钢筋混凝土结构。这种结构多用于层数不多(六层以下)的民用建筑及小型工业厂房，是目前广泛采用的一种结构形式。

(3) 钢筋混凝土结构。

建筑物的梁、柱、楼板、基础全部用钢筋混凝土制作。梁、楼板、柱、基础组成一个承重的框架，因此也称框架结构。墙只起围护作用，用砖砌筑。此结构用于高层或大跨度房屋建筑中。

(4) 钢结构。

建筑物的梁、柱、屋架等承重构件用钢材制作，墙体用砖或其他材料制成，此结构多用于大型工业建筑。

4. 按建筑施工方法分类

(1) 现浇、现砌式建筑：建筑物的主要承重构件均是在施工现场浇筑和砌筑而成。

(2) 预制、装配式建筑：建筑物主要承重构件在加工厂制成预制构件，在施工现场进行装配而成。

(3) 部分现浇现砌、部分装配式建筑：这种建筑物的一部分构件(如墙体)是在施工现场浇筑或砌筑而成，一部分构件(如楼板、楼梯)是采用在加工厂制成的预制构件。

5. 按照民用建筑的层数分类

(1) 低层建筑：指 1～3 层建筑；

(2) 多层建筑：指 4～6 层建筑；

(3) 中高层建筑：指 7～9 层建筑；

(4) 高层建筑：指 10 层以上住宅，公共建筑及综合性建筑总高度超过 24 米为高层；

(5) 超高层建筑：建筑物高度超过 100 米时，不论住宅或者公共建筑均为超高层。

5.1.2 建筑等级的划分

1. 按复杂程度划分

按照建设部《民用建筑工程设计收费标准》的规定，我国目前将各类民用建筑工程按复杂程度划分为：特、一、二、三、四、五，共六个等级，设计收费标准随等级高低而不同。《注册建筑师条例》参照这个标准进一步规定，一级注册建筑师可以设计各个等级的民用建筑，二级注册建筑师只能设计三级以下的民用建筑。所以了解民用建筑的等级划分，对于建筑师执业是重要的。

按照复杂程度划分建筑等级.mp4

以下是民用建筑复杂程度等级的具体标准：

1) 特级工程

(1) 列为国家重点项目或以国际活动为主的大型公建以及有全国性历史意义或技术要求特别复杂的中小型公建。如国宾馆、国家大会堂，国际会议中心、国际大型航空港、国际综合俱乐部，重要历史纪念建筑、博物馆、美术馆，三级以上的人防工程等。

(2) 高大空间，有声、光等特殊要求的建筑。如剧院、音乐厅等。

(3) 30 层以上建筑。

2) 一级工程

(1) 高级大型公建以及有地区性历史意义或技术要求复杂的中小型公建。如高级宾馆、旅游宾馆、高级招待所、别墅、省级展览馆、博物馆、图书馆、高级会堂、俱乐部、科研实验楼(含高校)、300床以上医院、疗养院、医技楼、大型门诊楼、大中型体育馆、室内游泳馆、室内滑冰馆、大城市火车站、航运站、候机楼、摄影棚、邮电通讯楼、综合商业大楼、高级餐厅、四级人防、五级平战结合人防等。

(2) 16～29层或高度超过50m的公建。

3) 二级工程

(1) 中高级的大型公建以及技术要求较高的中小型公建。如大专院校教学楼、档案楼，礼堂、电影院、省部级机关办公楼，300床以下医院、疗养院，地市级图书馆、文化馆、少年宫、俱乐部、排演厅、报告厅、风雨操场，大中城市汽车客运站、中等城市火车站、邮电局、多层综合商场、风味餐厅、高级小住宅等。

(2) 16～29层住宅。

4) 三级工程

(1) 中级、中型公建。如重点中学及中专的教学楼、实验楼、电教楼，社会旅馆、饭馆、招待所、浴室、邮电所、门诊所、百货楼、托儿所、幼儿园、综合服务楼、2层以下商场、多层食堂、小型车站等。

(2) 7～15层有电梯的住宅或框架结构建筑。

5) 四级工程

(1) 一般中小型公建。如一般办公楼、中小学教学楼、单层食堂、单层汽车库、消防车库、消防站、蔬菜门市部、粮站、杂货店、阅览室、理发室、水冲式公厕等。

(2) 7层以下无电梯住宅、宿舍及砖混建筑。

6) 五级工程

一二层、单功能、一般小跨度结构建筑。

说明：以上分级标准中，大型工程一般系指10000m² 以上的建筑；中型工程指3000～10000m² 的建筑；小型工程指3000m² 以下的建筑。

2. 按使用年限和耐火等级划分

按耐久等级划分，共分为四级：一级，耐久年限100年以上；二级，耐久年限50～100年；三级，耐久年限25～50年；四级，耐久年限15年以下。

按耐火等级划分，共分为四级：从一级到四级，建筑物的耐火能力逐步降低。

建筑工程根据民用建筑的类型和特征等因素将民用建筑分为特、一、二、三级四个等级，各级别设计单位承担任务范围如下：

1) 甲级

承担建筑工程设计项目的范围不受限制。

2) 乙级

(1) 民用建筑：承担工程等级为二级及以下的民用建筑设计项目。

(2) 工业建筑：跨度不超过 30m、吊车吨位不超过 30t 的单层厂房和仓库，跨度超过 12m、6 层及以下的多层厂房和仓库。

(3) 构筑物：高度低于 45m 的烟囱，容量小于 100m³ 的水塔，容量小于 2000m³ 的水池，直径小于 13m 或边长小于 9m 的料仓。

3) 丙级

(1) 民用建筑：承担工程等级为三级的民用建筑设计项目。

(2) 工业建筑：跨度不超过 24m、吊车吨位不超过 10t 的单层厂房和仓库，跨度不超过 6m、楼盖无动荷载的 3 层及以下的多层厂房和仓库。

(3) 构筑物：高度低于 30m 烟囱，容量小于 80m³ 的水塔，容量小于 500m³ 的水池，直径小于 9m 或边长小于 6m 的料仓。

5.1.3 常用建筑名词

建筑总高度：指室外地坪至檐口顶部的总高度。

容积率：容积率是项目总建筑面积与总用地面积的比值，一般用小数表示。

常用建筑名词的解释.mp4

建筑密度：建筑密度是项目总占地基地面积与总用地面积的比值，一般用百分数表示。

架空层：建筑物深基础或坡地建筑吊脚架空部位不回填土石方形成的建筑空间。

层高：上下两层楼面或楼面与地面之间的垂直距离。

净高：指房间的净空高度及地面至天花板下皮的高度。

自然层：按楼板、地板结构分层的楼层。

半地下室：房间地平面低于室外地平面的高度超过该房间净高的 1/3，且不过 1/2 者为半地下室。

层高.avi　　净高.avi

日照间距：日照间距，就是前后两栋建筑之间，根据日照时间要求所确定的距离。日照间距的计算，一般以冬至这一天正午正南方向房屋底层窗台以上墙面，能被太阳照到的高度为依据。

开间：指一间房屋的面宽及两条横向轴线之间的距离。

进深：指一间房屋的深度及两条纵向轴线之间的距离。

飘窗：为房间采光和美化造型而设置的突出外墙的窗。

骑楼：楼层部分跨在人行道上的临街楼房。

绝对标高：亦称海拔高度，我国把青岛附近黄海的平均海平面定为绝对标高的零点，全国各地的标高均以此为基准。

飘窗.avi　　骑楼.avi

相对标高：是以建筑物的首层室内主要房间的地面为零点(±0.000)，表示某处距首层地面的高度。

勒脚：是指外墙墙身下部靠近室外地坪的部分。勒脚的作用是防止地面水、屋檐滴下的雨水的侵蚀，从而保护墙面，保证室内干燥，提高建筑物的耐久性。勒脚的高度一般为室内外地坪的高差。

踢脚：是外墙内侧和内墙两侧与室内地坪交接处的构造。踢脚的作用是防止扫地时污染墙面。

楼板层：包括底层地面与楼层地面两大部分，是楼房建筑中的水平承重构件，同时还兼有在竖向划分建筑内部空间的功能。楼板承担建筑的楼面荷载，并把这些荷载传给墙或梁同时还对墙体起到水平支撑作用。

踢脚.avi

5.2 民用建筑的构造及设计原则

5.2.1 民用建筑构造组成

建筑的物质实体一般由承重结构、围护结构、饰面装修及附属部件组成。承重结构分为：基础、承重墙体(在框架结构建筑中承重墙体则由梁、柱代替)、楼板、屋面板等。围护结构分为：外围护墙、内墙(在框架结构建筑中为框架填充墙和轻质隔墙)等。饰面装修一般按其部位分为：内外墙面、楼地面、屋面、顶棚灯饰面装修。附属部件一般包括：楼梯、电梯、自动扶梯、门窗、阳台、栏杆、隔断、花池、台阶、坡道、雨篷等。

民用建筑的基本构造.mp4

民用建筑房屋的主要组成部分如下：

1. 基础

基础是墙或柱下面的承重构件，埋在自然地面以下，承受建筑物全部荷载的承重构件，并将这些荷载传给地基。基础必须有足够的强度和稳定性，并能抵御地下水、冰冻等各种有害因素的侵蚀。

立体效果 民用建筑构造.avi

民用建筑构造组成.avi

2. 墙体

在墙承重的房屋中，墙既是承重构件，又是围护构件；在框架承重的房屋中，墙是围护构件或分隔构件。作为承重构件，墙必须具有足够的强度和稳定性；作为围护构件，外墙必须抵御自然界各种因素对室内的侵袭。内分隔墙则必须保证隔声、保温、隔热、防火、防水等。

3. 柱

在框架承重结构中，柱是主要的竖向承重构件。作为承重构件，柱必须具有足够的强度和稳定性。

【案例 5-1】 某建筑为混合结构，建筑面积 5630m²。中央正厅为五层，两侧为四层，采用现浇钢筋混凝土柱。2016 年 5 月 30 日上午在拆除正厅一根混凝土柱的模板时，因该柱被压碎，引起 840m² 的房屋倒塌，460m² 严重受损。这是一起造成 6 人死亡、3 人重伤的重大事故。试分析混凝土柱倒塌的原因。

4. 屋顶

屋顶是建筑物顶部构件，既是承重构件又是围护构件。屋面板支撑屋面设施及自然界中风霜雪雨荷载,并将这些荷载传递给承重墙或梁柱。屋顶应具有足够的强度和刚度,并具有防水、保温、隔热等能力,上人屋面还得满足使用的要求。

【案例5-2】新华社阿布贾12月11日电(记者陈淑品)尼日利亚卫生部官员11日证实,尼南部阿夸伊博姆州首府乌约10日发生的教堂屋顶坍塌事故死亡人数已超过百人。

据乌约大学教学医院负责人彼得透露,因事故造成大量人员伤亡,该医院无能力全部接收并救治,部分伤者已被分散至其他医院接受救治。

阿夸伊博姆州州政府宣布,11日和12日两天将作为州哀悼日,降半旗悼念教堂坍塌事故遇难者。该州州长还命令逮捕教堂承建商,尽快对事故展开全面调查。

10日,位于阿夸伊博姆州首府乌约的一座在建教堂发生坍塌事故,脚手架连同铁皮屋顶一起落到正在祈祷的人群中,造成大量人员伤亡。试分析此次事故导致的原因。

5. 楼地层与地坪层

楼板既是水平方向上的承重构件,又是分隔楼层空间的围护构件。楼板层支撑人、家具和设备荷载,并将这些荷载传递给承重墙或梁、柱;同时楼板层支撑在墙体上,对墙体起着水平支撑作用,增强建筑的刚度和整体性,并用来分隔楼层之间的空间。因此,楼板层应有足够的承载力和刚度,同时性能应满足使用和围护要求。

当建筑物底层未用楼板架空时,地坪层作为底层空间与地基之间的分隔构件,支撑着人和家具设备的荷载,并将这些荷载传递给地基。地坪层应具有足够的承载力和刚度,并能均匀传力和防潮。

6. 楼梯

楼梯是建筑物中上下楼层的垂直交通运输部件。楼梯应有足够的通行能力,以满足紧急事故时的人员疏散,并做到兼顾耐久和满足消防疏散安全的要求。

【案例5-3】12月11日河北省邯郸市成安县商城镇中学学生放学时,因停电,在楼梯间发生踩踏事故,造成5名学生死亡,4名学生重伤,7名学生轻伤。试分析此事故发生的原因。

7. 门窗

门主要用作内外交通联系及分隔房间,窗的主要作用是采光和通风,门窗属于非承重构件。门应该满足交通、消防疏散、防盗、隔声、热工等要求。窗的作用主要是采光、通风及眺望,窗应满足防水、隔声、防盗、热工等要求。

建筑的次要组成部分有:附属的构件和配件,如阳台、雨篷、台阶、散水、通风道等。

5.2.2 影响建筑构造的因素和设计原则

1. 影响建筑构造的因素

1) 外力的影响

外力又称荷载。作用在建筑物上的荷载有恒载(如自重等)和活载(如使用荷载等)、竖直荷载(如自重引起的荷载)和水平荷载(如风荷载、地震荷载等)。

影响建筑构造的因素.mp4

荷载的大小对结构的选材和构件的断面尺寸、形状影响很大。不同的结构类型构造方法也不同。

2) 自然气候的影响

自然气候的影响是指风吹、日晒、雨淋、积雪、冰冻、地下水、地震等因素给建筑物带来的影响。为防止自然因素对建筑物带来的破坏和保证其正常使用，在进行房屋设计时，应采取相应的防潮、防水、隔热、保温、隔蒸汽、防温度变形、防震等构造措施。

3) 人为因素的影响

人为因素指的是火灾、机械振动、噪声、化学腐蚀、虫害等。在进行构造设计时，应采取相应的防护措施。

4) 建筑技术条件的影响

建筑技术条件是指建筑材料、建筑结构、建筑施工等方面。随着这些技术的发展与变化，建筑构造也在改变。例如砖混结构建筑构造的做法与过去的砖木结构有明显的不同，同样，钢筋混凝土建筑构造体系又与砖混结构建筑构造有很大的区别，所以建筑构造做法不能脱离一定的建筑技术条件而单独存在。

5) 建筑标准的影响

建筑标准一般指装修标准、设备标准、造价标准等。标准高的建筑，装修质量好，设备齐全，档次高，造价也较高，反之则较低。标准高的建筑，构造做法考究，反之则做法一般。不难看出，建筑构造的选材、选型和细部做法均与建筑标准有密切的关系。一般情况下，大量性建筑多属于一般标准的建筑，构造做法也多为常规做法，而大型性建筑，标准要求较高，构造做法复杂，尤其是美观因素考虑较多。

2. 建筑构造的设计原则

1) 坚固实用

在构造方案上首先应考虑坚固实用，保证房屋有足够的强度和整体刚度，安全可靠，经久耐用。即在满足功能要求、考虑材料供应和结构类型以及施工技术条件的情况下，合理地确定构造方案，在构造上保证房屋构件之间连接可靠，使房屋整体刚度强、结构安全稳定。

建筑设计原则.mp4

2) 技术先进

在构造做法选型时应该从材料、结构、施工三方面引入先进技术，注意因地制宜，就地取材，不脱离生产实际。

3) 经济合理

建筑构造设计应处处考虑经济合理，注意节约建筑材料，尤其是钢材、水泥、木材三大材料，并在保证质量的前提下降低造价。

水泥标准稠度用水量试验.ppt

4) 美观大方

建筑构造设计是初步设计的继续和深入。建筑要做到美观大方，必须通过技术手段来体现，而构造设计是其中重要的一环。

5) 生态环保

建筑构造设计是初步设计的继续和深入，必须通过技术手段来控制污染、保护环境，从而设计出既坚固适用、技术先进，又经济合理；既美观大方，又有利于环境保护的新型建筑。

建筑设计方针中明确提出"经济、适用、在可能的条件下注意美观"的辩证关系，建筑构造设计也必须遵循上述原则。

5.3 建筑工业化和建筑模数协调

5.3.1 建筑工业化

建筑工业化是指通过现代化的制造、运输、安装和科学管理的大工业生产方式，来代替传统建筑业中分散的、低水平的、低效率的手工业生产方式。它的主要标志是建筑设计标准化、构配件生产工厂化、施工机械化和组织管理科学化。

建筑工业化的
概念.mp4

1. 建筑工业化的基本内容

建筑工业化的基本内容是：采用先进适用的技术、工艺和装备，科学合理地组织施工，发展施工专业化，提高机械化水平，减少繁重、复杂的手工劳动和湿作业；发展建筑构配件、制品、设备生产并形成适度的经营规模，为建筑市场提供各类建筑使用的系列化的通用建筑构配件和制品；制定统一的建筑模数和重要的基础标准(模数协调、公差与配合、合理建筑参数、连接等)，合理解决标准化和多样化的关系，建立和完善产品标准、工艺标准、企业管理标准、工法等，不断提高建筑标准化水平；采用现代管理方法和手段，优化资源配置，实行科学的组织和管理，培育和发展技术市场和信息管理系统，适应社会主义市场经济发展的需要。

2. 建筑工业化的特征

(1) 设计和施工的系统性。

在完成一项工程的每一个阶段，从市场分析到工程交工都必须按计划进行。

建筑工业化的
特征.mp4

(2) 施工过程和施工生产的重复性。

构配件生产的重复性只有当构配件能够适用于不同规模、不同使用目的和环境的建筑才有可能。构配件如果要进行批量生产就必须具有一种规定的形式，即定型化。

(3) 建筑构配件生产的批量化。

没有任何一种确定的工业化结构能够适用于所有的建筑需求。因此，建筑工业化必须提供一系列能够组成各种不同建筑类型的构配件。

3. 建筑工业化的建造方式

工业化建造方式是指采用标准化的构件，并用通用的大型工具(如定型钢板)进行生产和施工的方式。根据住宅构件生产地点的不同，工业化建造方式可分为工厂化建造和现场建造两种。

1) 工厂化建造

工厂化建造是指采用构配件定型生产的装配施工方式，即按照统一标准定型设计，在工厂内成批生产各种构件，然后运到工地，在现场以机械化的方法装配成房屋的施工方式。采用这种方式建造的住宅被称为预制装配式住宅，主要有大型砌块住宅、大型壁板住宅、框架轻板住宅、模块化住宅等类型。预制装配式住宅的主要优点是：构件工厂生产效率高，质量好，受季节影响小，现场安装的施工速度快。缺点是：需以各种材料、构件生产基地为基础，一次投资很大；构件定型后灵活性小，处理不当易使住宅建筑单调、呆板；结构整体性和稳定性较差，抗震性不佳。日本为克服预制装配式住宅抗震性差的缺点，在预制混凝土构件连接时采用节点现浇的方式，加强其整体的强度和结构的稳定性，取得了很好的效果。这类结构被称为预制混凝土结构(PC)，目前我国正在进行相关的试验和改进，有些公司已经运用国际最先进的 PC 构件进行工业化住宅生产。

2) 现场建造

现场建造是指直接在现场生产构件，生产的同时就组装起来，生产与装配过程合二为一，但是在整个过程中仍然采用工厂内通用的大型工具和生产管理标准。根据所采用工具模板类型的不同，现场建造的工业化住宅主要有大模板住宅、滑升模板住宅和隧道模板住宅等。采用工具式模板在现场以高度机械化的方法施工，取代了繁重的手工劳动，与预制装配方式相比，它的优点是：一次性投资少，对环境适应性强，建筑形式多样，结构整体性强。缺点是：现场用工量比预制装配式大，所用模板较多，施工容易受季节影响。

4．实现建筑工业化的措施

建筑工业化，首先应从设计开始，从结构入手，建立新型结构体系，包括钢结构体系、预制装配式结构体系，要让大部分的建筑构件，包括成品、半成品，实现工厂化作业。一是要建立新型结构体系，减少现场施工作业。多层建筑应由传统的砖混结构向预制框架结构发展；高层及小高层建筑应由框架向剪力墙或钢结构方向发展；施工上应从现场浇筑向预制构件、装配式方向发展；建筑构件、成品、半成品以后场化、工厂化生产制作为主。二是要加快施工新技术的研发力度，主要是在模板、支撑及脚手架施工方向有所创新，减少施工现场的湿作业。在清水混凝土施工、新型模板支撑和悬挑脚手架有所突破；在新型围护结构体系上，大力发展和应用新型墙体材料。三是要加快"四新"成果的推广应用力度，减少施工现场手工操作。在积极推广建设部十项新技术的基础上，加快这十项新技术的转化和提升力度，其中包括提高部件的装配化、施工的机械化能力。

在新型结构体系中，应尽快推广建设钢结构建筑，应用预制混凝土装配式结构建筑，研发复合木结构建筑。在我国，进行钢结构建设的时机已比较成熟，我国已连续 8 年世界钢产量第一，一批钢结构建筑已陆续建成，相应的设计标准、施工质量验收规范已出台；同时，钢结构以其施工速度快、抗震性能好、结构安全度高等特点，在建筑中应用的优势日益突出；钢结构使用面积比钢筋混凝土结构增加 4%以上，工期大大缩短；在工程建设中采用钢结构技术有利于建筑工业化生产，促进冶金、建材、装饰等行业的发展，促进防火、防腐、保温、墙材和整体厨卫产品与技术的提高，况且钢结构可以回收，再利用，节能、环保，符合国民经济可持续发展的要求。

预制装配式结构应积极提倡。目前，大量的混凝土结构都是现场浇筑的，不仅污染环境，制造噪声，还增加了工人的劳动强度，且难以保证工程质量。南京大地建筑公司从法国引进的预制装配式结构体系(简称"世构体系"),是采用预制钢筋混凝土柱,预制预应力混凝土梁、板,通过钢筋混凝土后浇部分将梁、板、柱及节点连成整体的框架结构体系。其具有减少构件截面,减轻结构自重,便于工厂化作业、施工速度快等优点,是替代砖混结构的一种新型多层装配式结构体系。该结构体系已在南京多个工程中应用,效果明显。

复合木结构应尽快研发。复合木结构不仅适用于大跨度的建筑,还适用于广大村镇建筑和二至三层的别墅。应该说,与混凝土结构不同,复合木结构作为今后新型结构的形式之一,具有人性化和环保的特点。针对杨树生长快速和再生的特点,应着力开发杨树木材的深加工技术,包括木材的处理、复合、成型等,制作成建筑用的柱、梁、板等构件,并使其具有防虫、防火、易组合的能力。大量使用复合木结构,可减少对钢材、水泥、石子等建材的需求,这对资源是一种保护;同时,也为广大种植杨树的农民提供了一个优越的市场,不仅提升了杨树的使用价值,还为广大农民脱贫致富找到了一个新途径,可谓是一举多得。可以预见,复合木结构的潜在能量将随着技术的成熟日益显现出来,必将会给我国的建筑业带来一场革命。

5.3.2 建筑模数协调

建筑模数协调是对建筑物及其构配件的设计、制作、安装所规定的标准尺度体系,称建筑模数制。制定建筑模数协调体系的目的是用标准化的方法实现建筑制品、建筑构配件的生产工业化,许多国家以法规形式公布和推行这种制度。近年来,一些国际协作组织,在世界范围内发展和推广这一工作。

1. 建筑模数协调发展历程

英语 module(模数)一词源出拉丁语 modulus,原意是小尺度。模数作为统一构件尺度的最小基本单位,在古代建筑中就已应用。在古希腊罗马建筑中,五种古典柱式的高度与柱底直径成倍数关系。中国宋代《营造法式》规定的大木作制度,木构件尺寸都用材份来度量;清工部《工程做法》用斗口作为木构建筑基本模数。1920 年,美国人 A.F.比米斯首次提出利用模数坐标网格和基本模数值来预制建筑构件。第二次世界大战期间,德国人 E.诺伊费特提出了著名的"八分制",瑞典人贝里瓦尔等提出了综合性模数网格和以 10cm 为基本模数值的模数理论。当时建筑工业化尚处在初始阶段,用预制件装配的建筑因造价过高而难以推广。第二次世界大战后,工业化体系建筑蓬勃兴起,建筑模数受到重视。至 20 世纪 60 年代,建筑模数有三种理论:比米斯模数、勒•柯布西耶模数、雷纳级数。这些理论对现代建筑模数数列中的叠加原则、倍数原理、优选尺寸等都起重要作用。从 70 年代起,国际标准化组织房屋建筑技术委员会(ISO/TC59)陆续公布了有关建筑模数的一系列规定。建筑模数协调体系已成为国际标准化范围内的一种质量标准。

建筑模数协调.mp4

建筑模数协调内容.mp4

2. 建筑模数协调的内容

1) 模数数列

在建筑设计中要求用有限的数列作为实际工作的参数,它是运用叠加原则和倍数原理在基本数列基础上发展起来的。中国《建筑模数协调统一标准》(GB J2—86)中的模数数列表，包括基本模数、扩大模数和分模数，各有适用范围。

  2) 模数化网格

  由三向直角坐标组成的、三向均为模数尺寸的模数化空间网格，在水平和垂直面上的投影称为模数化网格，网格的单位尺度是基本模数或扩大模数。网格的三个方向或同一方向可以采用不同的扩大模数。网格的基本形式有基本模数化网格和扩大模数化网格两种。

  3) 定位原则

  在网格中每个构件都要按三个方向借助于边界定位平面和中线(或偏中线)定位平面来定位。所谓边界定位是指模数化网格线位于构件的边界面，而中线(或偏中线)定位是指模数化网格线位于构件中心线(或偏中心线)。

  4) 公差和接缝

  公差是两个允许限值之差，包括制作公差、安装公差、就位公差等。接缝是两个或两个以上相邻构件之间的缝隙，在设计和制造构件时，应考虑到接缝因素。

3. 建筑协调内容的要求

  (1) 应用模数数列调整整体装配式建筑与构配件(部品)的尺寸关系，优化建筑构配件(部品)的尺寸与种类。

  (2) 构配件(部品)组合时，能明确各配件(部品)的尺寸与位置，使设计、制造与安装等各个部品配合简单，满足整体装配式建筑设计精细化、高效率和经济性的要求。

4. 建筑模数协调适用范围

  模数协调主要适用于建筑工业化生产和装配化施工。对于就地取材、土法施工的小批量工程，还应以因地制宜原则为主，不受模数协调的制约。对于只用预制水平构件而墙身砌砖的砖混结构批量建筑，水平和竖向尺寸、门窗洞口尺寸应遵守模数协调规则，墙身和楼板的厚度为基本尺寸，不受扩大模数数列的限制。对于以预制构件为主的全装配建筑，其建筑平面、剖面和主要构件尺寸在 X、Y、Z 轴的三个轴向尺寸都应严格遵守模数协调原则。

本 章 小 结

  本章主要讲解了建筑的分类和建筑按使用年限和耐火等级的划分；常见的建筑名词解释；民用建筑的构造及民用建筑的设计原则；建筑工业化的内容及特征；建筑模数协调的定义、发展历程、内容和建筑模数协调的适用范围。

实 训 练 习

一、单选题

  1. 建筑构造设计的原则不包括( )。

    A. 坚固实用   B. 技术先进   C. 高档奢华   D. 美观大方

第5章 民用建筑概述

2. 住宅建筑按层数分,( )层为多层住宅。
   A. 3　　　　　B. 6　　　　　C. 9　　　　　D. 11
3. 建筑物的围护体系中,不包括( )。
   A. 屋面　　　B. 内墙　　　C. 门　　　　D. 窗
4. 民用建筑包括居住建筑和公共建筑,下面属于居住建筑的是( )。
   A. 幼儿园　　B. 疗养院　　C. 宿舍　　　D. 旅馆
5. 建筑耐久等级二级指的是( )。
   A. 100年　　　B. 50~100年　C. 25~50年　 D. 150年
6. 建筑高度大于( )m的民用建筑为超高层建筑。
   A. 24　　　　B. 50　　　　C. 100　　　　D. 120
7. 由( )形成的骨架承重结构系统的建筑称之为框架结构建筑。
   A. 桩、梁、柱　B. 墙、梁、柱　C. 梁、柱　　　D. 梁、板、柱
8. 建筑物的六大组成部分中属于非承重构件的是( )。
   A. 楼梯　　　B. 门窗　　　C. 屋顶　　　D. 吊顶
9. 承重墙的最小厚度为( )。
   A. 120mm　　B. 180mm　　C. 240mm　　D. 370mm
10. 楼梯的连续踏步阶数最少是( )。
    A. 2阶　　　B. 1阶　　　C. 4阶　　　D. 3阶

二、多选题

1. 建筑是建筑物和构筑物的统称,( )属于建筑物。
   A. 住宅、堤坝等　　　　　B. 学校、电塔等
   C. 住宅、工厂　　　　　　D. 工厂、展览馆等
   E. 烟囱、办公楼等
2. 关于楼板层的构造说法正确的是( )。
   A. 楼板应有足够的强度,可不考虑变形问题
   B. 槽形板上不可打洞
   C. 空心板保温隔热效果好,且可打洞,故常采用
   D. 采用花篮梁可适当提高建筑层高
   E. 楼板层不属于重要的结构
3. 下列( )不属于公共建筑。
   A. 工业厂房　　　　B. 办公楼　　　　C. 图书馆
   D. 电影院　　　　　E. 医院
4. 居住建筑按使用功能分类有( )。
   A. 住宅　　　　　　B. 宿舍　　　　　C. 宾馆
   D. 招待所　　　　　E. 图书馆
5. 建筑按建筑结构的材料分类有( )。
   A. 砖木结构　　　　B. 砖混结构　　　C. 钢筋混凝土结构
   D. 钢结构　　　　　E. 框架结构

三、简答题

1. 民用建筑房屋有哪些主要组成部分?
2. 建筑按建筑施工方法有哪些分类?
3. 影响建筑构造的因素有哪些?

第 5 章 民用建筑概述习题答案.pdf

第 5 章 民用建筑概述

实训工作单

班级		姓名		日期	
教学项目	建筑基本构造				
任务	建筑构造识别		工具	施工图纸	
相关知识	民用建筑基本知识				
其他要求					

工程过程记录	
评语		指导老师	

第 6 章　基础与地下室

【学习目标】

- 了解地基与基础的基本概念
- 掌握地基与基础的设计要求
- 了解影响基础埋深的因素
- 掌握地下室的构造

【教学要求】

本章要点	掌握层次	相关知识点
地基与基础的基本概念	1. 了解地基与基础的相关概念 2. 掌握地基与基础的设计要求 3. 掌握影响基础埋深的因素	地基与基础的基本概念
地下室的构造	1. 了解地下室的类型 2. 掌握地下室的构造 3. 掌握地下的防水构造	地下室的构造

【引子】

　　房屋的建设施工是为了给居民提供便捷的生活，是本着利民的角度出发的，最终也要落实到实处，保证人民群众的生活生产安全。要做到这一点就必须加强对房屋建筑质量的把关。而房屋的质量又依托在地基和基础的建设中，归根结底必须提高地基和基础的建筑质量。

6.1 地基与基础的基本概念

6.1.1 地基

地基是指建筑物下面支承基础承受由基础传下的荷载的土体或岩体。作为建筑地基的土层分为岩石、碎石土、砂土、粉土、黏性土和人工填土。地基有天然地基和人工地基两类。天然地基是自然状态下即可满足承担基础全部

地基.mp4　　独立基础.avi

荷载要求，不需要人为加固的天然土层。天然地基为不需要对地基进行处理就可以直接放置基础的天然土层，分为四大类：岩石、碎石土、砂土、黏性土。人工地基是经过人工处理或改良的地基。当土层的地质状况较好，承载力较强时可以采用天然地基；而在地质状况不佳的条件下(如坡地、沙地或淤泥地质)或虽然土层质地较好，但上部荷载过大时，为使地基具有足够的承载力，需要采用人工加固处理的地基，即人工地基。

1. 天然地基

(1) 地基土的分类。

① 岩石是整体或具有节理裂缝的岩层，地基承载力高，如花岗岩、石灰岩等单轴极限抗压强度值 $fr\geqslant30MPa$ 的岩石。

② 碎石土是粒径大于 2mm 的颗粒含量超过全重 50%的土。如卵石、碎石等其他耐力可达 200~1000kPa 之间。

③ 砂土是粒径大于 2mm 的颗粒含量不超过全重 50%，且粒径大于 0.075mm 的颗粒超过全重 50%的土。如砾砂、粗砂、中砂等其他耐力可达 140~340kPa。

④ 粉土的塑性指数小于等于 10 且粒径大于 0.075mm 的颗粒含量不超过全重 50%的土，粉土的性质介于砂土和黏土之间，容许承载力与粉土的孔隙比及天然含水量有关。粉土的承载力一般在 100~410kPa。

⑤ 黏性土的黏性及塑性大，塑性指数 IP>10，按沉积年代不同可分为老黏性和红黏土等，地耐力可达 100~475kPa。

⑥ 人工填土是经过人工堆填而成的土。土层分布不规律、不均匀，压缩性高，浸水后易湿陷。其承载力较低，必须经过压实后通过荷载试验等方式确定。

(2) 地基土的特性。

① 压缩性高

由于颗粒间的孔隙减小而产生垂直方向的沉降变形，称为土的压缩。由于地基土的压缩，使建筑物出现沉降，压缩量越大，沉降量就越大。

② 强度低

土的抗剪强度是指土对于剪应力的极限抵抗强度。主要取决于土的内聚力和内摩擦力，土的抗剪强度越大，抗滑的能力越强。

③ 透水性大

土中水分为结合水、自由水、气态水和固态水。土中含水量的多少，直接影响地基的

承载力。当含水率接近，地基的性能越好。

【案例6-1】 位于西太行山脚下的王某拥有一套200m²的单层平房，房子始建于1998年，距今已有20年之久，由于年代久远，房子的外表看起来有些破旧，而在当初建造房屋的时候地基没有做过多的处理，而且现在左邻右舍新盖房子的地基已经比老王家高出足足有1.5m，每逢下雨，老王家门前就成了水坑。而且老王的儿子到了结婚的年龄，房子也要考虑新盖。请结合相关知识为王某一家提供一套行之有效的方法。

2. 人工地基

（1）密实法。

当土层的承载能力较差，作为地基没有足够的强度和稳定性，必须对土层进行人工加固后才能在上面建造房屋，这种经过人工处理的地基叫人工地基。人工地基的处理方法有密实法、换土法、加固法和桩基。

密实法.mp4　　立体效果　重锤夯实法示意图.avi

① 碾压夯实法

对含水量在一定范围内的土层进行碾压或夯实。此法影响深度约为200mm，仅适于平整基槽或填土分层夯实。

② 重锤夯实法

利用起重机械提起重锤，反复夯打，其有效加固深度可达1.2m。此法适用于处理黏性土、砂土、杂填土、湿陷性黄土地基和对大面积填土的压实及杂填土地基的处理，如图6-1所示。

③ 机械碾压法

用平碾、羊足碾、压路机、推土机及其他压实机械压实松散土层。碾压效果取决于被压土层的含水量和压实机械的能量。对于杂填土地基常用8～12t的平碾或13～16t的羊足碾，逐层填土，分层碾压，如图6-2所示。

机械碾压法.avi

④ 振动压实法

在地基表面施加振动力，以振实浅层松散土。振动压实效果取决于振动力、被振的成分和振动时间等因素。用此法处理的砂土、炉渣、碎石等无黏性土为主的填土地基，效果良好，如图6-3所示。

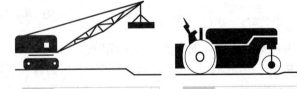 

图6-1 重锤夯实法示意图　　图6-2 机械碾压法示意图　　图6-3 振动压实法示意图

⑤ 强夯法

利用重量为8～40t的重锤从6～40m的高处自由落下，对地基进行强力夯实的处理方法。经过强夯的地基承载能力可提高3～4倍，甚至6倍，压缩性可降低200%～1000%，影响深度在10m以上。此法适用于处理砂土、粉砂、黄土、杂填土和含粉砂的黏性土等。施工时噪声与振动较大。

⑥ 堆载预压法

在堆积荷载作用下，使饱和软土层排水固结，以提高抗剪能力，增加地基的稳定性。

⑦ 砂井堆载预压法

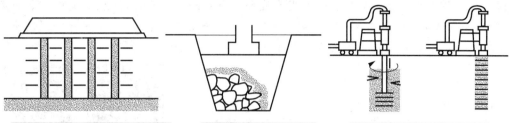

图 6-4　砂井堆载预压法示意图　　图 6-5　换土法示意图　　图 6-6　高压旋喷法示意图

在软土层中隔一定距离打入管井，井中灌入透水性良好的砂，形成排水"砂井"，在堆载预压下，加速地基排水固结，提高地基承载能力。此外，还有挤密砂桩法和振动水冲法等，如图 6-4 所示。

(2) 换土法。

当基础下土层比较弱或部分地基有一定厚度的软弱土层，如淤泥、淤泥质土、回填土、杂填土等，不能满足上部荷载对地基的要求时，可将软弱土层全部或部分挖去，换成其他较坚硬的材料，这种方法叫换土法，如图 6-5 所示。

换土法.mp4

(3) 加固法。

① 化学加固法

通过压力灌注或搅拌混合等措施，使化学溶液或胶结剂进入土层，使土粒胶结。所用浆液主要有：高标号硅酸盐水泥和速凝剂配制成的水泥浆液；以水玻璃为主加氯化钙配制成的水玻璃浆液；以丙烯酰胺为主的浆液；以铬木素浆液等纸浆液为主的浆液。应用较多的是水泥浆液，纸浆液虽加固效果较好，但有毒，会污染地下水。

② 高压旋喷法

利用喷射化学浆液与土粒混合搅拌处理地基，多使用水泥浆液。为防止浆液流失，常加入三乙醇胺和氯化钙等速凝剂。此法还可用于建筑物地基的补强，如图 6-6 所示。

高压旋喷法.mp4

③ 硅化加固法

此法是在渗透性较强的土层，利用一定的压力，把浆液通过下端带孔的管子注入土中，使土粒胶结起来。其加固效果同所用的化学溶液浓度、土壤渗透性和注液压力有关。对于渗透系数每分钟小于 6~10m 的黏性土硅酸钠溶液的注入压力要依靠电渗作用，才能进入土层空隙，这种方法称为电渗硅化法。此法加固作用快，工期短，还可用来防止流沙、堵塞泉眼，也可用于加固已建工程。

(4) 桩基。

当建筑物荷载很大、地基土层承载力很弱时，采用桩基。

① 按承载方式分类

A. 摩擦桩

当软弱土层很厚，坚实土层离基础底面远时采用。桩是借助土的挤压，主要利用土与桩身表面的摩擦力支承上部的荷载，这种桩称摩擦桩。

B. 端承桩

如坚实土层与基础底面很近，桩通过软弱土层，直接支承在坚硬土层或岩层上，靠桩端的支承力承担荷载，这种桩称端承桩。

② 按桩所采用的材料和施工方法分类

A. 钢筋混凝土预制桩

桩在预制厂预制，借助打桩机将预制桩打入土中，这种桩的优点是长度和截面可在一定范围内根据需要来选择，制作质量好、承载力强、耐久性好，桩的长度一般在 20～30m。

混凝土成型试验.mp4

B. 灌注桩

灌注桩截面一般为圆形，是直接在所设计的桩位上开孔，然后在孔内加放钢筋笼，再灌注混凝土而成。与预制桩比较，灌注桩用钢量较省，具有施工快、施工占地面积小、造价低等优点，主要有沉管灌注桩、钻孔灌注桩和挖孔桩。

混凝土试块抗压强度试验.ppt

钢筋混凝土预制桩.avi

6.1.2 基础

基础指建筑底部与地基接触的承重构件，它将结构所承受的各种荷载传递到地基上，是建筑地面以下的承重构件。因此地基必须坚固、稳定可靠。工程结构物地面以下的部分结构构件，用来将上部结构荷载传给地基，是房屋、桥梁、码头及其他构筑物的重要组成部分。

基础.mp4

1. 按材料及受力特点分类

1) 刚性基础

受刚性角限制的基础称为刚性基础。刚性基础所用的材料的抗压强度较高，但抗拉及抗剪强度偏低。

刚性基础中压力分布角 a 称为刚性角。在设计中，应尽力使基础大放脚与基础材料的刚性角一致，目的是确保基础底面不产生拉应力，最大限度地节约基础材料。构造上通过限制刚性基础宽高比来满足刚性角的要求。常用的有：砖基础、灰土基础、三合土基础、毛石基础、混凝土基础、毛石混凝土基础等。

(1) 大放脚保证了基础外挑部分在基底反力作用下不致发生破坏。

(2) 灰土基础适用于地下水位较低的地区，并与其他材料基础共用，充当基础垫层。

(3) 三合土基础一般用于地下水位较低的四层及四层以下的民用建筑工程。

(4) 毛石基础具有强度较高、抗冻、耐水、经济等特点。

(5) 混凝土基础常用于地下水位高，受冰冻影响的建筑物。

(6) 在上述混凝土基础中加入一定体积的毛石,称为毛石混凝土基础。

2) 柔性基础

在混凝土基础底部配置受力钢筋,利用钢筋受拉,这样的基础可以承受弯矩,也就不受刚性角的限制,所以钢筋混凝土基础也称为柔性基础。

钢筋混凝土基础断面可做成梯形,最薄处高度不小于 200mm;也可做成阶梯形,每阶踏步高 300～500mm。通常情况下,钢筋混凝土基础下面设有 C7.5 或 C10 素混凝土垫层,厚度 100mm 左右;无垫层时,钢筋保护层为 75mm,以保护受力钢筋不受锈蚀。

柔性基础.mp4

【案例 6-2】某市修建的一座库房楼,该库房为两层楼房,平面呈一字形,东西向长 47.28m,南北向宽 10.68m,高 7.50m。库房正中为楼梯间,东西各两大间,每间长 10.89m、宽 10.20m。中部有两个独立柱基,内外墙均为条形基础。此楼在使用一年后,库房西侧二楼墙上既发现有裂缝,此后裂缝数量增多,裂缝宽度扩展。据详细调查统计,大裂缝已有 33 条,有的裂缝长度超过 1.80m,宽度达 10～30mm,且地面多处开裂。请结合相关知识为此问题提供一套行之有效的处理方法。

2. 按构造分类

1) 独立基础(单独基础)

建筑物上部结构采用框架结构或单层排架结构承重时,基础常采用圆柱形和多边形等形式,这类基础称为独立基础,也称单独基础。独立基础分三种:阶形基础、坡形基础、杯形基础,如图 6-7 所示。

独立基础.mp4

图 6-7 独立基础示意图

独立基础一般设在柱下,常用断面形式有踏步形、锥形、杯形,材料通常采用钢筋混凝土、素混凝土等。当柱为现浇时,独立基础与柱子是整浇在一起的;当柱子为预制时,通常将基础做成杯口形,然后将柱子插入,并用细石混凝土嵌固,此时称为杯口基础。

当上部结构为框架结构,荷载不太大时,可以采用柱下独立基础。独立基础适用于中心受压的受力状态。当柱根部有弯矩作用时,一般在设计中会在独立基础之间加设拉梁,依靠拉梁承担弯矩作用。在设置地下室的建筑中,拉梁之间还会有一块底板,以解决建筑物地下室防水防潮的问题。

2) 条形基础

条形基础指基础长度远远大于宽度的一种基础形式，按上部结构分为墙下条形基础和柱下条形基础。条形基础的特点是，布置在一条轴线上且与两条以上轴线相交，有时也和独立基础相连，但截面尺寸与配筋不尽相同，如图 6-8 所示。

条形基础.mp4

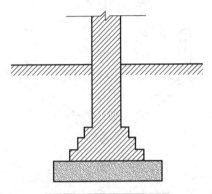

图 6-8　条形基础示意图

墙下条形基础和柱下独立基础(单独基础)统称为扩展基础。扩展基础的作用是把墙或柱的荷载侧向扩展到土中，使之满足地基承载力和变形的要求。

(1) 墙下条形基础。

条形基础是承重墙基础的主要形式，当上部结构荷载较大而土质较差时，可采用钢筋混凝土建造，墙下钢筋混凝土条形基础一般做成无肋式。当地基在水平方向上压缩性不均匀，为了增加基础的整体性，减少不均匀沉降，可设置肋式条形基础。

(2) 柱下钢筋混凝土条形基础。

当地基软弱而荷载较大时为增强基础的整体性并节约造价，可做成钢筋混凝土条形基础。

3) 柱下十字交叉基础

十字交叉基础是柱下条形基础在柱网的双向布置，相交于柱位处形成交叉条形基础。适用于荷载较大的高层建筑，如土质较弱，可做成十字交叉基础。当地基软弱，柱网的柱荷载不均匀，需要基础具有空间刚度以调整不均匀沉降时多采用此类基础，此类基础计算较复杂。

柱下十字交叉梁基础可视为双向的柱下条形基础，其每个方向的条形基础构造及计算与柱下条形基础相同，只是柱传递的竖向荷载由两个方向的条形基础承担，故需在两个方向上进行分配。

4) 筏板基础

筏板基础，简称筏基，是一个等厚度的钢筋混凝土平板，用以支承上部结构的柱、墙或设备，如图 6-9 所示。板的厚度决定于土质情况及上部结构荷重的分布和大小。当地基础软弱而荷载又很大，采用十字基础仍不能满足要求或相邻基槽距离很小时，可用钢筋混凝土做成整块的筏板基础。筏板基础具有减少基底压力，提高地基承载力和调整地基不均匀沉降的能力，可以避免建筑物局部发生明显的不均匀沉降。

筏板基础是地基上整体连续的钢筋混凝土板式基础。又可分为柱下筏板基础和墙下筏板基础，或者为两种情况的组合。为了适当增加筏板整体刚度，可在板上或板底设置连续肋梁。

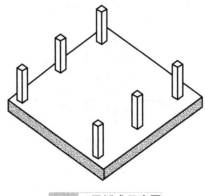

图6-9　平板式示意图

5) 箱型基础

箱型基础是由钢筋混凝土的底板、顶板、侧墙及一定数量的内隔墙构成封闭的箱体，基础中部可在内隔墙开门洞作地下室。这种基础整体性和刚度都好，调整不均匀沉降的能力较强，可降低因地基变形使建筑物开裂的可能性，减少基底处原有地基自重应力，降低总沉降量。它适用于软弱地基上的面积较小，平面形状简单，荷载较大或上部结构分布不均的高层重型建筑物的基础及对沉降有严格要求的设备基础或特殊构筑物，但混凝土及钢材用量较多，造价也较高。在一定条件下，如能充分利用地下部分，那么在技术上、经济效益上也是较好的。

6) 复合基础

复合基础是针对同一个建筑下地质情况变化很大或上部荷载很大(一般基础难以单独承载)，所以出现一个建筑下有两种或两种以上的基础形式，另外还有钢板桩等为维护一定地质条件的施工手段。但所有的基础形式要根据地质报告，力学计算等通过设计部门和审核部门审核确定。

6.1.3 地基与基础的区别与联系

1. 概念不同

基础和地基是两个不同的概念，基础是结构的一部分，地基是承受结构荷载的岩体、土体。建筑上部结构的荷载通过板、梁、柱最终传到基础上，基础再将荷载传到地基上。

2. 两者的关系

地基是直接承托建筑物的场地土层，基础是将结构所承受的各种作用传递到地基上的结构组成部分。由此可见基础与地基之间是紧密相联，相互依存的关系。为保证建筑物的安全和正常使用，必须要求基础和地基都有足够的强度与稳定性。基础的强度与稳定性既

第6章 基础与地下室

取决于基础的材料、形状与底面积的大小以及施工的质量等因素，还与地基的性质有着密切的关系。地基的强度应满足承载力的要求，如果天然地基不能满足要求，应考虑采用人工地基；地基的变形应有均匀的压缩量，以保证有均匀的下沉。若地基下沉不均匀时，建筑物上部会产生开裂变形，地基的稳定性要有防止产生滑坡、倾斜方面的能力，必要时(特别是较大的高度差时)应加设挡土墙，以防止滑坡变形的出现。

6.1.4 地基与基础的设计要求

1. 良好的稳定性

地基在荷载作用下均匀沉降，才保证房屋的沉降均匀。如果地基土质分布不均匀，处理不好就会产生不均匀沉降，这极易产生墙身开裂、房屋倾斜，甚至破坏的情况。

2. 足够的承载力和均匀程度

建筑物应尽量选择地基承载力较高而且均匀的地段。地基土质应均匀，否则基础处理不当会使建筑物发生不均匀沉降，引起墙体开裂，严重时会影响建筑物的正常使用。

3. 足够的强度

基础是建筑物的重要承重构件，基础承受着上部结构的全部荷载，是建筑物安全的重要保证。因此基础必须具有足够的强度，才能保证将建筑物的荷载可靠地传给地基。如果地基在承受荷载的时候受到破坏，必然会使房屋出现裂缝，甚至倒塌，所以房屋基础所用材料应符合基础强度要求。

4. 基础应具有耐久性

基础所用材料和构造选择应与上部建筑等级适应，符合建筑耐久性要求。如果基础先于上部结构破坏，检查和加固都非常困难，将严重影响房屋寿命。

5. 基础应满足经济技术要求

基础工程造价，按结构类型不同约占房屋总造价的10%~35%，甚至更高。所以要求设计时尽量选择土质好的地段、优先选用地方材料、合理的构造形式、先进的施工技术方案，以降低消耗，节约工程成本。当地段不能选择时，应采用适当的基础形式及构造方案，尽量节省工程费用。

6.1.5 影响基础埋深的因素

基础埋深是指从基础底面至室外设计地坪的垂直距离。一般来讲，埋深大于4m的称为深基础，小于4m的称为浅基础。高层建筑由于高度大、重量大，受到的地震作用和风荷载值较大，因而倾覆力矩和剪力都比较大。为了防止倾覆和滑移，高层建筑的基础埋置深度要深一些，使高层建筑基础周围所受到的嵌固作用较大，减小地震反应。

影响因素有以下几种。

1. 建筑物的用途

有地下室时，基础取决于地下室的做法和地下室高度。设备基础、地下设施与基础的相对关系影响基础的深度，基础的形式、高度也是影响基础埋深的因素。

2. 工程地质和水文地质条件

(1) 在满足地基稳定和变形要求的前提下，尽量浅埋。当上层基础的承载力大于下层土时，宜利用上层土作持力层，但基础埋深不宜小于 0.5m(岩石地基除外)。

(2) 宜埋在地下水位之上。当必须埋在地下水位以下时，应采取措施使地基土在施工中不受扰动。

(3) 高层建筑应满足稳定要求(土质地基)或抗滑要求(岩石地基)。

3. 相邻建筑物基础的影响

与原有相邻建筑的埋深大于原有建筑基础时，两基础间应保持的净距 $l \geqslant (1\sim2)\Delta h$，同时新建建筑物的相邻基础宜埋置在同一深度上，并设置沉降缝。当不能满足上述要求时，应采取临时加固支撑、打板桩、地下连续墙或加固原有建筑物地基等措施，以保证原有建筑物的安全和正常使用。

4. 地基土的冻胀和溶陷

地基土冻结后对建筑物会产生不良影响，冻胀力将基础向上拱起，解冻后，基础又下沉，天长日久，会使建筑物产生变形甚至破坏。因此，一般要求基础埋置在冰冻线以下 200mm。

对于埋置非冻胀土中的地基，其埋深可不考虑冻胀的影响，对于埋置在弱冻胀、冻胀和强冻胀土中的基础，应计算确定基底下允许残留冻胀土层的厚度。冻结土与非冻结土的分界线称为冰冻线，冰冻线的深度为冻结深度。各地气候不同，低温持续时间不同，冰冻深度也不相同。

5. 高层建筑基础

高层建筑筏型和箱型基础的埋深应满足地基承载力、变形和稳定性的要求。在抗震设防区，除岩石地基外，天然地基上的箱型和筏型基础埋深不宜小于建筑高度的 1/15。

6.2 地下室的构造

6.2.1 地下室的类型

地下室.avi

地下室房间地面低于室外地平面的高度超过该房间净高的二分之一，如图 6-10 所示。多层和高层建筑物需要较深的基础，为利用这一高度，在建筑物底层以下建造地下室，既可增加使用面积，又可省去房心回填土，这样比较经济。在房屋底层以下建造地下室，可以提高建筑用地效率。一些高层建筑基底埋深很大，充分利用这一深度来建造地下室，其经济效果和使用效果都佳。

地下室.mp4

图 6-10　地下室

1. 按功能分类

(1) 普通地下室。

普通地下室是建筑空间在地下的延伸，通常为单层，有时根据需要可达数层。由于地下室的环境比地上房间差，住宅不允许设置在地下室。地下室可设置一些无长期固定使用对象的公共场所或建筑物的辅助房间，如营业厅、健身房、库房、设备间、车库等。地下室的疏散和防火要求严格，尽量不把人流集中的房间设置在地下室。

(2) 人防地下室。

人民防空地下室是人防工事的一种，包括外墙、缓冲墙、防爆门、封闭墙、防护隔墙等部分，主要用于人民防空临时掩体、战时防空指挥中心、通信中心、隐蔽所等，部分永备防御工事还具有三防功能。为保障人民防空指挥、通信、掩蔽等需要，具有防护功能的地下室，同时还具有在紧急时刻储存粮食淡水的作用。人防地下室是钢筋混凝土密闭的六面体，有防爆门，厚度可达 300mm 以上，是专为战时防空、防爆、防化、防核等准备的人员临时居留处所，如图 6-11 所示。

图 6-11　人防地下室

2. 地下室按结构分

(1) 半地下室。

半地下室即房间地面低于室外设计地面的平均高度，大于该房间平均净高 1/3，且小于等于 1/2 者。这类地下室一部分在地面以上，可利用侧墙外的采光井解决采光和通风问题。

(2) 全地下室。

全地下室并不只局限于地下室顶板完全埋在室外地面以下的地下室，同样包括顶板高于室外地面的地下室，前提条件是只要高出室外地面的平均标高的高度不大于地下室房间平均净高的 1/2，同样是全地下室。全地下室外露地面以上部分(露出部分小于房间平均净高 1/2)侧墙上同样可以开窗或通过采光井解决采光和通风问题。

地下室外露侧墙上是否可以开门窗或门窗是否临街，与判定是全地下室还是半地下室没有任何关系，判定的标准只有一个，就是地下室房间地面低于室外设计地面的平均高度与该地下室房间净高的高差在哪个范围内，在半地下室的要求范围内就是半地下室，在全地下室的要求范围内就是全地下室，与其他任何因素均没有关系。

6.2.2 地下室的构造

地下室由墙体、底板、顶板、门窗、楼(电)梯五大部分组成。

1. 墙体

地下室的外墙应按挡土墙设计，如用钢筋混凝土或素混凝土墙，应计算确定，其最小厚度除满足结构要求外，还应满足抗渗厚度的要求。其最小厚度不低于 300mm，外墙应作防潮或防水处理，如用砖墙(现在较少采用)其厚度不小于 490mm。

2. 顶板

可用预制板、现浇板或者预制板作现浇层(装配整体式楼板)。如为防空地下室，必须采用现浇板，并按有关规定设计厚度和混凝土强度等级，在无采暖的地下室顶板上，即首层地板处应设置保温层，保证首层房间的使用舒适。

3. 底板

底板处于最高地下水位以上，并且无压力作用产生时，可按一般地面工程处理，即垫层上现浇混凝土 60~80mm 厚，再做面层；如底板处于最高地下水位以下时，底板不仅承受上部垂直荷载，还承受地下水的浮力，因此应采用钢筋混凝土底板，并双层配筋，底板下垫层上还应设置防水层，以防渗漏。

4. 门窗

普通地下室的门窗与地上房间门窗相同，地下室外窗如在室外地坪以下时，应设置采光井和防护蓖，以利室内采光、通风和室外行走安全。防空地下室一般不允许设窗，如需开窗，应设置战时堵严措施。防空地下室的外门应按防空等级要求，设置相应的防护构造。

5. 楼梯

楼梯可与地面上房间结合设置，层高小或用作辅助房间的地下室，可设置单跑楼梯，有防空要求的地下室至少要设置两部通向地面的安全楼梯出口，并且必须有一个是独立的安全出口。这个安全出口周围不得有较高建筑物，以防空袭倒塌堵塞出口影响疏散。

6.2.3 地下室的防水构造

1. 地下室防水的意义

地下室防水的意义.mp4

地下室防水质量的好坏与设计的合理性、防水材料的选择、施工工艺、施工管理有着密切关系。从工程造价及所需的劳动量来分析,地下室防水在整个地下室施工中所占的比重不大,但质量的好坏,对地下室的使用有直接的影响,若质量不好,不仅侵蚀结构,降低使用寿命,而且影响人们的正常使用,使内部设备及器材潮湿锈蚀,霉烂变质,甚至报废造成经济损失。

(1) 直接关系到建筑使用和功能。

地下室防水工程的施工,是建筑施工技术的重要组成部分,也是保证建筑和构筑物不受侵蚀,内部空间不受危害的重要分项工程。通过防水的合理应用,可防止浸水和渗漏的发生,从而确保建筑物的使用功能,延长建筑物的使用寿命。

(2) 直接关系到经济发展和人民的生命安全。

改革开放以来,经济建设蓬勃发展,建筑工程防水施工技术不断发展。防水施工的任务是必须保证防水工程无渗漏,质量优良。防水工程直接影响到建筑业发展的前景,直接影响建筑使用年限,涉及人们生产、工作的正常进行。严重的渗漏不仅危害建筑物,也威胁着人们的健康和安全,甚至会造成较大的经济损失。为此,防渗防漏,提高防水工程质量,是防水工作者的重大责任,因此,防水工程的规范作业和精心设计、精心施工显得尤为重要。

(3) 直接关系主体建筑的质量和安全。

防水工程是通过施工来实现的,而目前建筑防水施工多以手工作业为主,稍一疏忽便可能出现渗漏,国内外渗漏工程的调查结果都证明了这一点。从以往的调查统计显示,我国造成渗漏的原因,施工占45%,材料占22%,设计占18%,管理占15%,这说明施工是主要方面,是关键。只有保证地下室防水工程施工的质量,才能保证地下室的功能和结构,确保主体建筑的使用功能和使用寿命。

【案例6-3】 本工程为青岛经济技术保税区某大厦,建筑面积1.8万 m^2,地上18层,地下2层,地下高度为5.5m。根据地下工程结构的特点及所处环境的要求,在防水设计时坚持多道设防、刚柔防水材料结合、综合防治的原则,即基础底板采用结构自防水方案,混凝土抗渗等级P8。地下室外墙采用结构自防水与材料防水层相结合方案,即:P8防水混凝土外墙粘贴2层4mm厚SBS防水卷材,采取外防内贴施工法。请结合上下文分析下结构自防水有哪些常见的问题?

2. 地下室防水构造

目前采用的防水措施有卷材防水和混凝土自防水两类。

1) 卷材防水

卷材防水的施工方法有两种:外防水和内防水。卷材防水层设在地下工程围护结构外侧(即迎水面)时,称为外防水,这种方法防水效果较好;卷材粘贴于结构内表面时称为内防水，这种做法防水效果较差，但施工简单，便于修补，常用于修缮工程，如图 6-12 所示。

图 6-12　卷材防水

(1) 外防外贴法。

首先在抹好水泥砂浆找平层的混凝土垫层四周砌筑永久性保护墙，其下部干铺一层卷材作为隔离层，上部用石灰砂浆砌筑临时保护墙，然后先铺贴平面，后铺贴立面，平、立面处应交叉搭接。防水层铺贴完经检查合格立即进行保护层施工，再进行主体结构施工。主体结构完工后，拆除临时保护墙，再做外墙面防水层。卷材防水层直接粘贴在主体外表面，防水层与混凝土结构同步，较少受结构沉降变形影响，施工时不易损坏防水层，也便于检查混凝土结构及卷材防水质量，发现问题易修补。缺点是防水层要多次施工，工序较多，工期较长，需较大的工作面，且土方量大，模板用量多，卷材接头不易保护，影响防水工程质量。

(2) 外防内贴法。

先在需防水结构的垫层上砌筑永久性保护墙，保护墙内表面抹 1∶3 水泥砂浆找平层，待其基本干燥后，再将全部立面卷材防水层粘贴在该墙上。永久性保护墙可代替外墙模板，但应采取加固措施。在防水层表面作好保护层后，方可进行防水施工。防水层施工可一次完成，工序简单，工期短，节省施工占地，土方量小，节省外侧模板，卷材防水层无须临时固定留茬，可连续铺贴。其缺点是立墙防水层难于和立体结构同步，受结构沉降变形影响，防水层易受损。卷材防水层及混凝土结构的抗渗质量不易检查，如发生渗漏，修补卷材防水层十分困难。

2) 钢筋混凝土自防水

抗渗标号根据最高计算水头与防水混凝土结构最小壁厚比确定。

防水混凝土的制备可采用集料级配法和防水外加剂法。集料级配法就是将石子骨架相对减少，适当增加砂率和水泥用量，水泥砂浆除满足充分黏结作用外，还能在粗骨料周围形成一定数量的、质量好的包裹层，将粗骨料分隔开，以提高混凝土的密实性和抗渗性。防水外加剂法是指在混凝土内掺入一定量的外加剂，如引气剂、减水剂、三乙醇胺、氯化铁、明矾、UEA 膨胀剂等，以提高混凝土自身的防水性能，如图 6-13 所示。

图 6-13　混凝土自防水

3) 其他方法

除上述防水措施外，采取辅助降、排水措施，可以有效地加强地下室的防水效果。降、排水法可分为外排法和内排法两种。

(1) 外排法。

外排法是指当地下室水位高出地下室地面以上时，在建筑物的四周设置永久性降排水设施，通常是采用盲沟降、排水，即利用带孔套管埋设在建筑物的周围，地下室地坪标高以下。套管周围填充可以滤水的卵石及粗砂等材料，使地下水有组织地流入集水井，再经自流或机械排水排向城市排水管网，使地下水位低于地下室底板，变有压水为无压水，以减少或消除地下水的影响。

(2) 内排法。

内排法是将渗入地下室内的水，通过永久性自流排水系统排至低洼处或用机械排除。但后者应充分考虑因动力中断引起水位回升的问题，在构造上常将地下室地坪架空，或设隔水间层，以保持室内墙面和地坪干燥，然后通过集水沟排至集水井，再用泵抽除。为保险起见，有些重要的地下室，既做外部防水又设置内排水设施。

本章小结

基础工程以及地下室在整个建筑工程中有着很重要的作用，本章通过对地基与基础的一些基本知识、地下室构造等相关内容的描述，帮助大家对地基、基础以及地下室有个简单的了解。

实训练习

一、单选题

1. 下列哪项不属于建筑物的组成部分(　　)。
    A. 地基　　　　B. 地坪层　　　　C. 地下室　　　　D. 门窗
2. 基础的埋置深度不应小于(　　)。

A. 0.5m　　　　B. 1.0m　　　　C. 1.5m　　　　D. 2.0m
　3. 在构造上，基础必须断开的是（　　）。
　　　A. 施工缝　　　B. 伸缩缝　　　C. 沉降缝　　　D. 防震缝
　4. 当基础不能埋置在当地最高地下水位时，应将基础底面埋置至最低地下水位以下（　　）。
　　　A. ≥100mm　　B. ≥200mm　　C. ≥300mm　　D. ≥500mm
　5. 建筑物六个基本组成部分中，不承重的是（　　）。
　　　A. 基础　　　　B. 楼梯　　　　C. 屋顶　　　　D. 门窗

二、多选题

1. 下列（　　）属于按材料及受力特点分类的基础。
　　A. 刚性基础　　　　B. 柔性基础　　　　C. 筏板基础
　　D. 独立基础　　　　E. 条形基础
2. 地基与基础的设计要求是（　　）
　　A. 地基应具有良好的稳定性
　　B. 地基应具有足够的承载能力和均匀程度
　　C. 基础应具有足够的强度
　　D. 耐久性
　　E. 成本越少越好
3. 人工地基的处理方法有（　　）。
　　A. 压实法　　　　　B. 换土法　　　　　C. 灌浆法
　　D. 打桩法　　　　　E. 自然处理法
4. 刚性基础按材料分有（　　）。
　　A. 砖基础　　B. 灰土基础　　C. 毛石基础　　D. 混凝土基础
5. 下列属于地下室组成部分的是（　　）。
　　A. 墙体　　　　　　B. 底板　　　　　　C. 顶板
　　D. 门窗　　　　　　E. 屋面

三、填空题

1. _____是建筑物的重要组成部分，它承受建筑物的全部荷载并将它们传给_____。
2. _____至基础底面的垂直距离称为基础的埋深。
3. 地基分为_____和_____两大类。
4. 地基土质均匀时，基础应尽量_____，但最小埋深不小于_____。
5. 砖基础为满足刚性角的限制，其台阶的允许宽高比应为_____。
6. 混凝土基础的断面形式可以做成_____、_____和_____。当基础宽度大于 350mm 时，基础断面多为_____。
7. 当地基土有冻胀现象时，基础埋深在冰冻线以下约_____处。
8. 钢筋混凝土不受刚性角限制，其截面高度向外逐渐减少，但最薄处的厚度不应小于_____。

9. 基础的埋置深度除与_____、_____、_____等因素有关外，需要考虑周围环境与具体工程的特点。

10. 地基每平方米所能承受的最大压力称为_____。

11. 当地基承载力不变时，建筑总荷载越大，基础底面积越_____。

12. 基础埋深不超过_____时称为浅基础。

13. 直接承受建筑物荷载的土层为_____，其以下土层为_____。

14. 当埋深大于原有建筑物时，基础间的净距应根据_____和_____等确定，一般为_____的1至2倍。

15. 为保护基础，一般要求基础顶面低于设计地面不少于_____。

四、简答题

1. 密实法的处理方式包括哪几种？
2. 地基与基础的设计要求包括什么？
3. 简述影响基础埋深的要求。
4. 地下室有哪几部分组成？

第6章 基础与地下室习题答案.pdf

建筑识图与构造

实训工作单一

班级		姓名		日期	
教学项目	基础与地下室				
任务	熟悉基础与地下室的施工工艺		类型	1.独立基础 2.半地下室	
相关知识	基础与地下室施工工艺				
其他要求					
工程过程记录					
评语				指导老师	

第6章 基础与地下室

实训工作单二

班级		姓名		日期	
教学项目	基础与地下室				
任务	熟悉基础与地下室质量检测		检测工具	楔形塞尺；磁力线锥；百格网；检测镜；卷线器；伸缩杆；焊缝检测尺；水电检测锤；响鼓锤；钢针小锤	
相关知识	基础与地下室施工工艺				
其他要求					
工程过程记录					
评语				指导老师	

第 7 章　墙　体

第 7 章 墙体教案.pdf

第 7 章 墙体.pptx

【学习目标】

- 了解墙体的分类和作用
- 掌握砌体墙的构造要求
- 熟悉隔墙和隔断的构造及分类

【教学要求】

本章要点	掌握层次	相关知识点
墙体的类型和作用	1. 了解墙体的分类 2. 掌握墙体的设计要求 3. 掌握墙体的承重方案	墙体的类型和作用
砌体墙的构造	1. 了解砌体墙的构造 2. 掌握地墙的加固措施 3. 掌握墙的构造	砌体墙的构造
隔墙、隔断构造	1. 了解隔墙的相关知识 2. 了解隔断的相关知识	隔墙和隔断构造

【引子】

随着国民经济持续稳定地增长，建筑业作为国民经济的支柱产业得到了迅速发展。国家墙体材料改革与建筑节能政策和措施的落实，以及经济可持续发展的需要，为新型墙体材料的发展提供了前所未有的发展机遇。我国的新型墙体材料在工艺技术上呈现了多元化、工业化发展的新趋势。在此大环境下，墙体的研究与应用就越发有着重要意义。

7.1 墙体的类型和作用

7.1.1 墙体的分类和作用

墙体是建筑物的重要组成部分，占建筑物总重量的 30%～45%，造价比重大。它的作用是承重、围护和分隔空间。

1. 墙体的分类

墙体有以下几种分类方式。

1) 墙体按所在位置分类

墙体按所处位置可以分为外墙和内墙。外墙位于房屋的四周，故又称为外维护墙。外墙起阻挡风、霜、雨、雪和保温隔热的作用。内墙位于房屋内部，主要起分隔内部空间的作用。

墙体的分类.mp4

墙体按布置方向又可分为纵墙和横墙。沿建筑物长轴方向布置的墙称为纵墙，沿建筑物短轴方向布置的墙称为横墙，外横墙俗称山墙，如图 7-1 所示。

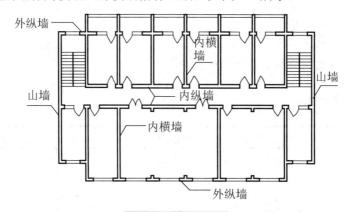

图 7-1 墙体示意图

根据墙体与门窗的位置关系，平面上窗洞口之间的墙体可以称为窗间墙，立面上窗洞口之间的墙体可以称为窗下墙，如图 7-2 所示。

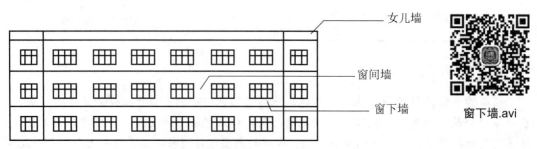

图 7-2 窗下墙示意图

窗下墙.avi

2) 墙体按材料分类

(1) 砖墙。

用作墙体的砖有普通黏土砖、黏土多孔砖、黏土空心砖、焦碴砖等。黏土砖用黏土烧制而成，有红砖、青砖之分，如图 7-3 所示。焦渣砖用高炉硬矿渣和石灰蒸养而成。

(2) 加气混凝土砌块墙。

加气混凝土砌块是一种轻质材料，其成分是水泥、砂子、磨细矿渣、粉煤灰等，用铝粉作发泡剂，经蒸养而成。加气混凝土具有密度小、体积质量轻、可切割、隔音、保温性能好等特点。这种材料多用于非承重的隔墙及框架结构的填充墙，如图 7-4 所示。

砖墙.mp4

加气混凝土块墙.avi

加气混凝土砌块墙.mp4

填充墙.avi

图 7-3　砖墙示意图

图 7-4　加气混凝土砌块墙示意图

(3) 石材墙。

石材是一种天然材料，主要用于山区和产石地区，如图 7-5 所示。

图 7-5　石材墙示意图

(4) 板材墙。

板材以钢筋混凝土板材、加气混凝土板材为主，玻璃幕墙亦属此类。

(5) 承重混凝土空心小砌块墙。

采用 C20 混凝土制作，常用于 6 层及以下的住宅。

(6) 整体墙。

框架内现场制作的整块式墙体，无砖缝、板缝，整体性能突出。主要用材以轻集料钢筋混凝土为主，另操作工艺为喷射混凝土，整体强度略高于其他结构，再加上合理的现场结构设计，特适用于地震多发区、大跨度厂房建设和大型商业中心隔断。

3) 墙体按受力特点分类

(1) 承重墙。

墙直接承受楼板及屋顶传下来的荷载，由于承重墙所处的位置不同，又分为承重内墙和承重外墙，如图 7-6 所示。

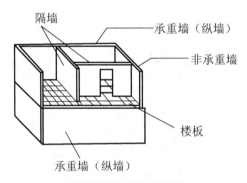

图 7-6　承重墙示意图

(2) 自承重墙。

墙只承受墙体自身重量而不承受屋顶、楼板等竖向荷载，并把自重传给墙下基础。

(3) 围护墙。

围护墙即与室外空气直接接触的墙体，它起着防风、雪、雨的侵袭，并起着保温、隔热、隔声、防水等作用。

(4) 隔墙。

它起着分隔空间的作用，把自重传给楼板层，隔墙应满足自重轻、隔声、防火等要求。

4) 墙体按构造做法分类

(1) 实体墙。

实体墙由单一材料组成，如普通砖、实心砌块、多孔砖、实心黏土砖、石块、混凝土和钢筋混凝土等以复合材料(钢筋混凝土与加气混凝土分层复合、黏土砖与焦渣分层复合等)砌筑的不留空隙的墙体。

(2) 空体墙。

空体墙也是由单一材料组成，可由单一材料砌成内部空腔。

玻璃幕墙.avi

承重墙.avi

实体墙.mp4

(3) 复合墙。

这种墙体多用于居住建筑,也可用于托儿所、幼儿园、医疗等小型公共建筑。这种墙体的主体结构为黏土砖或钢筋混凝土,其内侧或外侧复合轻质保温板材,常用的材料有充气石膏板、水泥聚苯板黏土珍珠岩、纸面石膏聚苯复合板、纸面石膏岩棉复合板、纸面石膏玻璃复合板、无纸石膏聚苯复合板、纸面石膏聚苯板等。

复合墙.mp4

2. 墙体的作用

(1) 承重作用。

承重墙承受房屋的屋顶、楼层、人和设备的荷载,以及墙体自重、风荷载、地震荷载等,是建筑物的主要竖向承重构件。

(2) 维护作用。

外墙是建筑围护结构的主体,担负着抵御自然界中的风、雨、雪及噪声、冷热、太阳辐射等不利因素侵袭的责任。

(3) 分割作用。

墙体是建筑水平方向上划分空间的构件,把建筑物内部划分成不同的空间。

(4) 装饰作用。

墙体是建筑装修的重要组成部分,墙面装修对整个建筑物的装修效果影响很大。

7.1.2 墙体的设计要求

在砌体结构建筑中,墙的工程量占相当大的比重,因此合理地选择墙体材料及其构造方案对降低房屋的造价起着重要的作用。根据位置和功能的不同,墙体在设计时要注意以下几个方面的因素。

1. 强度和稳定性

在多层砖混结构中,墙除承受自重外,还要承受屋顶和楼板的荷载,并将其竖向荷载传至基础和地基。在地震区,墙体还要考虑在发生地震时所引起的水平力作用的影响。所以设计墙体时要根据荷载及所用材料的性能和情况,通过计算确定墙体的厚度和所具备的承载能力。在使用中,一般砖墙的承载力与所采用砖、砂浆强度等级及施工技术有密切关系。

墙体要注意哪些因素.mp4

墙的稳定性与墙的高度、长度、厚度以及纵、横向墙体间的距离等有很大的关系,而墙本身必须具有抵抗风侧压力的能力。当墙身高度、长度确定后,墙身较高而长,并缺少横向墙体联系的情况下,通常可通过增加墙体厚度、提高砂浆强度等级、墙内加筋、增设墙垛、壁柱、圈梁等办法来增加墙体稳定性。墙体的强度与所用材料有关,如砖墙与砖、砂浆强度等级有关;混凝土墙与混凝土的强度等级有关。

【案例 7-1】 2006 年 12 月 25 日,施工单位进行 B 型厂房 3#女儿墙压顶浇灌混凝土施工。该厂房层高 8.1m,女儿墙高 1.5m,总高度 9.6m。现场未搭设垂直运输机械,施工分成 2 组,每组 6 人,其中 4 人站在女儿墙压顶上,并与构造柱一起浇灌混凝土,其余 8 人站在脚手架对接,用桶装水泥浆进行浇注。由于当时女儿墙体砌体 23 日刚砌,砂浆强度不够,加上混凝土女儿墙压顶已至完工,混凝土重量达 25000kg,墙体模板压顶支撑强度和稳定性不够,造成系统失稳,墙体震动跨蹋,倒下的大量砌体砖头及钢筋混凝土压塌脚手架,使得站在女儿墙及脚手架上的施工人员跌落,造成 11 人轻伤的事故,直接经济损失 26 万元。试分析此事故的原因。

2. 保温、隔热性能

(1) 保温。

外围护墙、复合墙等,通过密实缝隙增加墙体厚度,可以起到保温的作用。

【案例 7-2】 河北省霸州市一处在建楼盘施工时大楼突然起火,浓烟将附近居民楼都笼罩其中。网友在现场看到,大楼火势凶猛,大楼的一侧已经被大火吞噬,现场浓烟滚滚,吸引了许多群众围观。目前,还没有查明失火原因以及为什么这个建筑物外墙会着这么大的火。试分析外墙失火的原因。

(2) 隔热。

对于炎热的地区,墙体应有一定隔热能力。常用的隔热方式有:

① 选用热阻大,重量大的材料,如砖、土等材料;

② 墙体光滑、平整,浅色材料,增加墙体的反射能力。墙体作为围护结构的外墙应具有保温、隔热的性能,以满足建筑热工的要求。如寒冷地区冬季室内温度高于室外,热量易于从高温侧向低温侧传递。因此围护结构需采取保温措施,以减少室内热损失,同时还应防止在围护结构内表面和保温材料内部出现冷凝水及空气渗露现象。

3. 满足隔声要求

墙体隔声主要是隔空气传声和撞击声,在设计时常采取以下措施:

(1) 密缝。

密实墙体缝隙,在墙体砌筑时,要求砂浆饱满,砖缝密实,并通过墙面抹灰填充缝隙。

(2) 墙体厚度。

不同的墙体厚度,其隔声能力不同,如 240mm 的墙体,可隔 49dB 的噪声。

(3) 采用有空气间层或多孔弹性材料的夹层墙。

为了保证室内有一个良好的工作、生活环境,墙体必须有足够的隔声能力以避免噪声对室内环境的干扰。因此墙体在构造设计时,要用不同材料和技术手段使不同性质的建筑满足建筑隔声标准的要求。

4. 防火要求

墙体材料的选择和应用,要符合国家建筑设计防火规范的规定,不同耐火等级的建筑物,不同性质的墙对其材料的燃烧性能和耐火极限有不同要求。

5. 防水防潮要求

为了保证墙体的坚固耐久性,对建筑物的外墙,尤其是勒脚部分,以及在卫生间、厨房、浴室等有水房间的内墙和地下室的墙都应采取防潮、防水措施。选择良好的防水材料和构造做法,是保证室内具有一个良好的卫生环境的前提。

6. 建筑工业化要求

随着建筑工业化发展，墙体应用新材料、新技术是建筑技术的发展方向。由于墙体(一般砖混结构)的重量约占建筑总重量的 40%～65%，使得施工中劳动力消耗大。因此，应积极提倡采用轻质、高强的新型墙体材料，采用先进的预制加工措施，以减轻自重，提高墙体质量，缩短工期，降低成本。

7.1.3 墙体的承重方案

墙体承重结构支承系统是以部分或全部建筑外墙以及若干固定不变的建筑内墙作为垂直支承系统的一种体系。墙体的承重方案有以下几种：

1. 横墙承重

横墙承重是将建筑的水平承重构件(包括楼板、屋面板、梁等)搁置在横墙上，即由横墙承担楼面及屋面荷载。

横墙承重.mp4

横墙承重方案中，纵墙上开设门窗洞口较灵活，能有效增加建筑的刚度，提高建筑抵抗水平荷载的能力。横墙为承重墙，纵向内墙为非承重墙，可以自由布置，增加了建筑平面布局的灵活性，容易组织穿堂风。横墙间距一般小于纵墙间距，水平承重构件的跨度小，厚度必然也小，可以节省混凝土和钢材；又由于横墙较密，又有纵墙拉结，房屋的整体性好，横向刚度大，有利于抵抗风力、地震力等水平荷载。

由于横墙间距受限制，建筑开间尺寸变化不灵活，墙的结构面积大，使用面积相对较小，故耗费墙体材料多。横墙承重方案适用于房间开间不大、房间面积较小、尺寸变化不多的建筑，如宿舍、旅馆、办公楼等。

【案例7-3】自 2001 年第一座永圣域 500kV 变电站建成后，又陆续建成了乌海变电站、布日都变电站、树林召变电站等六座。但随着时间的推移各承重墙变电站相继出现主控楼或保护小室屋面裂缝，裂缝宽度不一，裂缝的数量也不同。试分析造成裂缝的原因。

2. 纵墙承重

纵墙承重是将建筑物的水平承重构件搁置在纵墙上，即由纵墙承担楼面及屋面荷载。

纵墙承重方案中，横墙可以灵活布置，开间划分灵活，易于形成较大的房间，适应不同的需要；利于施工，提高施工效率，使用面积相对较大。楼板、梁的规格少，横墙数量也少，能节省墙体材料。

楼板跨度比横墙承重时大，每块板重量也大，需要机械施工设备。由于内外纵墙都是承重墙，门窗洞口开设受限，室内通风不易组织；由于横墙不承重，建筑的整体刚度较差；纵墙上开窗不灵活，水平构件跨度较大，占用竖向空间较多。

纵墙承重方案适用于进深方向尺寸变化较少，适合内部空间较大的建筑，如住宅、教学楼等。

3. 纵横墙混合承重

纵横墙混合承重建筑中的横墙和纵墙都是承重墙，简称混合承重。纵横墙混合承重兼顾了横墙承重和纵墙承重的优点，布置和使用灵活，适用性较强。但楼屋面板类型偏多，且因铺设方向不一，水平构件的类型多，占空间大，施工较复杂，墙体所占面积大，耗费材料较多。适用于开间，进深较大，房间类型较多的建筑和平面复杂的建筑，前者如教学楼、医院等，后者如点式住宅、托儿所、幼儿园等建筑。

4. 墙、梁、柱混合承重

这种方案是应用梁、柱代替部分纵、横墙的一种方法，是取得较大房间面积的措施。适用于室内需要较大使用空间的建筑。梁的一端支承在墙上，另一端支承在柱上，由墙和梁、柱等共同承担楼板和屋顶的荷载。

墙、梁、柱混合承重.mp4

7.2 砌体墙的构造

7.2.1 砌体墙

1. 砌体墙的材料

（1）砖。

砖墙是应用最广泛的一种墙体，它由砖和砂浆砌筑而成。砖的材料有普通黏土砖、粉煤灰砖、矿渣砖、耐火砖等。

① 黏土砖

黏土砖是我国传统的墙体材料。普通黏土砖以黏土为主要材料，经成型、干燥、高温焙烧而成，由于烧制工艺不同分红砖和青砖两种；由于成型不同又分为实心砖和空心砖两种。空心砖有竖孔和横孔之分，广泛用于砌筑非承重墙，但在转角、洞口等处不能采用。按其使用材料分，砖有黏土砖、炉渣砖和灰砂砖等；依其形状特点分为实心砖、空心砖和多孔砖。我国标准黏土砖的规格为 240×115×53mm。砖的强度以强度等级表示，分别为 MU30、MU25、MU20、MU15、MU10、MU7.5 六个级别。

普通黏土砖主要以黏土为原材料，经配料、调制成型、干燥、高温焙烧而制成。普通黏土砖的抗压强度较高，有一定的保温隔热作用，其耐久性较好，可以用作墙体材料及砌筑柱、拱、烟囱及基础等。但由于黏土材料占用农田，随着墙体材料的改革和发展，实心黏土砖将逐步退出历史舞台。

烧结空心砖和烧结多孔砖都是以黏土、页岩等为主要原料，经焙烧而成。前者孔洞率不小于 35%，孔洞为水平孔。后者孔洞率在 15%～35%之间，孔洞尺寸小而数量多。这两种砖主要适用于非承重墙体，但不应用于地面以下或防潮层以下的建筑部位。

② 非烧结砖

以工业废渣为原料制成的砖称为非烧结砖。利用工业废渣中的硅质成分与外加的钙质材料在热环境中反应生成具有胶凝能力和强度的硅酸盐，从而使这类砖具有强度和耐久性。非烧结砖的种类主要有：蒸压灰砂砖、粉煤灰砖、炉渣砖等。

常用黏土砖规格为：240(长)×115(宽)×53mm(厚)，在实际工程中，加上砌筑所需的灰缝尺寸，正好形成 4∶2∶1 的比值，便于砌筑时互相搭接和组合。

(2) 砌块。

砌块是利用混凝土、工业废料(煤渣、矿渣等)或地方材料制成的人造块材，其外形尺寸比砖大，具有设备简单，砌筑速度快的优点，符合建筑工业化发展中墙体改革的要求，如图 7-7 所示。

砌块按不同尺寸和质量的大小分为小型砌块、中型砌块和大型砌块。砌块系列中主规格的高度大于 115mm 而又小于 380mm 的称为小型砌块，高度为 380～980mm 的称为中型砌块，高度大于 980mm 的称为大型砌块，使用中以中小型砌块居多。按构造方式砌块可以分为实心砌块和空心砌块，空心砌块有单排方孔、单排圆孔和多排扁孔三种形式，其中多排扁孔的砌块对保温较有利。按砌块在组砌中的位置与作用可以分为主砌块和辅助砌块。

图 7-7　砌体墙

目前常用的有混凝土空心砌块和加气混凝土砌块。混凝土空心砌块按组成砌块的原材料分，有普通混凝土砌块、工业废渣骨料混凝土砌块、天然轻骨料混凝土砌块和人造轻骨料混凝土砌块等。加气混凝土砌块是含硅材料和钙质材料加水并加适量的发气剂和其他外加剂，经混合搅拌、浇注发泡、坯体静停与切割后，再经蒸压或常压蒸气养护制成。加气混凝土制成的砌块具有容重轻、耐火、承重和保温等特殊性能。吸水率较大的砌块不能用于长期浸水、经常受干湿交替或冻融循环的建筑部位。

(3) 砂浆。

砂浆是砌体的粘结材料，它将砖、砌块胶结成为整体，便于上层砖、砌块所承受的荷载逐层均匀地传至下层，以保证整个粘接起来的砌体的强度。同时砂浆还起着嵌缝作用，能提高墙体保温、隔热、隔声、防潮等性能。砂浆要求有一定的强度，以保证墙体的承载能力，还要求有适当的稠度和保水性(即和易性)，方便施工。

砂浆.mp4

砂浆包括水泥砂浆、石灰砂浆和混合砂浆三种。比较砂浆性能的指标主要是强度、和易性、防潮性等若干方面。水泥砂浆是由水泥、砂子和水按一定比例拌合而成的，水泥砂浆属水硬性材料，强度高，这是由水泥的特点决定的。水泥砂浆适用于潮湿环境及水中的砌体工程；石灰砂浆是由石灰、砂子和水拌合而成的，它属气硬性材料，强度不高，并且由于石灰砂浆的防潮和防水性能差，一般多用于砌筑地面以上次要、临时、简易的民用建筑中；混合砂浆由前两种砂浆相混合，由水泥、石灰膏、砂加水拌合而成的，这种砂浆的特点介于水泥砂浆和石灰砂浆之间，强度比水泥砂浆低，比石灰砂浆高得多，但它的和易性较好，很容易搅拌均匀，而且搅拌均匀，放置一定时间后，砂浆中的水分不容易分离出来，除此之外保水能力好，除对耐水性有较高要求的砌体外，可以广泛用于各种砌体工程中。

砂浆的强度与砖一样，也以强度等级表示，分为 7 个级别：M15、M10、M7.5、M5、M2.5、M1、M0.4。在同一段砌体中，砂浆和块材的强度有一定的对应关系，以保证砌体的整体强度不受影响。

2．砌筑方式

由于在砖砌墙中，砂浆仍然是受力的薄弱环节，因此砌筑时应做到：横平竖直、错缝搭接、避免通缝、砂浆饱满。要求墙不能砌歪，保证墙体稳定，不能形成通缝，一旦形成通缝，在上部荷载作用下，发生开裂破坏。为保证砖墙的坚固，砖块排列的方式应遵循内外搭接、上下错缝的原则；同时应便于砌筑和少砍砖。砌筑时不应使墙体出现连接的垂直通缝。

砖砌体墙砌筑砂浆的厚度一般在 8～12mm，通常按 10mm 计。砖缝又叫灰缝，连同灰缝的尺寸一起，在工程上将一皮(即一层)砌筑砖的标准尺寸定为 60mm，半砖为 120mm，一砖则在砌筑时要 240mm。这是砖墙厚度的习惯叫法。砖砌体墙若要承重，厚度至少应为 180mm。

在砌筑工程中将砖的侧边叫作"顺"，而将其顶端称为"丁"。最通常的砌筑方式有以下几种：

(1) 全顺式。

全顺式亦称走砖式，每皮均为顺砖叠砌而成。上下皮搭头互为半砖，适用于半砖墙。

(2) 一顺一丁式。

此种砌式墙的整体性好、强度较高，如图 7-8 所示。

一顺一丁.avi

(3) 梅花丁。

这种砌式的墙整体性好，墙面美观，但施工比较复杂。

(4) 两平一侧。

两平一侧适用于 180mm 厚的墙，其有一定的承载能力，比一砖墙省砖，但砌筑速度慢，且侧砖不易密缝。

(5) 多顺一丁式。

通常有三顺一丁式，和五顺一丁式之分，即多层错位法，搭接不如一顺一丁式牢固，如用来砌筑两砖以上的厚墙时，不仅不会影响墙身的强度而且还可以提高砌筑速度，如图 7-9 所示。

三顺一丁.avi

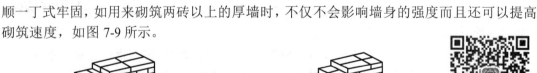

图 7-8　一顺一丁式示意图　　　　图 7-9　多顺一丁式示意图

立体效果　砖墙示意图.avi

7.2.2 墙的加固措施

当墙身由于承受集中荷载、开洞及地震因素,墙身稳定性不满足要求时,需要对墙身进行加固措施。

1. 加壁柱和门垛

当墙体受到集中荷载或墙体的长度和高度超过一定限度并影响墙体稳定性,而墙厚又不足以承受时,常在墙身局部适当位置增设凸出墙面的壁柱,使之和墙体共同承担荷载并稳定墙身。壁柱的尺度:120×370mm、240×370mm、240×490mm 等。

当墙上开设门洞且门洞开在两墙转角处或丁字墙交接处时,为了便于门框的安置和保证墙体的稳定性,在门靠墙的转角部位或丁字交接的一边设置门垛。门垛宽度同墙厚、长度与块材尺寸规格相对应。门垛不宜过长,以免影响室内使用,如砖墙的门垛长度一般为 120mm 或 240mm。

2. 加圈梁

圈梁是沿外墙、内纵墙和主要横墙设置的处于同一水平面内的连续封闭梁。圈梁配合楼板的作用可提高建筑的空间刚度和整体性,增强墙体的稳定性,减少由于地基不均匀沉降而引起的开裂。对抗震设防地区,利用圈梁加固墙身尤为重要。

圈梁.avi

圈梁有钢筋砖圈梁和钢筋混凝土圈梁两种。圈梁宜设在楼板标高处,尽量与楼板结构连成整体,也可设在门窗洞口上部,兼起过梁作用。钢筋砖圈梁多用于非抗震地区,结合钢筋砖过梁使其沿外墙兜圈而成。钢筋混凝土圈梁的宽度一般与墙同厚,但在寒冷地区,由于钢筋混凝土导热较大,要避免"热桥现象",局部应做保温处理。

圈梁的高度一般不小于 120mm,常见为 180mm、240mm、300mm。当遇到门窗洞口使圈梁不能闭合时,应在洞口上部设置一道不小于圈梁截面的附加圈梁。附加圈梁与圈梁的搭接长度应不小于 2h,亦不小于 1000mm。

3. 设构造柱

钢筋混凝土构造柱是从构造角度考虑而设置的,一般设在建筑物的四角、内外墙交接处,楼梯间、电梯间及较长的墙体中。构造柱必须与圈梁及墙体紧密连接,使整个建筑物形成空间骨架,从而增强建筑物的整体刚度,提高墙体的应变能力,使墙体由脆性变为延性较好的结构,做到裂而不倒,如图 7-10 所示。在地震设防区,对砖石结构建筑的高度、横墙间

构造柱.avi

距、圈梁设置以及墙体的局部尺寸都提出了一定的限制和要求。此外,为增强建筑物的整体刚度和稳定性,还要求提高砌体砌筑砂浆的强度以及设置钢筋混凝土构造柱。

钢筋混凝土圈梁其宽度一般同墙厚,对墙厚较大的墙体可做到墙厚的 2/3,高度不小于 120mm。柱截面应不小于 180mm×240mm。构造柱的下端应锚固于钢筋混凝土基础或基础

梁内，主筋一般采用 4ϕ12 或 4ϕ14，箍筋采用 ϕ6，间距不大于 250mm，墙与柱之间应沿墙高每 500mm 设 2ϕ6 钢筋拉结，每边伸入墙内不少于 1000mm。施工时先砌墙，随着墙体的上升而逐段现浇混凝土柱身。构造柱的设置应与结构设计统一考虑。当圈梁遇到洞口不能封闭时，应在洞口上部设置截面不小于圈梁截面的附加梁，其搭接长度不小于 1m，且应大于两梁高差的 2 倍，但对有抗震要求的建筑物，圈梁不宜被洞口截断。圈梁宜设在楼板标高处，尽量与楼板结构连成整体，也可设在门窗洞口上部，兼起过梁作用。

图 7-10　构造柱示意图

4．设过梁

当墙体上开设门窗洞口时，为了支撑上部砌体所传来的各种荷载，并将这些荷载传给窗间墙，通常在门窗洞口处设置横梁，该梁称过梁。由于砌体相互错缝咬接，同时过梁上的墙体在砂浆硬结后具有拱的作用，所以过梁上墙体的重量并不完全由过梁承担，其中部分重量直接传给洞口两侧的墙体，如图 7-11 所示。

过梁.avi

图 7-11　过梁示意图

过梁的形式较多，可直接用砖砌筑，也可用钢筋混凝土、木材和型钢制作。

(1) 砖拱过梁。

砖拱过梁(平拱、弧拱和半圆拱)是我国传统式做法,可以满足清水砖墙的统一外观效果。通常是由立砖和侧砖相间砌筑而成,砖拱过梁利用灰缝上大下小,使砖向两边倾斜,相互挤压形成拱的作用来承担荷载。平拱砖过梁砌筑时,要求灰缝上宽下窄,最宽不大于20mm,最窄不小于5mm,拱两端伸入墙内20mm。平拱过梁的跨度≤1.2m。弧拱过梁的跨度可达2~3m。砌筑砖拱过梁的砂浆强度不宜低于M5。砖砌平拱过梁用竖砖砌筑部分的高度不应小于240mm。

砖拱过梁可节省钢材和水泥,但施工麻烦,且不能用于有集中荷载、振动较大、地基承载力不均匀及地震地区的建筑物。砖拱过梁不宜用于上部有集中荷载或有较大振动荷载的部位,或可能产生不均匀沉降和有抗震设防要求的建筑物中。

(2) 钢筋砖过梁。

钢筋砖过梁又叫平砌砖过梁,高度不小于五皮砖,且不小于门窗洞口宽度的1/3,砂浆标号不低于M5,砖标号不小于MU10,过梁下铺20~30mm厚的砂浆层,砂浆内按每半砖墙厚设一根直径不小于5mm的钢筋,钢筋两端伸入墙各240mm,再向上弯起60mm。钢筋砖过梁适用于门窗洞口尺寸在1.5m以内的情况。

(3) 钢筋混凝土过梁。

当门窗洞口较大或洞口上部有集中荷载时,常采用钢筋混凝土过梁。由于钢筋混凝土过梁具有坚固耐久,并可预制装配,加快施工进度的特性,故目前普遍采用钢筋混凝土过梁,过梁高度为60mm的倍数,过梁宽度与墙身加固墙厚相同。

常用过梁高度为60mm、120mm、180mm,过梁在洞口两侧伸入墙内的长度应不小于240mm。对于外墙中的门窗过梁,在过梁底部抹灰时应注意做好滴水处理。过梁的断面形式有矩形和L形,矩形多用于内墙和混水墙,L形多用于外墙和清水墙。在寒冷地区,为防止钢筋混凝土过梁产生冷桥问题,也可以将外墙洞口的过梁断面做成L形或组合式过梁。

7.2.3 墙的细部构造

1. 明沟和散水

明沟又称排水沟,材料一般用素混凝土现浇,外抹水泥砂浆,或用砖砌筑,外用水泥砂浆抹面。明沟通常用混凝土浇筑成宽180mm、深150mm沟槽。槽底应有不小于1%的坡度,以确保排水流畅。当用砖砌明沟时,槽内用水泥砂浆抹面;用块石砌筑的明沟,应用水泥砂浆勾缝。明沟用于降雨量较大的南方地区。

散水.mp4

为保护墙基不受雨水的侵蚀,常在外墙四周将地面做成向外倾斜的坡面,以便将屋面雨水排至远处,这一坡面称为散水或护坡,如图7-12所示。还可以在外墙四周做明沟,将通过水落管流下的屋面雨水等有组织地导向地下集水井(又称为集水口),然后流入排水系统。散水所用材料与明沟相同,散水坡度约5%,宽度一般为600~1000mm。当屋面排水方式为自由落水时,要求散水宽度比屋檐长出200mm。

图 7-12 散水示意图

其中散水和明沟都是在外墙面的装修完成后再做的。散水、明沟与建筑物主体之间应当留有缝隙，用油膏嵌缝。因为建筑物在使用过程中会发生沉降，散水、明沟与建筑物主体之间如果用普通粉刷，砂浆很容易被拉裂，雨水就会顺缝而下造成破坏。

2. 勒脚

勒脚是外墙的墙脚，是外墙与室外地面接触部位。一般情况下，其高度为室内地坪与室外地面的高差部分。有的工程将勒脚高度提高到底层室内踢脚线或窗台的高度。勒脚具有保护墙身、防止人为碰刨以及美观的作用。勒脚所处的位置是墙体容易受到外界碰撞和雨、雪侵蚀的部位。同时，地表水和地下水所形成的地潮还会因毛细作用而沿墙体不断上升，既容易造成对勒脚部位的侵蚀和破坏，又容易致使底层室内墙面的底部发生抹灰粉化、脱落，装饰层表面生霉等现象，影响人体健康。因此勒脚要选用耐久性高的材料或防水性能好的外墙饰面。

在寒冷地区，冬季潮湿的墙体部分还可能产生冻融破坏的后果。因此，在构造上必须对勒脚部分采取相应的防护措施。

3. 防潮层

墙身防潮是在墙脚铺设防潮层，以防止土壤中的水分由于毛细作用上升使建筑物墙身受潮，提高建筑物的耐久性，保持室内干燥、卫生作用的结构层。墙身防潮层应在所有的内墙、外墙中连续设置，且按构造形式的不同分为水平防潮层和垂直防潮层两种。

当室内地面均为实铺时，外墙墙身防潮层设在室内地坪以下 60mm 处；当建筑物墙体两侧地坪不等高时，在每侧地表下 60mm 处，防潮层应分别设置，并在两个防潮层间的墙上加设垂直防潮层；墙身防潮层一般有油毡防潮层、防水砂浆防潮层、细石混凝土防潮层和钢筋混凝土防潮层等。

4. 变形缝

变形缝包括伸缩缝、沉降缝和防震缝。

1) 伸缩缝

伸缩缝又称温度缝，建筑伸缩缝即伸缩缝，是指为防止建筑物构件由于气候温度变化(热胀、冷缩)，使结构产生裂缝或破坏而沿建筑物或者构筑物施工缝方向的适当部位设置的一条构造缝。伸缩缝是将基础以上的建筑构件如墙体、楼板、屋顶(木屋顶除外)等分成两个独立部分，使建筑物或构筑物沿长方向可做水平伸缩，伸缩缝缝内应填保温材料。

2) 沉降缝

沉降缝是指，为防止建筑物各部分由于地基不均匀沉降引起房屋破坏所设置的垂直缝。当房屋相邻部分的高度、荷载和结构形式差别很大而地基又较弱时，房屋有可能产生不均匀沉降，致使某些薄弱部位开裂。为此，应在适当位置如复杂的平面或体形转折处、高度变化处、荷载、地基的压缩性和地基处理方法明显不同处设置沉降缝。沉降缝与伸缩缝不同之处是除屋顶、楼板、墙身都要断开外，基础部分也要断开，使相邻部分也可以自由沉降、互不牵制。沉降缝宽度要根据房屋的层数确定。

3) 防震缝

地震区设计多层砖混结构房屋，为防止地震使房屋破坏，应用防震缝将房屋分成若干形体简单、结构刚度均匀的独立部分。防震缝一般从基础顶面开始，沿房屋全高设置。缝的宽度按建造物高度和所在地区的地震烈度来确定。

变形缝的构造较复杂，设置变形缝使建筑造价会有增加，故有些大工程采取加强建筑物的整体性的方法，使其具有足够的强度与刚度。

7.3 隔墙、隔断构造

7.3.1 隔墙

隔墙和隔断是分隔空间的非承重构件，其作用是对空间的分隔、引导和过渡。

不承重的内墙叫隔墙。对隔墙的基本要求是自身质量小，以便减少对地板和楼板层的荷载；厚度薄，以增加建筑的使用面积；并根据具体环境要求隔声、耐水、耐火等性能。考虑到房间的分隔随着使用要求的变化而变更，因此隔墙应尽量便于拆装，如图 7-13 所示。

图 7-13 隔墙示意图

按施工工艺可分为砌筑类隔墙、立筋类隔墙、立条板类隔墙。

1. 砌筑类隔墙

砖砌隔墙的自重大，此时应考虑支承的可能，用加气混凝土砌块降低自重。在砌筑时最上一皮砌块斜砌，使其不承重。普通砖砌隔墙分为120mm厚砖砌隔墙和60mm厚砖砌隔墙。这两种类型砖隔墙均需控制在一定的长度和高度，否则在构造上除砌筑时应与承重墙或柱固结外，还应在墙身每隔1.2m处加2ϕ6拉结钢筋予以加固。采用普通黏土砖、空心砖、加气混凝土砌块、玻璃砖等块材砌筑而成的非承重墙亦属此类。

(1) 砖隔墙。

普通黏土砖隔墙一般有1/2砖隔墙和1/4砖隔墙。1/2砖墙用全顺式砌筑，高度不宜超过4m，长度不宜超过6m，否则要加设构造柱和拉梁加固。1/4砖墙用砖侧砌而成，一般用于小面积隔墙。空心砖隔墙和轻质砌块隔墙重量轻，隔热性能好，也要采取加固措施。

(2) 玻璃砖隔墙。

玻璃隔墙具有美观、通透、整洁、光滑，保温隔声性能好等特点。玻璃砖侧面有凹槽，采用水泥砂浆或结构胶拼砌，缝隙一般为10mm。若砌筑曲面时，最小缝隙为3mm，最大缝隙为16mm。玻璃砖隔墙高度控制在4.5m以下，长度也不宜过长。凹槽中可加钢筋或扁钢进行拉接，提高稳定性。面积超过12～15m^2时，要增加支撑加固，如图7-14所示。

图 7-14 玻璃隔墙示意图

2. 立筋类隔墙

立筋式隔墙一般有木骨架、轻钢骨架、石膏骨架、石棉水泥骨架和铝合金骨架等。骨架由上槛、下槛、墙筋、横撑或斜撑组成。

(1) 木骨架。

木骨架中，上、下槛与立柱的断面多为50×70mm或50×100mm，有时也用45×45mm、40×60mm或45×90mm。斜撑与横档的断面与立柱相同，也可稍小些。立柱与横档的间距要与面板的规格相配合。在一般情况下，立柱的间距可取400mm、450mm或455mm，横档的间距可与立柱的间距相同，也可适当放大。例如，在3m左右高的隔墙内共设四道。在美国，常采用断面为 50×100mm 的两侧刨光的木立柱，间距 400mm，不另设横档。这样做，隔墙的表面会更加平整些。

立柱与横档可以用榫接或钉接，表面应尽可能平整，木材应是干燥和不带节疤的。

(2) 钢骨架。

钢骨架是由各种形式的薄壁型钢制成的。其主要优点是自重小，强度高，刚度大，结构整体性好，易于加工和大批量生产，还便于根据需要拆卸和组装。

常用的薄壁型钢是 0.8mm 厚的槽钢或工字钢。大规模生产的都是冷轧件，小批量生产时，也可用 1mm 厚的钢板在板边机上成型。在日本，多用厚为 0.8mm、宽为 65mm 的薄壁型钢做骨架。在苏联，多用 100×50×0.6mm 的薄壁槽钢做骨架。立柱可用单槽钢，也可将两个槽钢铆接成方管形。型钢接长时，一般用气焊。与楼板、墙、柱等构件相接时，多用膨胀螺栓来连接。型钢上的螺栓孔，冲钻皆可。

(3) 石膏骨架。

石膏骨架多用于石膏板墙。立柱和横档的断面为矩形、门形或工字形。

我国采用的石膏骨架有两种：一种是浇注的；另一种是用纸面石膏板粘接的。采用后一种骨架时，先用无机粘接剂将 800×3000×12mm 的石膏板粘接在一起，再将粘接好的石膏板切割成 63mm 宽的石膏骨架杆件。如果采用两层石膏板，骨架各杆件的断面尺寸为 38×63mm，抗折强度为 43kPa(43kg/cm)，自重为 2.1kg/m。无机粘接剂的重量配合比为水玻璃：矿渣粉=1∶1，外加 3.5%的松香酸钠溶剂。

(4) 石棉水泥骨架。

常用的石棉水泥骨架是由三层 6mm 厚、80mm 宽的石棉水泥板条粘接而成的，断面尺寸为 20×80mm，长度按工程需要来决定。

采用石棉水泥骨架的复合隔墙板、三胺板材系列，外形尺寸可达 3200×900×120mm。由于我国目前生产的石棉水泥板多为 1200×800×6mm，因此，在工程实践中，往往要用短料拼成长骨架，这种骨架制作麻烦，而且易在搭接处断裂。据试验，其抗折强度比无缝的骨架约低 30%。

(5) 水泥刨花骨架。

水泥刨花骨架可钉、可锯，不燃、不腐，便于制作，可用于立筋式隔墙，也可用于复合板。据试验，其抗折强度可达 100～130kg/cm。

3. 立条板类隔墙

立条板类隔墙是采用大块的条板拼装而成的隔墙。立条板类隔墙的材料一般将隔墙与地面直接固定或通过木肋与地面固定或通过混凝土肋与地面固定。主要材料有加气混凝土条板、石膏珍珠岩板、彩色灰板、泰柏板及各种复合板。

7.3.2 隔断

1. 固定式隔断

固定式隔断对划分和限定空间，增加空间层次和深度，创造似隔非隔、虚实兼具的空间意境有很大的帮助。所用材料有木制、竹制、玻璃、金属及水泥制品等，可做成花格、落地罩、飞罩、博古架等各种形式。

1) 木隔断

木隔断(如图7-15所示)通常有两种，一种是木饰面隔断；另一种是硬木花格隔断。

(1) 木饰面隔断一般采用在木龙骨上固定木板条、胶合板、纤维板等面板，做成不到顶的隔断。木龙骨与楼板、墙应有可靠的连接，面板固定在木龙骨上后，用木压条盖缝，最后按设计要求罩面或贴面。

木隔断.avi

另外，还有一种开放式办公室的隔断，高度为1.3～1.6m，用高密度板做骨架，防火装饰板罩面，用金属(镀铬铁质、铜质、不锈钢等)连接件组装而成。这种隔断便于工业化生产，壁薄体轻，面板色泽淡雅、易擦洗、防火性好，并且能节约办公用房面积，便于内部业务沟通，是一种流行的办公室隔断。

图7-15　木隔断示意图

(2) 硬木花格隔断。

硬木花格隔断常用的木材多为硬质杂木，其自重轻，加工方便，制作简单，可以雕刻成各种花纹，做工精巧、纤细。

硬木花格隔断一般用板条和花饰组合，花饰镶嵌在木质板条的裁口中，可采用榫接、销接、钉接和胶接，外边钉有木压条，为保证整个隔断具有足够的刚度，隔断中立有一定数量的板条贯穿隔断的全高和全长，其两端与上下梁、墙应有牢固的连接。

2) 玻璃隔断

玻璃隔断是将玻璃安装在框架上的空透式隔断。这种隔断可到顶或不到顶，其特点是空透、明快，而且在光的作用下色彩有变化，可增强装饰效果。玻璃隔断按框架的材质不同有落地玻璃木隔断、铝合金框架玻璃隔断、不锈钢柱框玻璃隔断，如图7-16所示。

图 7-16 玻璃隔断示意图

(1) 落地玻璃木隔断。

直接在隔断的相应位置安装竖向木骨架,并与墙、柱及楼板连接,然后固定上、下槛,最后固定玻璃。对于大面积玻璃板,玻璃放入木框后,应在木框的上部和侧边留 3mm 左右的缝隙,以免玻璃受热开裂。

(2) 铝合金框架玻璃隔断。

用铝合金做骨架,将玻璃镶嵌在骨架内所形成的隔断。

(3) 不锈钢柱框玻璃隔断。

这种隔断的构造关键是要解决好玻璃板与不锈钢柱框的连接固定。玻璃板与不锈钢柱框的固定方法有三种,第一种是将玻璃板用不锈钢槽条固定;第二种是将玻璃板直接镶在不锈钢立柱上;第三种是根据设计要求用专用的不锈钢紧固件将相应部位打孔的玻璃与不锈钢柱连接固定,这种固定方法要求玻璃必须是安全玻璃,而且玻璃上的孔位尺寸精确。这种玻璃隔断现代感强、装饰效果好。

2. 活动式隔断

活动式隔断又称移动式隔断,其特点是使用时灵活多变,可以随时打开或关闭,使相邻空间根据需要成为一个大空间或几个小空间,关闭时能与隔墙一样限定空间,阻隔视线和声音。也有一些活动式隔断全部或局部镶嵌玻璃,其目的是增加透光性,不强调阻隔人们的视线。按启闭的方式分为拼装式、直滑式、折叠式、卷帘式、起落式,其构造较为复杂,下面介绍几种常见的活动式隔断。

(1) 拼装式隔断。

拼装式活动隔断是用可装拆的壁板或门扇(通称隔扇)拼装而成,不设滑轮和导轨。隔扇高 2~3m,宽 600~1200mm,厚度视材料及隔扇的尺寸而定,一般为 60~120mm。隔扇可用木材、铝合金、塑料做框架,两侧粘贴胶合板及其他各种硬质装饰板、防火板、镀膜铝合金板,也可以在硬纸板上衬泡沫塑料,外包人造革或各种装饰性纤维织物,再镶嵌各种金属和彩色玻璃饰物制成美观高雅的屏风式隔扇。

为装卸方便，隔断的顶部应设通长的上槛，用螺钉或铅丝固定在顶棚上。上槛一般要安装凹槽，设插轴来安装隔扇。为便于安装和拆卸隔扇，隔扇的一端与墙面之间要留空隙，空隙处可用一个与上槛大小、形状相同的槽形补充构件遮盖。隔扇的下端一般都设下槛，需高出地面，且在下槛上也设凹槽或与上槛相对应设插轴。下槛也可做成可卸式，以便将隔扇拆除后不影响地面的平整。

(2) 直滑式隔断。

直滑式隔断是将拼装式隔断中的独立隔扇用滑轮挂置在轨道上，可沿轨道推拉移动的隔断。轨道可布置在顶棚或梁上，隔扇顶部安装滑轮，并与轨道相连；隔扇下部地面不设轨道，主要为避免轨道积灰损坏。

面积较大的隔断，当把活动扇收拢后会占据较多的建设空间，影响使用和美观，所以多采取设贮藏壁柜或贮藏间的形式加以隐蔽。

(3) 折叠式隔断。

折叠式隔断是由多扇可以折叠的隔扇、轨道和滑轮组成。按材质不同有硬质和软质两种。多扇隔扇用铰链连在一起，可以随意展开和收拢，推拉快速方便。但由于隔扇本身重量，连接铰链五金重量以及施工安装、管理维修等诸多因素造成的变形会影响隔扇的活动自由度，所以可将相邻两隔扇连在一起，此时每个隔扇上只需装一个转向滑轮，先折叠后推拉收拢，增加了灵活性。

(4) 帷幕式隔断。

帷幕式隔断又称软隔断，是用软质、硬质帷幕材料利用轨道、滑轮、吊轨等配件组成固定在墙上或顶棚上的隔断。它占用面积少，能满足遮挡视线的要求，使用方便，便于更新，一般多用于住宅、旅馆和医院。帷幕式隔断的软质帷幕材料主要是棉、麻、丝织物或人造革。硬质帷幕材料主要是竹片、金属片等条状硬质材料。这种帷幕隔断最简单的固定方法是用一般家庭中固定窗帘的方法。但比较正式的帷幕隔断，构造要复杂很多，且固定时需要一些专用配件。

3. 隔断的作用

1) 分隔空间

隔断无论其样式有多大差别，都无一例外地对空间起到限制、分隔的作用。限定程度的强弱则可依照隔断界面的大小、材质、形态而定。宽阔高大、材质坚硬、以平面为主要分隔面的固定式隔断具有较强的分隔力度，给空间以明确的界限，此种隔断适用于层高较高的宽大空间的划分；尺寸不大、材质柔软或通透性好、有间隙、可移动的隔断对空间的限定度低，空间界面不十分清晰，但能在空间的划分上做到隔而不断、使空间保持了良好的流动性，使空间层次更加丰富。此种隔断适用于各种居室空间的划分及局部空间的限定。

2) 遮挡视线

隔断按照其组合方式和材质透明度的差异具有不同程度地遮挡视线的作用。不同功能区域对可见度的要求各异，将大空间通过隔断划分成小空间时还要考虑采光的问题，对于采光要求较高的阅读区域可应用透光性好的低矮的隔断。

3) 适当隔音

柔软的织物、海绵、泡沫墙材都具有一定的吸音功能，绿色植物可降低噪音、墙面挂画可适当增加声音的反射，因此由这些材料组成的隔断具有或多或少的隔音作用。

4) 增强私密性

现代的居室中，卫浴、卧室等空间不再像以往那样，由固定的四面砖墙围合而成。个性化的设计中，透明玻璃的卫浴间屡见不鲜。因此，为了照顾生活的私密性，这些区域的周围或入口处就由帘幕等可移动的隔断承担起遮挡作用。

5) 增强空间的弹性

利用可移动的隔断能有效地增强空间的弹性。将屏风、帘幕、家具等根据使用要求随时启闭或移动，空间也随之或分或合、变大变小，更加灵活多变。

6) 一定的导向作用

隔断除了起到围合空间的作用，还因为它可以沿一个或几个方向延伸而具有一定的导向作用。

本章小结

墙体在建筑物中所处的位置不同，其功能与作用也不同，对应的设计要求也不同。本章内容主要介绍块材墙体的分类、作用、构造以及隔墙与隔断的构造等方面的知识，帮助同学掌握墙体这一建筑工程的组成部分。

实训练习

一、单选题

1. 普通黏土砖的规格为（　　）。
   A. 240×120×60mm　　　　　　B. 240×110×55mm
   C. 240×115×53mm　　　　　　D. 240×115×55mm
2. 半砖墙的实际厚度为（　　）。
   A. 120mm　　B. 115mm　　C. 110mm　　D. 125mm
3. 120mm 墙采用的组砌方式为（　　）。
   A. 全顺式　　B. 一顺一丁式　　C. 两平一侧式　　D. 每皮丁顺相间式
4. 18 砖墙、37 砖墙的实际厚度为（　　）。
   A. 180mm；360mm　　　　　　B. 180mm；365mm
   C. 178mm；360mm　　　　　　D. 178mm；365mm
5. 两平一侧式组砌的墙为（　　）。
   A. 12 墙　　B. 18 墙　　C. 24 墙　　D. 37 墙
6. 一砖墙的实际厚度为（　　）。
   A. 120mm　　B. 180mm　　C. 240mm　　D. 60mm

7. 当室内地面垫层为碎砖或灰土材料时，其水平防潮层的位置应设在( )。
   A. 垫层高度范围内　　　　　　B. 室内地面以下-0.06m 处
   C. 垫层标高以下　　　　　　　D. 平齐或高于室内地面面层
8. 圈梁遇洞口中断，所设的附加圈梁与原圈梁的搭接长度应满足( )。
   A. ≤2h 且≤1000mm　　　　　　B. ≤4h 且≤1500mm
   C. ≥2h 且≥1000mm　　　　　　D. ≥4h 且≥1500mm
9. 墙体设计中，构造柱的最小尺寸为( )。
   A. 180×180mm　　　　　　　　B. 180×240mm
   C. 240×240mm　　　　　　　　D. 370×370mm

二、多选题

1. 常用的过梁构造形式有( )三种。
   A. 砖拱过梁　　　　B. 钢筋砖过梁　　　　C. 钢筋混凝土过梁
   D. 圈梁　　　　　　E. 基础梁
2. 钢筋混凝土圈梁的宽度宜与( )相同，高度不小于( )。
   A. 墙体厚度　　　　B. 墙体厚度的 1/2　　　C. 墙体厚度的 1/4
   D. 120mm　　　　　E. 180mm
3. 抹灰类装修按照建筑标准分为三个等级即( )。
   A. 普通抹灰　　　　B. 中级抹灰　　　　　　C. 高级抹灰
   D. 装饰抹灰　　　　E. 特种抹灰
4. 隔墙按其构造方式不同常分为( )三类。
   A. 木隔墙　　　　　B. 骨架隔墙　　　　　　C. 板材隔墙
   D. 块材隔墙　　　　E. 混凝土隔墙
5. 墙的加固措施有哪些( )。
   A. 加壁柱和门垛　　B. 设构造柱　　　　　　C. 设过梁
   D. 混凝土柱　　　　E. 加圈梁

三、简答题

1. 简述墙体类型的分类方式及类别。
2. 墙体设计在使用功能上应考虑哪些设计要求？
3. 简述普通黏土砖(即标准砖)的优点。
4. 简述砖墙组砌的要点。

第 7 章　墙体习题答案.pdf

第 7 章　墙体

实训工作单一

班级		姓名		日期	
教学项目	墙体				
任务	掌握墙体常见质量检测		检测工具	楔形塞尺、磁力线锥、百格网、检测镜、卷线器、伸缩杆、焊缝检测尺、水电检测锤、响鼓锤	
相关知识	墙体工艺流程				
其他要求					
工程过程记录					
评语				指导老师	

建筑识图与构造

实训工作单二

班级		姓名		日期	
教学项目	墙体				
任务	掌握墙体的施工工艺		墙体的类型	剪力墙	
相关知识	砖墙体施工中常见的质量问题				
其他要求					
工程过程记录					
评语				指导老师	

第 8 章 楼板教案.pdf

第 8 章 楼 板 08

【学习目标】

- 了解楼板层的分类及构成
- 掌握现浇钢筋混凝土楼板的流程、作用、分类
- 了解预制装配式钢筋混凝土楼板、装配整体式钢筋混凝土楼板的基本含义
- 了解楼地面防潮、楼地层防水保温及楼地层隔声
- 了解实铺地层、空铺地层的基本内容
- 了解直接式顶棚、吊挂式顶棚的基本要点
- 了解阳台、雨篷的分类及构造

第 8 章 楼板.pptx

【教学要求】

本章要点	掌握层次	相关知识点
楼地层分类及构成	了解楼地层基本分类及构成	楼地层
钢筋混凝土楼板	1. 掌握现浇钢筋混凝土楼板的流程、作用、分类 2. 掌握预制装配式钢筋混凝土楼板、装配整体式钢筋混凝土楼板的基本含义	钢筋混凝土楼板
楼地面防潮、楼地层防水保温及楼地层隔声	了解楼地面防潮、楼地层防水保温及楼地层隔声基本知识	楼地层的细部构造
地坪层的构造	1. 了解地坪层的基本知识 2. 了解实铺地层与空铺地层的基本知识	地坪层的构造
顶棚	了解直接式顶棚、吊挂式顶棚的基本要点	顶棚
阳台及雨篷	了解阳台、雨篷的分类及构造	阳台及雨篷

chapter 08 建筑识图与构造

【引子】

伴随着我国建筑事业的迅猛发展，各建筑工程企业对自身施工质量也有了更为严格的要求，目前影响建筑工程质量的主要安全隐患就是楼板混凝土裂缝现象，该现象制约了后期施工的顺利开展，影响了建筑工程质量，因此建筑工程企业要积极应对这一问题，根据楼板混凝土裂缝现象，及时采取相应的防治措施，从而提高建筑工程施工质量，推进建筑企业的长远发展。

8.1 楼板层的分类及构成

1. 楼板层的构成

楼板层是建筑物的重要组成之一，楼板层的建造必须具备一定的条件和满足一定的功能需求。其主要作用是用来承载其上面的家具、设备和人等荷载，并将荷载传递给承重构件，同时还需满足防水、防潮、防火、隔声等一系列功能需求。所以楼板层不仅要有刚度与强度，还需要根据建筑物来选择其适合的楼板层构造。

楼板层的组成及其作用.mp4

楼板层的组成及其作用：楼板层自上而下有下述层次，可根据需要设置。

(1) 面层：位于楼板层的最上层，起着保护楼板层、分布荷载和绝缘的作用，同时对室内起美化装饰作用；

(2) 结合层：面层同下层的连接层结构层有支撑承重的作用；

(3) 找平层：为不平整的下层找平或找坡的构造层，常用砂浆构筑；

(4) 防水层和防潮层：用以防止室内的水透过和防止潮气渗透的构造层；

(5) 保温层和隔热层：改善热工性能的构造层、附加层、用于防火、保温隔热、防水防潮等；

(6) 隔声层：隔绝楼板撞击声的构造层；

(7) 隔蒸汽层：防止蒸汽渗透影响，起保温隔热功能的构造层；

(8) 填充层：起填充作用的构造层；

(9) 管道敷设层：敷设设备暗管线的构造层，常利用填充层的空间；

(10) 结构层：主要功能在于承受楼板层上的全部荷载并将这些荷载传给墙或柱；同时还对墙身起水平支撑作用，以加强建筑物的整体刚度；

(11) 顶棚：位于楼板层最下层，主要作用是保护楼板、安装灯具、遮挡各种水平管线，改善使用功能、装饰美化室内空间，如图 8-1 所示；

(12) 附加层：附加层又称功能层，根据楼板层的具体要求而设置，主要作用是隔声、隔热、保温、防水、防潮、防腐蚀、防静电等。根据需要，有时和面层合二为一，有时又和吊顶合为一体。

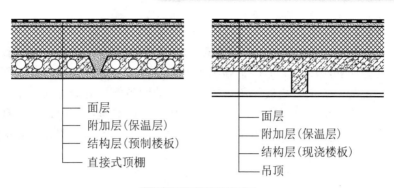

图 8-1　顶棚层示意图

2. 楼板的类型

根据使用材料不同，楼板可分为木楼板、钢筋混凝土楼板、砖拱楼板和钢衬板组合楼板等多种类型，如图 8-2 所示。

(1) 木楼板。

木楼板的构造非常简单，主要是由木梁与木地板组成，自重也轻，但是因为是木质结构，所以防火性能不好，抗腐性差。而木材的价格一般不会太便宜，所以在一般工程施工中很少使用，只会应用在装修等级高的建筑物中。木楼板保温隔热性能好、舒适、有弹性，只在木材产地采用较多，但耐火性和耐久性均较差，且造价偏高，为节约木材和满足防火要求，现采用较少。

(2) 钢筋混凝土楼板。

钢筋混凝土楼板具有强度高，刚度好，耐火性和耐久性好，还具有良好的可塑性的特点，在我国便于工业化生产，应用最广泛。按其施工方法不同，可分为现浇式、装配式和装配整体式三种。

钢衬板楼板是以压型钢板与混凝土浇筑在一起构成的整体式楼板，压型钢板在下部起到现浇混凝土的模板作用，同时由于在压型钢板上加肋或压出凹槽，能与混凝土共同工作，起到配筋作用。钢衬板楼板一般来说会在大空间的建筑物或高层建筑物中使用，它能有效地提高施工的进度，可以利用压型钢板肋间空间敷设电力或通信管线，具有现浇式钢筋混凝土楼板刚度大、整体性好的优点。

钢筋混凝土楼板具有坚固，耐久，刚度大，强度高，防火性能好的特点，当前应用比较普遍。现浇钢筋混凝土楼板常见的类型一般有肋形楼板、井字梁楼板和无梁楼板等。其一般来说都是实心板，除此之外还经常与现浇梁一起浇筑，形成现浇梁板。装配式钢筋混凝土楼板绝大多数都采用圆孔板和槽形板(分为正槽形与反槽形两种)，少部分会采用实心板。其一般在板端都伸有钢筋，现场拼装后用混凝土灌缝，以加强整体性。

(3) 砖拱楼板。

砖拱楼板主要采用钢筋混凝土倒 T 形梁密排，其间填以普通黏土砖或特制的拱壳砖砌筑成拱形，这种楼板顶棚是成弧形的，所以一般用作吊顶棚，其造价稍高。其优点是能节省不少钢筋与水泥，不过因为自重大，作地面时使用材料多。其造型决定了砖拱楼板的抗震性不好，在地震区不宜采用。

(4) 压型钢板组合楼板。

压型钢板是在钢筋混凝土基础上发展起来的,利用钢衬板作为楼板的受弯构件和底模,既提高了楼板的强度和刚度,又加快了施工进度,是目前正大力推广的一种新型楼板。这种楼板起到现浇混凝土的永久模板作用;同时板上的肋条能与混凝土共同工作,可以简化施工程序,加快施工速度;并且具有刚度大、整体性好的优点;同时还可以利用压型钢板肋间空间敷设电力或通信管线,适用于需有较大空间的高、多层民用建筑及大跨度工业厂房中。

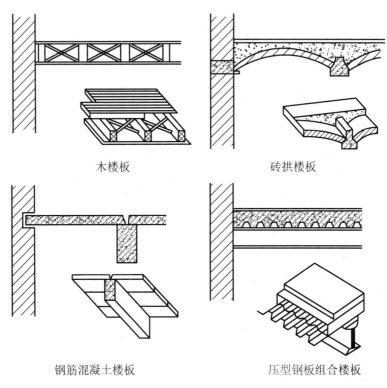

图 8-2　楼板示意图

8.2　钢筋混凝土楼板

8.2.1　现浇钢筋混凝土楼板

1. 施工流程

现浇钢筋混凝土楼板是指在现场依照设计位置,进行支模、绑扎钢筋、浇筑混凝土,经养护、拆模板而制作的楼板。该楼板具有坚固、耐久、防火性能好、成本低的特点,如图 8-3 所示。

钢筋混凝土楼板.mp4

第 8 章 楼板

图 8-3　现浇混凝土模板

2. 具体作用

钢筋混凝土结构是指用配有钢筋增强的混凝土制成的结构。承重的主要构件是用钢筋混凝土建造的。包括薄壳结构、大模板现浇结构及使用滑模、升板等建造的钢筋混凝土结构的建筑物。钢筋承受拉力，混凝土承受压力。钢筋混凝土结构具有坚固、耐久、防火性能好、比钢结构节省钢材和成本低等优点。

【案例 8-1】　遥县宁固镇净化村发生一起楼板房坍塌事故，3 人当场死亡。事故发生后，平遥县委、县政府高度重视，立即组织镇政府、公安、消防、卫生等单位人员赶赴现场展开救援工作。截至目前，救援工作已经结束，事故原因正在调查当中，其他善后事宜也在有序进行。与此同时，平遥县委县政府主要领导作出批示，要求各乡镇、街道办、房管局要认真汲取事故教训，以此为鉴，对辖区范围内的房屋安全进行一次全面排查，切实做到防患于未然。结合相关知识，提供一个有效的预防方案。

3. 具体分类

1）板式楼板

(1) 单向板：板的长边与短边之比大于 2，板内受力钢筋沿短边方向布置，板的长边承担板的荷载。

(2) 双向板：板的长边与短边之比不大于 2，荷载沿双向传递，短边方向内力较大，长边方向内力较小，受力主筋平行于短边并摆在下面。

(3) 板式楼板的厚度一般不超过 120mm，经济跨度 3000mm 之内。

(4) 适用于小跨度房间，如走廊、厕所和厨房等。

2）肋形楼板

楼板内设置梁，梁有主梁和次梁，主梁沿房间布置，次梁与主梁一般垂直相交，板搁置在次梁上，次梁搁置在主梁上，主梁搁置在墙或柱上，所以板内荷载通过梁传至墙或者柱子上，适用于厂房等大开间房间。

3）井字楼板

(1) 纵梁和横梁同时承担着由板传下来的荷载；

(2) 一般为 6～10m，板厚为 70～80mm，井格边长一般在 2.5m 之内；

(3) 常用于跨度为 10m 左右、长短边之比小于 1.5 的公共建筑的门厅、大厅。

无梁楼板.avi

4) 无梁楼板

柱网一般布置为正方形或矩形，柱距以 6m 左右较为经济。为减少板跨，改善板的受力条件和加强柱对板的支承作用，一般在柱的顶部设柱帽或托板。由于其板跨较大，板厚不宜小于 120mm，一般为 160~200mm。适宜于活荷载较大的商店、仓库、展览馆等建筑。

现浇钢筋混凝土楼板厚度.mp4

4. 现浇钢筋混凝土楼板厚度

现浇楼板厚度不同要看楼板所在位置、楼板尺寸及配筋要求，一般民用住宅的楼板厚度根据用途、开间尺寸、配筋、混凝土强度等的不同，在 80~160mm 之间。再厚的话一般就加梁了，否则自重太大了，合适的厚度是设计人员算出来的，允许误差-5mm~+8mm。

关于楼板的最小厚度可参照以下数据：

1) 单向板
(1) 屋面板 60mm；
(2) 民用建筑楼板 60mm；
(3) 工业建筑楼板 70mm；
(4) 车行道下的楼板 80mm。
2) 双向板 80mm
3) 密肋板
(1) 肋间距小于或等于 700mm 的为 40mm；
(2) 肋间距大于 700mm 的为 50mm。
4) 悬臂板
(1) 悬臂长度小于或等于 500mm 的为 60mm；
(2) 悬臂长度大于 500mm 的为 80mm。
5) 无梁楼板 150mm

8.2.2 预制装配式钢筋混凝土楼板

1. 预制钢筋混凝土楼板概念

预制装配式钢筋混凝土楼板，简称"预制楼板"或"预制板"，是指在构件预制加工厂或施工现场外预先制作，然后运到工地现场进行安装的钢筋混凝土楼板。

目前装配式钢筋混凝土楼板应用十分广泛。它具有节约钢材和混凝土、施工速度快、安装简便、节省模板、楼层刚度大、成本低等优点，并便于机械化操作，减少了现场作业，为建筑工业化、工厂化提供了条件。

预制钢筋混凝土楼板概念.mp4

缺点：抗震性能差、防水效果差、模数有限制。预制装配式钢筋混凝土楼板，如图 8-4 所示。

2. 预制钢筋混凝土楼板分类

预制装配式钢筋混凝土楼板的长度一般与房屋的开间或进深一致，为 3M 的倍数；板的宽度一般为 1M 的倍数；板的截面尺寸须经结构计算确定。

板的类型：预制钢筋混凝土楼板有预应力和非预应力两种。施加预应力有先张法和后张法两种；预制钢筋混凝土楼板常用类型有：实心平板、槽形板、空心板三种。

图 8-4 预制装配式钢筋混凝土楼板

1) 实心平板

板的两端支承在墙或柱上，板厚一般为 50~80mm，跨度在 2.4m 左右为宜，板宽约为 500~900mm 宜用于跨度小的走廊板、楼梯平台板、阳台板、管沟盖板等处。

2) 槽型板

槽型板具有自重轻、省材料、造价低，便于开孔等优点。

3) 空心板

(1) 空心板也是一种梁板结合的预制构件，其结构计算理论与槽型板相似，两者材料消耗也相近，但空心板上下板面平整，且隔声效果优于槽型板。

(2) 非预应力空心板的长度为 2.1~4.2m，板厚有 120mm、150mm、180mm 等多种。预应力空心板可制成 4.5~6m 的长向板，板厚一般为 180mm 或 200mm，板宽有 600mm、900mm、1200mm 等。

立体效果 空心预制板.avi

8.2.3 装配整体式钢筋混凝土楼板

装配整体式钢筋混凝土楼板是将楼板中的部分构件预制安装后，再通过现浇的部分连接成整体。这种楼板的整体性较好，可节省模板，施工速度较快。

装配整体式钢筋混凝土楼板分为密肋填充块楼板和预制薄板叠合楼板，密肋填充块楼

楼地层防潮.mp4

板由板面、边框组成，其特征是：由可发性聚苯乙烯颗粒热压成矩形板面，在板面的四边设有边框，中间均布纵横相交的肋，板面带有边框及肋，使填充材料具有一定的强度，便于施工中搬运、安装。预制薄板叠合楼板是以预制的预应力或非预应力混凝土薄板为底模，板面现浇混凝土叠合层并同时配置上板面制作的负弯矩钢筋而成的装配式楼板，为保证预制薄板与现浇叠合层之间有较好的连接，可在预制薄板的上表面刻槽，或预留较规则的三角形状的结合筋，如图8-5所示，由于施工复杂，现较少使用。

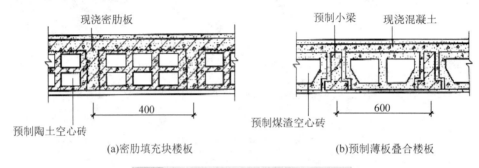

图8-5 装配整体式钢筋混凝土楼板示意图

8.3 楼地层的细部构造

8.3.1 楼地层防潮

楼地层与土层直接接触，土壤中的水分会因毛细现象作用上升引起地面受潮，严重影响室内卫生和使用。为有效防止室内受潮，避免地面因结构层受潮而破坏，需对地层做必要的防潮处理，如图8-6所示。

1. 架空式地坪

架空式地坪是将地坪底层架空，使地坪不接触土壤，形成通风间层，以改变地面的温度状况，同时带走地下潮气。

2. 保温地面

对地下水位低，地基土壤干燥的地区，可在水泥地坪以下铺设一层150mm厚1:3水泥煤渣保温层，以降低地坪温度差。在地下水位较高地区，可将保温层设在面层与混凝土结构层之间，并在保温层下铺设防水层，上铺30mm厚细石混凝土层，最后做面层。

3. 吸湿地面

吸湿地面是指采用黏土砖、大阶砖、陶土防潮砖来做地面的面层。由于这些材料中存在大量孔隙，当返潮时，面层会暂时吸收少量冷凝水，待空气湿度较小时，水分又能自动蒸发掉，因此地面不会感到有明显的潮湿现象。

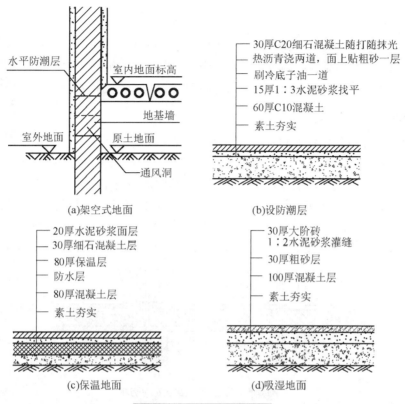

图 8-6 楼地层防潮示意图

4. 防潮地面

在地面垫层和面层之间加设防潮层的地面称为防潮地面。其一般构造为：先刷冷底子油一道，再铺设热沥青、油毡等防水材料，阻止潮气上升；也可在垫层下均匀铺设卵石、碎石或粗砂等，切断毛细水的通路。

8.3.2 楼地层防水保温

在建筑物内部，如厕所、盥洗室、淋浴间等部位，由于其使用功能的要求，往往容易积水，处理稍有不当就会出现渗水、漏水现象，因此，必须做好这些房间楼地层的排水和防水工作，如图 8-7 所示。

楼地层防水保温.mp4

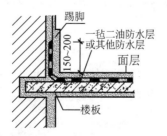

图 8-7 楼地层的防水层设置

1. 楼地面排水

为使楼地面排水畅通，需将楼地面设置一定的坡度，一般为 1%～1.5%，并在最低处设置地漏。为防止积水外溢，用水房间的地面应比相邻房间或走道的地面低 20～30mm，或在门口做 20～30mm 高的挡水门槛。

2. 楼地面防水

楼地面防水.avi

现浇混凝土楼板是楼地面防水的最佳选择，楼面面层应选择防水性能较好的材料，如防水砂浆、防水涂料、防水卷材等。对防水要求较高的房间，还需在结构层与面层之间增设一道防水层，同时，将防水层沿四周墙身上升 150～200mm。

当有竖向设备管道穿越楼板层时，应在管线周围做好防水密封处理。一般在管道周围用 C20 干硬性细石混凝土密实填充，再用沥青防水涂料做密封处理。热力管道穿越楼板时，应在穿越处埋设套管(管径比热力管道稍大)，套管高出地面约 30mm，如图 8-8 所示。

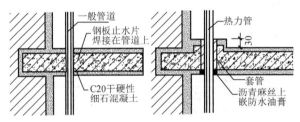

图 8-8 管道穿过楼板处的防水

8.3.3 楼地层隔声

楼地层隔声.mp4

为避免上下楼层之间的相互干扰，楼层应满足一定的隔声要求。楼层隔声的重点是隔绝固体传声，减弱固体的撞击能量，可采用以下几项措施。

1. 采用弹性面层材料

在楼层地面上铺设弹性材料，如铺设木板、地毯等，以降低楼板的振动，从而减弱固体传声。这种方法效果明显，是目前最常用的构造措施。

2. 采用弹性垫层材料

在楼板结构层与面层之间铺设片状、条状、块状的弹性垫层材料，如木丝板、甘蔗板、软木板、矿棉毡等，使面层与结构层分开，形成浮筑楼板，以减弱楼板的振动，进一步达到隔声的目的。

3. 增设吊顶

在楼层下做吊顶，利用隔绝空气声的措施来阻止声音的传播，也是一种有效的隔声措施，其隔声效果取决于吊顶的面层材料，应尽量选用密实、吸声、整体性好的材料。吊顶的挂钩宜选用弹性连接。

8.4 地坪层的构造

8.4.1 地坪层

地坪是指建筑物底层与土壤相接触的水平结构部分，承受地面上的荷载并均匀地传给地基，常见的地坪层如图 8-9 所示。

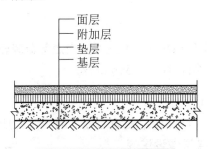

图 8-9 常见地坪层示意图

1. 面层

地坪的面层又称为地面，和楼面一样，是直接承受各种物理和化学作用的表面层，起着保护结构层和美化室内的作用。根据使用和装修要求的不同，有各种不同的做法。

2. 结构层

结构层起承重和传力作用，通常采用 C10 混凝土制成，厚度一般为 80mm 至 100mm 厚。

3. 垫层

垫层为结构层，与地基之间的找平层和填充层，主要起加强地基、帮助结构层传递荷载的作用。垫层一般就地取材，如北方可用灰土或碎石，南方多用碎砖或碎石、炉渣三合土，垫层需夯实。

4. 附加层

附加层主要是满足某些特殊使用要求而设置的一些构造层次，如防水层、防潮层、保温层、隔热层、隔声层和管道敷设层等。

5. 素土夯实层

素土夯实层是地坪的基层，也称地基。素土即为不含杂质的砂质黏土，经夯实后，才能承受垫层传下来的地面荷载。

8.4.2 实铺地层

地坪的基本组成部分有面层、垫层和基层，对有特殊要求的地坪，常在面层和垫层之间增设一些附加层。

实铺地层.mp4

1. 面层

地坪的面层又称地面，起着保护结构层和美化室内的作用，地面的做法和楼面相同。

2. 垫层

垫层是基层和面层之间的填充层，其作用是承重传力，一般采用60～100mm厚的C10混凝土垫层。垫层材料分刚性和柔性两大类：刚性垫层(混凝土、碎砖三合土等)，有足够的整体刚度，受力后不产生塑形变形，多用于整体地面和小块料地面。柔性垫层如砂、碎石、炉渣等松散材料，无整体刚度，受力后产生塑形变形，多用于块料地面。

3. 基层

基层即地基，一般为原土层或填土分层夯实。当上部荷载较大时，增设2∶8灰土100～150mm厚，或碎砖、道碴三合土100～150mm厚。

4. 附加层

附加层主要应满足某些有特殊使用要求而设置的一些构造层次，如防水层、防潮层、保温层、隔热层、隔声层和管道敷设层等。

8.4.3 空铺地层

为防止房屋底层房间受潮或满足某些特殊使用要求(如舞台、体育训练、比赛场等的地层需要有较好的弹性)将地层架空形成空铺地层，如图8-10、图8-11所示。

空铺地层.mp4　　木板空铺地层.avi

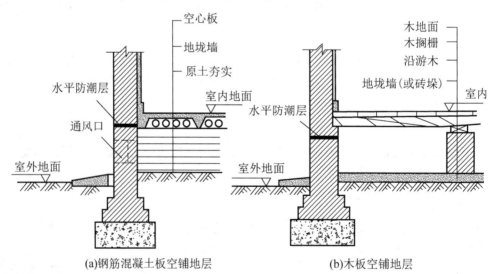

(a) 钢筋混凝土板空铺地层　　(b) 木板空铺地层

图8-10　空铺地层示意图

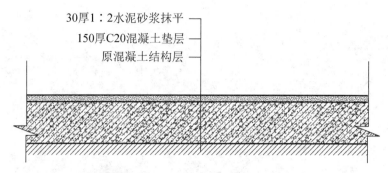

图 8-11　架空层下混凝土地坪剖面示意图

地面设计要求如下：

(1) 具有足够的坚固性。家具设备等作用下不易被磨损和破坏，且表面平整、光洁、易清洁和不起灰。

(2) 要求地面材料的导热系数小，给人以温暖适合的感觉，冬期时走在上面不致感到寒冷。

(3) 具有一定的弹性。当人们行走时不致有过硬的感觉，同时，有弹性的地面对防撞击声有利。

(4) 易清洁、经济。

(5) 满足某些特殊要求，如防水、防潮、防火、耐腐蚀。

8.5　顶　　棚

8.5.1　直接式顶棚

顶棚是建筑内部的上部界面，是室内装修的重要部位。各类顶棚的功能基本相同，但其形式根据各种不同情况有各种处理方式，顶棚的设计与选择要考虑到建筑功能、建筑声学、建筑热工、设备安装、管线敷设、维护检修、防火安全等综合因素，从大的方面讲有直接式和吊式两种顶棚。

直接式顶棚是在楼板底面直接喷浆和抹灰，或粘贴其他装饰材料，一般用于装饰性要求不高的住宅、办公楼及其他民用建筑。

直接式顶棚.mp4

直接式顶棚构造简单，构造层厚度小，可充分利用空间，装饰效果多样，用材少，施工方便，造价较低，但不能隐藏管线等设备，常用于普通建筑及室内空间高度受到限制的场所，如图 8-12 所示。

根据面层的材料，直接式顶棚通常有抹灰顶棚、涂刷顶棚、壁纸顶棚、面砖顶棚以及其他各类板材顶棚等。其基本构造由底层(抹灰)、中间层(抹灰)、面层(各种饰面材料)组成。

1. 抹灰顶棚施工

抹灰顶棚可以采用纸筋灰抹灰、石灰砂浆抹灰、水泥砂浆抹灰等。普通抹灰用于一般房间，装饰抹灰用于要求较高的房间。

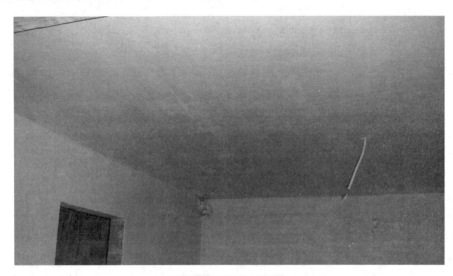

图 8-12　直接式顶棚

1) 工艺流程

找规矩、弹水平线→抹底灰、中层灰→抹面层灰→清理、验收。

2) 操作控制要点

(1) 找规矩、弹水平线：抹灰前，根据墙面 500mm 水平控制线，向上在靠近顶棚四周的位置弹线，作为顶棚抹灰水平线。

(2) 抹底灰：在顶棚湿润的情况下，先刷加入环保建筑胶素水泥浆一道，随刷随打底，厚约 5mm，用力压实，随后用刮刀刮平，并用木抹子搓毛。

(3) 抹中层灰：抹灰层厚 6mm 左右，用刮尺刮平，并用木抹子搓平。

(4) 抹面层灰：要待第二遍灰干至六七成时才进行，最后达到压实、压光的程度。

2. 涂刷顶棚施工

涂刷顶棚可以采用石灰浆、大白浆、可赛银、内墙漆等进行涂刷，目前大多采用内墙乳胶涂刷顶棚，用于一般房间。

1) 工艺流程

找规矩、弹水平线→抹底灰、中层灰→刮腻子、磨平→涂刷面层(底漆、面漆)→清理、验收。对于装饰要求不高的房间，采用石灰浆、大白浆、可赛银涂刷时，可以直接涂刷在抹灰层上。

2) 操作控制要点

(1) 找规矩、弹水平线，抹底层灰、中层灰同抹灰顶棚。

(2) 刮腻子、抹平：用钢片刮板往返刮，注意上下左右接槎，两道刮板之间要干净，不允许留浮腻子，刮腻子时要防止沾上或混进砂粒等杂物。头道腻子刮过之后，在修补过的部位应进行复查，如有问题，在塌陷部位用腻子进行复补找平，待腻子干后，用砂纸磨光、磨平、扫净。待头道腻子干燥后再刮第二遍，一般要求至少两遍成活。

(3) 涂刷面层：检查腻子表面干透、平整、光滑、无裂纹后可以进行涂刷。若采用内墙漆涂刷，应先涂刷底漆(一般一遍)，后涂刷面漆(一般两遍)。涂刷时应连续迅速操作，一次刷完。涂刷乳胶漆时应均匀，不能有漏刷、流附等现象。

底漆能有效抵抗墙体碱性物质的渗透，阻止水溶盐分的析出，防止墙壁返碱。同时，底漆良好的附着力使面层更趋平滑，令面漆更易涂刷，减少了面漆的使用量。

另外要注意，底漆与面漆最好选用同一品牌或配套的油漆，以防止底漆与面漆之间产生不良化学反应。

3. 壁纸顶棚、面砖顶棚施工

壁纸顶棚可采用墙纸、墙布、其他织物等饰面材料进行顶棚装饰，用于装饰要求较高的房间。

面砖顶棚常采用釉面砖进行装饰，用于有防潮、防腐、防霉或清洁要求较高的房间。

壁纸顶棚和面砖顶棚的施工工艺参照裱糊类墙面和贴面墙面。

【案例 8-2】 据记者从曲沃县安监局获悉，2017 年 6 月 29 日 16 时 40 分左右，曲沃县立恒公司焦化厂区内，江苏盐环实业有限公司储煤场施工工地发生一起顶棚坍塌事故。事故造成 2 人死亡、4 人受伤，其中，1 人重伤 3 人轻伤。

事故发生后，曲沃县委县政府迅疾组织有关部门前往现场开展事故调查处置及善后工作。目前，事故善后及事故原因正在加紧处置中。试分析导致顶棚坍塌原因。

8.5.2 吊挂式顶棚

吊式顶棚又名吊顶、天花板、天棚、平顶，是室内装饰工程的一个重要组成部分。吊顶具有保温、隔热、隔声和吸声作

吊挂式顶棚.mp4　　吊顶 2.avi　　吊顶 1.avi

用，又可以增加室内亮度和美观。对于设计有空调的建筑，吊顶也是节约能耗的一个根本途径，如图 8-13 所示。

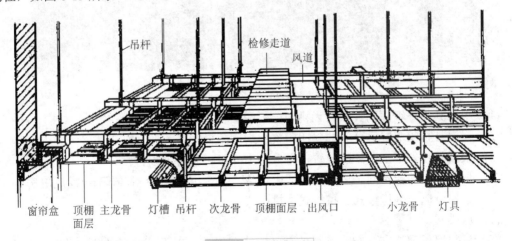

图 8-13　吊挂式顶棚

由于大部分建筑有消防、监控、空调、照明等设备，而且这些设备、管线几乎都是悬吊在顶棚面上，所以为了把它们隐藏起来，达到美观的目的，就形成了吊挂式顶棚。吊挂

式顶棚一般由三个部分组成：吊杆、骨架、面层，吊挂式顶棚需要预先在顶棚结构中埋好金属杆，然后将各种板材吊挂在金属杆上。吊挂式龙骨的主龙骨与副龙骨等龙骨连接采用挂件连接，例如大吊、中吊、小吊等。

8.6 阳台及雨篷

8.6.1 阳台的分类及构造

凹凸阳台.avi

1. 阳台的分类

阳台泛指有永久性上盖、有围护结构、有台面与房屋相连、可以活动和利用的房屋附属设施，供居住者进行室外活动、晾晒衣物等的空间，如图 8-14 所示。

图 8-14　阳台

(1) 根据其与外墙面的关系分为挑阳台、凹阳台、半挑半凹阳台；
(2) 根据其封闭情况可分为非封闭阳台和封闭阳台；
(3) 根据其在外墙上所处的位置，可分为中间阳台和转角阳台；
(4) 根据使用功能不同，可分为生活阳台(靠近卧室或客厅)和服务阳台(靠近厨房)。

阳台结构可以分为压梁式、挑板式、挑梁式。

(1) 压梁式。

阳台板与墙梁现浇在一起，墙梁的截面应比圈梁大，以保证阳台的稳定，而且阳台悬挑不宜过长，一般为 1.2m 左右，并在墙梁两端设拖梁压入墙内。

(2) 挑板式。

当楼板为现浇楼板时,可选择挑板式,悬挑长度一般为 1.2m 左右。即从楼板外延挑出平板,板底平整美观,而且阳台平面形式可做成半圆形、弧形、梯形、斜三角形等各种形状,挑板厚度不小于挑出长度的 1/12。

阳台挑板式.avi

(3) 挑梁式。

从横墙内外伸挑梁,其上搁置预制楼板,这种结构布置简单,传力直接明确,阳台长度与房间开间一致。挑梁根部截面高度 h 为 $(1/6\sim1/5)l$(l 为悬挑净长),截面宽度为 $(1/3\sim1/2)h$。为美观起见,可在挑梁端头设置面梁,既可以遮挡挑梁头,又可以承受阳台栏杆重量,还可以加强阳台的整体性。

阳台挑梁式.avi

【案例 8-3】 5 年前,位于虎门太沙路旧富民小区的一栋旧楼出现阳台垮塌事件。事件未造成人员伤亡,事后一直围蔽空置至今。近日,小区的住户表示,今年 1 月份,虎门镇政府、则徐社区居委会等部门已聘请第三方检测机构,对整个旧富民小区进行了安全质量检测,希望能尽快公示检测结果。南都记者走访发现,涉事旧楼早已无人居住,政府部门此前也已鉴定其为危房,并及时动员该栋楼宇居住人员撤离和对整栋楼宇作围闭处理。对于业主们的要求,虎门则徐社区表示检测工作已经结束,各项检测结果正按照工作流程进行公示。试分析导致事故的原因。

2. 阳台的构造

阳台由承重结构(梁、板)和栏杆(栏板)、扶手组成。

(1) 阳台的栏杆、栏板与扶手。

阳台的栏杆和栏板的作用有两个方面:一方面是承担人们推倚的侧推力;另一方面是对整个房屋有一定的装饰作用,因而栏杆和栏板的构造要求是坚固和美观。为了安全起见,栏杆和栏板的高度应高于人体的重心,一般不宜小于 1.05m,高层建筑的阳台栏杆还应加高,但不宜超过 1.2m。

栏杆的形式有空花、实体和混合式;按材料可分为砖砌、钢筋混凝土和金属栏杆。

(2) 阳台的排水。

阳台地面一般低于室内地面 30mm 以上,防止雨水倒灌室内。阳台排水有外排水和内排水两种,外排水是在阳台外侧设置泄水管将水排出,泄水管为 $\phi40$ 镀锌铁管或塑料管,外挑长度不少于 80mm,以防雨水溅到下层阳台。内排水适用于高层和高标准建筑,即在阳台内侧设置排水立管和地漏,将雨水直接排入地下管网,保证建筑物立面美观。

(3) 阳台的装修。

阳台的地面和饰面材料,应具有抵抗大气和雨水侵蚀、防止污染的性能。砖和钢筋混凝土面可抹灰,或铺贴缸砖、塑料板,镶贴大理石、金属板等,阳台的底部外缘 80~100mm 以内可用水泥砂浆抹面,并加设滴水。木扶手应涂油漆防腐,金属构、配件应做防锈处理。

3. 建筑阳台的设计要求

(1) 安全适用。

悬挑阳台的挑出长度不宜过大,应保证在荷载作用下不发生倾覆现

建筑阳台的设计要求.mp4

象，以 1.2～1.8m 为宜。低层、多层住宅阳台栏杆净高不低于 1.05m，中高层住宅阳台栏杆净高不低于 1.1m，但也不大于 1.2m。阳台栏杆形式应防坠落(垂直栏杆间净距不应大于 110mm)、防攀爬(不设水平栏杆)，以免造成恶果。放置花盆处，也应采取防坠落措施。

(2) 坚固耐久。

阳台所用材料和构造措施应经久耐用，承重结构宜采用钢筋混凝土，金属构件应做防锈处理，表面装修应注意色彩的耐久性和抗污染性。

(3) 排水顺畅。

为防止阳台上的雨水流入室内，设计时要求将阳台地面标高低于室内地面标高 60mm 左右，并将地面抹出 5‰的排水坡将水导入排水孔，使雨水能顺利排出。

阳台的设计要求还应考虑地区气候特点。南方地区宜采用有助于空气流通的空透式栏杆，而北方寒冷地区和中高层住宅应采用实体栏杆，并满足立面美观的要求，为建筑物的形象增添风采。

8.6.2 雨篷的分类及构造

雨篷是建筑出、入口处门洞上部的水平构件，可遮挡雨水、保护外门及装饰建筑。较大的雨篷常由梁、板、柱组成，其构造与楼板相同。较小的雨篷常与凸阳台一样作成悬挑构件。

雨篷的分类及构造.mp4

根据雨篷板的支承方式不同，有悬板式和梁板式两种。

1. 悬板式

悬板式雨篷外挑长度一般为 0.9～1.5m，板根部厚度不小于挑出长度的 1/12，雨篷宽度比门洞每边宽 250mm，雨篷排水方式可采用无组织排水和有组织排水两种。雨篷顶面距过梁顶面 250mm 高，板底抹灰可抹 1∶2 水泥砂浆内掺 5%防水剂的防水砂浆 15mm 厚，多用于次要出、入口，如图 8-15(a)所示。

梁板式雨篷.avi

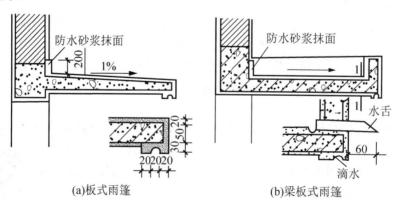

图 8-15 雨棚构造

2. 梁板式

梁板式雨篷多用在宽度较大的入口处，悬挑梁从建筑物的柱上挑出，为使板底平整，多做成倒梁式，如图 8-15(b)所示。

雨篷在构造上需解决好两个问题：一是防倾覆，保证雨篷梁上有足够的压重；二是板面上要做好排水和防水。

3. 悬挑要求

为防止倾覆，一般把雨篷板与入口门过梁浇筑在一起，形成由梁挑出的悬臂板。主要目的是保证其结构的牢固安全(防倾覆等)。

4. 防水构造

通常为了立面处理的需要，往往将雨篷处沿用砖砌出一定高度或用混凝土浇筑出一定高度。板面通常采用刚性防水层，即在雨篷顶面用防水砂浆抹面，并向排水口做出1%的坡度；当雨篷面积较大时，也可采用柔性防水。

5. 排水构造

对于挑出长度较大的雨篷，为了立面处理的需要，通常将周边梁向上翻起成侧梁式，可在雨篷外沿用砖或钢筋混凝土板制成一定高度的卷檐，雨篷的排水口可以设在前面，也可以设在两侧。雨篷上表应用防水砂浆向排水口作出1%的坡度，以便排除雨篷上部的雨水。雨篷也可采用无组织排水，在板底周边设滴水，雨篷顶面抹15mm厚 1∶2 水泥砂浆内掺5%防水剂。

本章小结

通过本章的学习同学们可以了解、学习楼板层的分类及构成、现浇钢筋混凝土楼板的流程、作用、分类、预制装配式钢筋混凝土楼板、装配整体式钢筋混凝土楼板、楼地面防潮、楼地层防水保温及楼地层隔声、实铺地层、空铺地层、直接式顶棚、吊挂式顶棚、阳台、雨篷的分类及构造等基本知识。

实训练习

一、单选题

1. 现浇水磨石地面常嵌固分格条(玻璃条、铜条等)，其目的是(　　)。
   A. 防止面层开裂　　　　　　　　B. 便于磨光
   C. 面层不起灰　　　　　　　　　D. 增添美观

2. ( )施工方便,但易结露、易起尘、导热系数大。
   A. 现浇水磨石地面　　　　　　B. 水泥地面
   C. 木地面　　　　　　　　　　D. 预制水磨石地面
3. 商店、仓库及书库等荷载较大的建筑,一般宜布置成( )楼板。
   A. 板式　　　　　　　　　　　B. 梁板式
   C. 井式　　　　　　　　　　　D. 无梁
4. 抹灰顶棚可以采用( )、石灰砂浆抹灰、水泥砂浆抹灰等。
   A. 纸筋灰抹灰　　　　　　　　B. 底层抹灰
   C. 中层抹灰　　　　　　　　　D. 面层抹灰
5. 吊顶的挂钩宜选用( )连接。
   A. 铁件　　　　　　　　　　　B. 弹性
   C. 柔性　　　　　　　　　　　D. 刚性

二、多选题

1. 钢筋混凝土楼板按结构形式分为( )。
   A. 预制装配式楼板　　B. 梁板式楼板　　C. 装配整体式楼板
   D. 井字形密肋式楼板　E. 无梁式楼板
2. 楼地层隔声的方法( )。
   A. 采用弹性面层材料　B. 采用弹性垫层材料　C. 增设吊顶
   D. 铺防水卷材　　　　E. 抹灰
3. 预制钢筋混凝土楼板常用类型有( )三种。
   A. 混凝土楼板　　　　B. 木地板　　　　　　C. 空心板
   D. 槽形板　　　　　　E. 实心平板
4. 悬吊式顶棚一般由三个部分组成( )。
   A. 吊杆　　　　　　　B. 抹灰　　　　　　　C. 骨架
   D. 面层　　　　　　　E. 铁件
5. 阳台据其与外墙面的关系分为( )。
   A. 挑阳台　　　　　　B. 凹阳台　　　　　　C. 中间阳台
   D. 转角阳台　　　　　E. 半挑半凹阳台

三、填空题

1. 楼板按其所用的材料不同,可分为_____等。
2. 钢筋混凝土楼板按施工方式不同分为_____和装配整体式楼板三种。
3. 现浇梁板式楼板布置中,主梁应沿房间的_____方向布置,次梁垂直于_____方向布置。
4. 楼地面的构造根据面层所用的材料可分为_____等。
5. 木地面的构造方式有_____和粘贴式两种。

6. 顶棚按其构造方式不同有_____两大类。

7. 阳台按其与外墙的相对位置不同分为_____和转角阳台等。

8. 吊顶主要有三个部分组成，即_____、_____、_____。

四、简答题

1. 什么叫楼地层防潮？

2. 顶棚由哪些部分构成？

3. 阳台分类有哪些？

第 8 章 楼板习题答案.pdf

实训工作单一

班级		姓名		日期	
教学项目	楼板				
任务	观察楼板的施工工艺		工具	模板、混凝土泵、脚手架	
相关知识	楼板常用质量检测				
其他要求					
工程过程记录					
评语				指导老师	

第 8 章 楼板

实训工作单二

班级		姓名		日期	
教学项目	楼板				
任务	掌握楼板常见的质量检测		楼板类型	现浇钢筋混凝土楼板	
相关知识	装配整体式钢筋混凝土楼板常见的问题				
其他要求					

工程过程记录

评语			指导老师	

第 9 章　楼梯与电梯

第 9 章 楼梯与电梯 教案.pdf

【学习目标】

- 掌握楼梯相关的基本知识
- 了解现浇式钢筋混凝土楼梯、预制装配式钢筋混凝土楼梯的区别
- 理解楼梯的踏步、栏杆、栏板与扶手构造以及楼梯的设置原则
- 了解室外台阶的设定及坡道的基本规定
- 理解电梯及自动扶梯的配置原则与构成

第 9 章 楼梯与电梯.pptx

【教学要求】

本章要点	掌握层次	相关知识点
楼梯的类型、构成及尺度	了解楼梯的类型、构成及尺度	楼梯
钢筋混凝土楼梯	1. 了解现浇钢筋混凝土楼梯的分类 2. 了解预制装配式钢筋混凝土楼梯的分类及基本组成	钢筋混凝土楼梯
楼梯的细部构造	1. 理解楼梯的踏步、栏杆、栏板与扶手构造等设置原则 2. 了解楼梯基础的相关知识	楼梯的细部构造
室外台阶与坡道	1. 了解台阶的组成、注意事项及影响因素 2. 掌握坡道的形式、尺寸及坡度	台阶、坡道
电梯与自动扶梯	1. 掌握电梯及自动扶梯的配置原则与构成 2. 掌握电梯的设计原则和电梯类型的选择、位置布置原则	电梯与自动扶梯

chapter 09 建筑识图与构造

【引子】

楼梯，就是能让人顺利地上下两个空间的通道。它必须结构设计合理，按照标准楼梯的每一级踏步应该高 15cm，宽 28cm；要求设计师对尺寸有个透彻的了解和掌握，才能使楼梯的设计行走便利，而所占空间最少。从建筑艺术和美学的角度来看，楼梯是视觉的焦点，也是彰显建筑个性的一大亮点。

9.1 楼　　梯

9.1.1 楼梯的类型

1. 根据楼梯扶手的材质分类

(1) 实木楼梯：因不能防火，木楼梯应用范围受到限制。楼梯有暗步式和明步式两种，踏步镶嵌于楼梯斜梁(又称楼梯帮)凹槽内的为暗步式；钉于斜梁三角木上的为明步式。木楼梯表面用涂料防腐。

(2) 铁艺楼梯：钢楼梯的承重构件可用型钢制作，各构件节点一般用螺栓连接、锚接或焊接，构件表面用涂料防锈。踏步和平台板宜用压花或格片钢板防滑，为减轻噪声和考虑饰面效果，可在钢踏板上铺设弹性面层或混凝土、石料等面层，也可直接在钢梁上铺设钢筋混凝土或石料踏步，这种楼梯称为组合式楼梯。

立体效果　楼梯示意图.avi　　楼梯.avi

(3) 木楼梯：楼梯的踏步是木质的。木楼梯给人以自然的特色，比较适合田园风格，让人感受到了一种大自然的亲切感。

(4) 水晶楼梯。

(5) 橡胶楼梯：楼梯踏步是橡胶的，这样的楼梯既可以防滑，又可以防静电，是很不错的楼梯选择。

2. 根据楼梯的样式不同

(1) 直上式：楼梯直通楼上，无须经过转台，无拐弯。

(2) 旋转楼梯：螺旋式楼梯通常是围绕一根单柱布置，平面呈圆形。其平台和踏步均为扇形平面，踏步内侧宽度很小，并形成较陡的坡度，行走时不安全，且构造较复杂，旋转楼梯省空间，一般来讲，旋转楼梯的洞口尺寸最小可以开到 1300mm×1300mm，或 1400mm×1100mm，现在的旋转楼梯也就是中柱旋转式楼梯，它的受力点只有一个，即中心受力。

根据楼梯的样式不同.mp4

(3) 伸缩楼梯：楼梯采用高强度冷轧碳钢，最大可承受 200kg 压力。楼梯关节采用先进铆接技术，特制不锈钢 304 铆钉铆接，铆接强度高，行走非常稳定，克服了同类产品摇晃稳定性差的弊病。

(4) 折叠楼梯：外形精致美观占用空间小，隐蔽性高，适应于别墅的顶楼储藏室和相对狭小的空间。

(5) 螺旋楼梯：盘旋而上的表现力强、占用空间小、适用于任何空间，180°螺旋形楼梯是一种能真正节省空间的楼梯建造方式，目前大多数建筑设计都采用这类楼梯。楼梯造型可以根据旋转角度的不同而变化。

(6) 转角楼梯：转角的楼梯，设计独特新颖。

(7) 圆形楼梯：楼梯的设计是圆形的，其结构紧凑，适合小空间使用。

(8) 单跑楼梯：单跑楼梯最为简单，适合于层高较低的建筑。

(9) 双跑楼梯：最为常见的楼梯形式，有双跑直上、双跑曲折、双跑对折(平行)等，一般适用于民用建筑和工业建筑。

(10) 三跑楼梯：有三折式、丁字式、分合式等，多用于公共建筑。剪刀楼梯是由一对方向相反的双跑平行梯组成。

伸缩楼梯.avi

螺旋楼梯.avi

三跑楼梯.avi

楼梯的构成.mp4

9.1.2 楼梯的构成

1. 楼梯段

每个楼梯段上的踏步数目不得超过18级，不得少于3级，如图9-1所示。

2. 楼梯平台

楼梯平台按其所处位置分为楼层平台和中间平台。

3. 栏杆(栏板)和扶手

栏杆(扶手)是设置在楼梯段和平台临空侧的围护构件，具有一定的强度和刚度，在上部还没有供人们手扶持用的扶手。扶手是设在栏杆顶部供人们上下楼梯倚扶的连续配件，如图9-1所示。

4. 将军柱

楼梯栏杆起步处的起头大柱，一般比大立柱要大一号，如图9-2所示。

图9-1 楼梯段和栏杆扶手示意图

图9-2 将军柱

5. 大立柱

栏杆转角处的，承接二根扶手或做扶手收尾的大柱子，如图9-3所示。

6. 踏板

楼梯上的下面板，一般整体上用38mm厚，水泥梯上用30mm厚，如图9-4所示。

图9-3 大立柱示意图

图9-4 踏板示意图

9.1.3 楼梯的踏步

楼梯，就是能让人顺利地上下两个空间的通道。它结构设计必须合理，按照标准，楼梯的每一级踏步应该高15cm，宽28cm；每一踏步高度约15～18cm，太高或太矮都不适应人的使用(最好选17.2～17.8cm左右)，踏步宽度为28～32cm，太宽浪费占地面积，太窄不适应人们使用(最好选29～30cm)，另外对于楼梯每一段(每一跑)也有要求，一般要求在12步以上且不超过18步。以上是对住宅楼而言，如果是大型广场、公园或公共场所，那么对踏步就另外有要求了，考虑人的休闲，踏步高宜在12～15cm左右，宽度宜在32～35cm左右。楼梯的设计要行走便利，所占空间最少。

楼梯的尺度.mp4

从建筑艺术和美学的角度来看，楼梯是视觉的焦点。一般住宅楼梯踏步宽度不应小于26cm，高度不应大于17.5cm。其他用途的楼梯踏步尺寸都有其相应的要求，根据建筑的用途(商店、幼儿园、仓库、敬老院、学校、酒店等)及消防疏散要求，各有不同。

国家建筑规定如下：

(1) 室内台阶宜为150mm×300mm；室外台阶宽宜350mm左右，高宽比不宜大于1∶2.5。

(2) 住宅公用楼梯踏步宽不应小于26cm，踏步高度不应大于17.5cm。

扶手高度不应小于0.90m，楼梯水平栏杆长度大于0.50m时，其扶手高度不应小于1.05m，楼梯栏杆垂直杆件间净空不应大于0.11m。

(3) 楼梯梯段净宽不应小于1.10m。六层及六层以下住宅，一边设有栏杆的梯段净宽不应小于1m，净空高度为2.2m。

住宅室内楼梯梯段的最小净宽于两边墙的0.9m，一边临空的为0.75m。住宅室内楼梯踏步宽不应小于0.22m，踏步高度不应小于0.20m。楼梯井净宽大于0.11m时，必须采取防止儿童攀滑的措施。

注：楼梯梯段净宽系指墙面至扶手中心之间的水平距离。

(4) 小高层楼梯的设计方案及楼梯踏步标准参考。

(5) 台阶的高宽应按台阶的坡度和人脚的大小设计尺寸。

(6) 楼梯坡度范围在20°～45°之间(不宜超过38°)，也就是1：2.75～1：1之间。

(7) 踏面的宽度应以人的脚可以全部落在踏步面上为宜，高度值也应合适，以保证楼梯有合适的坡度。

(8) 楼梯踏步的高度不宜大于210mm，并不宜小于140mm，各级踏步高度均应相同。

(9) 楼梯踏步的宽度，应采用220mm、240mm、260mm、280mm、300mm、320mm。

注：必要时可采用250mm。

楼梯踏步宽300mm，高150mm是黄金比例，属于比较适中的。但是对于公共建筑宽大于等于300mm，高为100～150mm比较适中。住宅中楼梯段宽不能小于1100mm，楼梯平台宽度不能小于1100mm。

(10) 楼梯平台净宽不应小于楼梯梯段净宽，且不得小于1.20m。楼梯平台的结构下缘至人行通道的垂直高度不应低于2m。入口处地坪与室外地面应有高差，并不应小于0.10m。

9.2 钢筋混凝土楼梯

9.2.1 现浇式钢筋混凝土楼梯

现浇钢筋混凝土楼梯是指将楼梯段、平台和平台梁现场浇筑成一个整体的楼梯，其整体性好，抗震性强。按其构造的不同又分为板式楼梯和梁式楼梯两种。

(1) 板式楼梯：是一块斜置的板，其两端支承在平台梁上，平台梁支承在砖墙上。

(2) 梁式楼梯：是指在楼梯段两侧设有斜梁，斜梁搭置在平台梁上，荷载由踏步板传给斜梁，再由斜梁传给平台。

现浇式钢筋混凝土楼梯.mp4

板式楼梯.avi

钢筋混凝土楼梯按施工方式可分为现浇式和预制装配式两类。

现浇式钢筋混凝土楼梯又称为整体式钢筋混凝土楼梯，是在施工现场支模，绑扎钢筋并浇筑混凝土而成的。这种楼梯整体性好，刚度大，对抗震较有利，但施工速度慢，模板耗费多。

梁式楼梯.avi

【案例9-1】某商厦建筑面积为2688m^2，为钢筋混凝土框架结构，地上5层，地下2层，由市建筑设计院设计，江北区建筑工程公司施工。1997年5月9日开工。在主体结构施工到地上2层时，柱混凝土施工完毕，为使楼梯能跟上主体施工进度，施工单位在地下室楼梯未施工的情况下，直接支模施工第一层楼梯的混凝土。支模方法是在±0.00m处的地下室楼梯间侧壁混凝土墙板上放置四块预应力混凝土空心楼板，在楼板上面进行一楼楼梯支模。9月7日中午开始浇筑一层楼梯的混凝土，当混凝土浇筑即将完工时，楼梯整体突然坍塌，致使现场 7 名工作人员坠落并被砸入地下室楼梯间内，造成 4 人死亡，3 人轻伤，直接经济损失 10.5 万元的重大事故。事后经调查发现，第一层楼梯混凝土浇筑的技术交底和安全交底均为施工单位为逃避责任而后补的。

(1) 板式楼梯。

板式楼梯是将楼梯当作一块板考虑，板的两端支撑在休息平台的边梁上，休息平台的边梁支撑在墙上，如图 9-5 所示。板式楼梯的结构简单、板底平整、施工方便。当板式楼梯的水平投影长度≤3m 时比较经济。

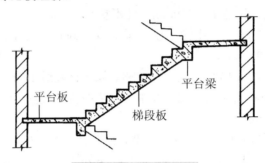

图 9-5　板式楼梯示意图

(2) 梁板式楼梯。

梁板式楼梯是将踏步板支撑在斜梁上，斜梁支撑在平台梁上，平台梁再支撑在墙上，如图 9-6 所示。斜梁可放在踏步板的上面、下面或侧面。斜梁在踏步板上面时，可阻止垃圾、灰尘从梯井落下，且板底面平整，便于粉刷和打扫，缺点是梁占梯段的尺寸；斜梁在踏步板下面时，板底不平整，抹灰比较费时；斜梁在侧面时，踏步板在梁的中间，踏步板可做成三角形或折板形。

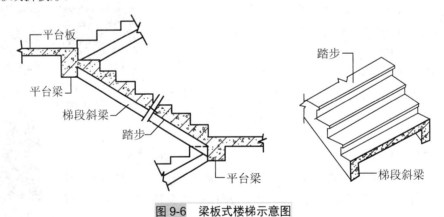

图 9-6　梁板式楼梯示意图

9.2.2 预制装配式钢筋混凝土楼梯

预制装配式钢筋混凝土楼梯中楼梯的各部分构件是在预制厂预制，运入现场组装，与现浇钢筋混凝土楼梯相比，预制钢筋混凝土楼梯施工进度快、受气候影响较小、构件生产工厂化、质量较易保证，但是施工时需要

预制装配式钢筋混凝土楼梯.mp4

配套的起重设备，投资多。因为建筑的层高、楼梯间的开间、进深及建筑的功能等都影响着楼梯的尺寸，而且楼梯的平面形式也是多种多样，因此，目前除了成片建设的大量性建筑(如住宅小区)外，建筑中较多采用的是现浇钢筋混凝土楼梯。

预制装配式楼梯根据生产、运输、吊装和建筑体系的不同，有不同的构造形式。根据组成楼梯的构件尺寸及装配的程度，一般可分为小型构件装配式和中、大型构件装配式两大类。

1. 小型构件装配式钢筋混凝土楼梯

小型构件装配式钢筋混凝土楼梯的主要特点是构件小而轻，易制作，但施工繁而慢，湿作业多，耗费人力，适用于施工条件较差的地区。

1) 构件类型

小型构件装配式钢筋混凝土楼梯的预制构件，主要有钢筋混凝土预制踏步、平台板、支撑结构。

2) 支撑方式

预制踏步的支撑方式有墙承式、悬臂踏步式、梁承式三种。

(1) 墙承式。

预制装配墙承式钢筋混凝土楼梯是指预制钢筋混凝土踏步板直接搁置在墙上的一种楼梯形式，其踏步板一般采用一字形、L形断面，如图9-7所示。这种楼梯由于在梯段之间有墙，搬运家具不方便，也阻挡视线，上下人流易相撞，通常在中间墙上开设观察口，以使上下人流视线流通。也可将中间墙两端靠平台部分局部收进，以使空间通透，有利于改善视线和搬运家具物品。但这种方式不利于抗震，施工也较麻烦。

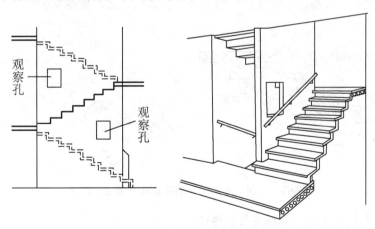

图9-7　预制装配墙承式钢筋混凝土楼梯示意图

(2) 悬臂踏步式。

预制装配悬臂踏步式钢筋混凝土楼梯是指预制钢筋混凝土踏步板一端嵌固于楼梯间侧墙上，另一端凌空悬挑的楼梯形式，如图9-8所示。

预制装配悬臂踏步式钢筋混凝土楼梯用于嵌固踏步板的墙体厚度不应小于240mm，踏步板悬挑长度一般≤1800mm。踏步板一般采用L形带肋断面形式，其入墙嵌固端一般做成矩形断面，嵌入深度为240mm。一般

悬臂踏步.avi

情况下，没有特殊的冲击荷载，悬臂踏步式钢筋混凝土楼梯还是安全可靠的，但不适宜在 7 度以上的地震区建立。

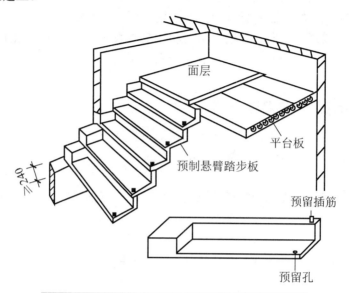

图 9-8　预制装配悬臂踏步式钢筋混凝土楼梯示意图

（3）梁承式。

预制装配梁承式钢筋混凝土楼梯是指将预制踏步搁置在斜梁上形成梯段，梯段斜梁搁置在平台梁上，平台梁搁置在两边墙或梁上；楼梯休息平台可用空心板或槽形板搁在两边墙上或用小型的平台板搁在平台梁和纵墙上的一种楼梯形式，如图 9-9 所示。

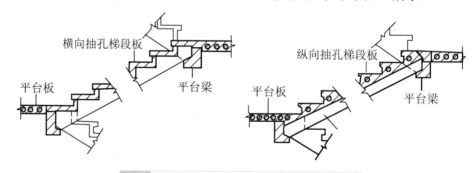

图 9-9　预制装配梁承式钢筋混凝土楼梯示意图

2. 大、中型构件装配式钢筋混凝土楼梯

构件从小型改为大、中型可以减少预制构件的品种和梳理，利于吊装工具进行安装，从而简化施工，加快速度，减轻劳动强度。

（1）大型构件装配式钢筋混凝土楼梯。

大型构件装配式钢筋混凝土楼梯是将楼梯梁平台预制成一个构件，断面可做成板式或空心板式、双梁槽板式或单梁式。这种楼梯主要用于工业化程度高及专用体系的大型装配式建筑中，或用于建筑平面设计和结构布置有特别需要的场所。

(2) 中型构件装配式钢筋混凝土楼梯。

中型构件装配式钢筋混凝土楼梯一般以楼梯段和平台各作一个构件装配而成。

3. 平台板

平台板可用一般楼板，另设平台梁。这种做法增加了构件的类型和吊装的次数，但平台的宽度变化灵活。平台板也可和平台梁结合成一个构件，一般采用槽形板，为了地面平整，也可用空心板，但厚度需较大，现较少采用。

4. 梯段

梯段有板式和梁板式两种。板式梯段有实心和空心之分，实心板自重较大；空心板可纵向或横向抽孔，纵向抽孔厚度较大，横向抽孔孔型可以是圆形或三角形。

9.3 楼梯的细部构造

9.3.1 踏步

建筑物中，楼梯的踏面最容易受到磨损，从而影响行走和美观，因此踏面应光洁、耐磨、防滑、便于清洗，同时要有一定的装饰性。楼梯踏面的材料一般视装修要求而定，常与门厅或走道的地面材料一致，常用的有水泥砂浆、水磨石等，也可采用铺缸砖、贴油地毡或铺大理石板。前两种多用于一般工业与民用建筑中，后几种多用于有特殊要求或较高级的公共建筑中。

踏步.mp4

为了防止行人在行走时滑倒，踏步表面应采取防滑和耐磨措施，通常是在距踏步面层前缘 40～50mm 的位置设置防滑条。防滑条的材料可用铁屑水泥、金刚砂、塑料条、橡胶条、金属条、马赛克等。最简单的做法是做踏步面层时，在靠近踏步面层前缘 40mm 处留两三道凹槽，也可以采用耐磨防滑材料，如缸砖、铸铁等做防滑包口，既能防滑又能起到保护作用，如图 9-10 所示。标准比较高的建筑，也可以铺地毯、防滑塑料或用橡胶贴面。防滑条或防滑凹槽长度一般按踏步长度每边减去 150mm。

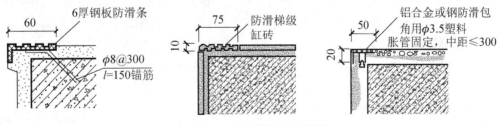

图 9-10　楼梯踏步的防滑处理

9.3.2 栏杆、栏板与扶手

楼梯的栏杆、栏板和扶手是梯段上所设置的安全设施，根据梯段的宽度设于一侧或两侧或梯段中间，应满足安全、坚固、美观、舒适、构造简单、施工维修方便等要求。

栏板.mp4

（1）空心栏杆多采用方钢、圆钢、钢管或扁钢等材料，可焊接或铆接成各种图案，既起防护作用，又起装饰作用，空心栏杆的常见形式，如图 9-11 所示。

（2）实心栏板的材料有混凝土、砌体、钢丝网水泥、有机玻璃、装饰板等。

（3）近年还流行一种将空花栏杆与实体栏板组合而成的组合式栏杆，空花部分多用金属材料如钢材或不锈钢等材料制成，作为主要的抗侧力构件。栏板部分常采用轻质美观的材料，如木板、塑料贴面板、铝板、有机玻璃、钢化玻璃等。两者共同组成组合式栏杆，如图 9-12 所示。

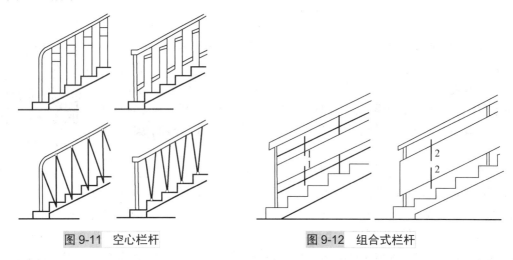

图 9-11　空心栏杆　　　　图 9-12　组合式栏杆

栏板的表面应光滑平整，便于清洗。栏板是用实体材料制作的，常用的材料有加设钢筋网的砖砌体、钢筋混凝土、木材、玻璃等。砖砌栏板是用普通砖侧砌，厚度为 60mm，栏板外侧用钢筋网加固，再用钢筋混凝土扶手与栏板连成整体。钢筋混凝土栏板有预制和现浇两种，通常多采用现浇处理，经支模、绑扎钢筋后与楼梯段整浇而成，比砖砌体栏板牢固、安全、耐久，但是栏板厚度和自重较大。也可以预埋钢板将预制钢筋混凝土栏板与楼梯段焊接。

楼梯扶手按材料分有木扶手、金属扶手、塑料扶手等，以构造分有漏空栏杆扶手、栏板扶手和靠墙扶手等。木扶手、塑料扶手藉木螺丝通过扁铁与漏空栏杆连接；金属扶手则通过焊接或螺钉连接；靠墙扶手则由预埋铁脚的扁钢藉木螺丝来固定。栏板上的扶手多采用抹水泥砂浆或水磨石粉面的处理方式。

9.3.3 楼梯的基础

楼梯的基础简称梯基。梯基的做法有两种：一是楼梯直接设砖、石或混凝土基础；另一种是楼梯支承在钢筋混凝土地基梁上。

一般楼梯起步的基础包括在地梁的设计中，也就是说楼梯起步基础就是梁，一般为500mm的梁ϕ12mm～ϕ18mm的螺纹钢；特殊情况做独立楼梯时，会在起步正负零下做一条梁。一般情况下，楼梯不必单独设置基础。无论是砖混或框架结构的房屋，只要有楼梯，其必然与建筑物的基础相互连接，比如地圈梁，柱基础等。

9.4 室外台阶与坡道

9.4.1 台阶

1. 室外台阶组成

室外台阶与坡道是设在建筑物出入口的辅助配件，用来解决建筑物室内外的高差问题。一般建筑物多采用台阶，当有车辆通行或室内外底面高差较小时，可采用坡道。

室外台阶由平台和踏步组成，平台面应比门洞口每边宽出500mm左右，并比室内地坪低20～50mm，向外做出约1%的排水坡度。台阶踏步所形成的坡度应比楼梯平缓，一般踏步的宽度不小于300mm，高度不大于150mm。当室内外高差超过700mm并侧面临空时，应在台阶临空一侧设置围护栏杆或栏板。

2. 注意事项

台阶应在建筑主体工程完成后再进行施工，并与主体结构之间留出约10mm的沉降缝。台阶的构造与地面相似，由面层、垫层、基层等组成。面层应采用水泥砂浆、混凝土、地砖、天然石材等耐气候作用的材料。

3. 影响因素

在北方地区，室外台阶应考虑抗冻要求，面层选择抗冻、防滑的材料，并在垫层下设置非冻胀层或采用钢筋混凝土架空台阶。

台阶应当与建筑的级别、功能及周围的环境相适应。较常见的台阶形式有：单面踏步、两面踏步、三面踏步以及单面踏步带花池(花台)等，如图9-13所示。

台阶的地基由于在主体施工时，多数已被破坏，一般是做在回填土上，为避免沉陷和寒冷地区的土壤冻胀影响，有以下几种处理方式：

(1) 架空式台阶：将台阶支承在梁上或地垄墙上。

(2) 分离式台阶：台阶单独设置，如支承在独立的地垄墙上。寒冷地区，如台阶下为冻胀土，应当用砂类、砾石类土换去冻胀土，然后再做台阶。单独设立的台阶必须与主体分离，中间设沉降缝，以保证相互间的自由沉降。

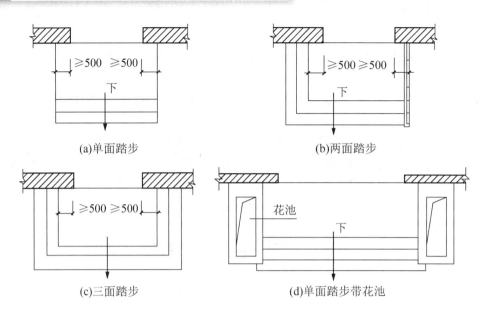

图 9-13　台阶的形式

4. 台阶设置应符合的规定

（1）公共建筑室内外台阶踏步宽度不宜小于 0.3m，踏步高度不宜大于 0.15m，且不宜小于 0.1m，踏步应防滑。室内台阶踏步数不应少于 2 级，当高差不足 2 级时，应按坡道设置。

（2）人流密集的场所台阶高度超过 0.70m 并侧面临空时，应有防护设施。

台阶设置应符合下列规定.mp4

9.4.2　坡道

1. 坡道作用

坡道主要是为车辆及残疾人进出建筑而设置。

2. 坡道形式

坡道按用途的不同，可以分为行车坡道和轮椅坡道两类。

（1）行车坡道：分为普通行车坡道与回车坡道两种。行车坡道布置在有车辆进出的建筑入口处，如车库等，如图 9-14 所示。回车坡道与台阶踏步组合在一起，布置在某些大型公共建筑的入口处，如办公楼、医院等。

（2）轮椅坡道：专供残疾人使用，又称为无障碍坡道，如图 9-15 所示。

行车坡道.avi

行车坡道示意图.avi

轮椅坡道.avi

第9章 楼梯与电梯

图9-14 行车坡道示意图

图9-15 轮椅坡道示意图

3. 坡道尺寸宽度

普通行车坡道的宽度应大于所连通的门洞宽度，一般每边至少≥500mm。回车坡道的宽度与坡道半径及车辆规格有关，不同位置的坡道坡度和宽度应符合表9-1的规定。供残疾人使用的轮椅坡道宽度不应小于0.9m。当坡道的高度和长度超过表9-2的规定时，应在坡道中部设休息平台，其深度不小于1.20m；坡道在转弯处应设休息平台，其深度不小于1.50m。无障碍坡道，在坡道的起点和终点，应留有深度不小于1.50m的轮椅缓冲地带。坡道两侧应设置扶手，且与休息平台的扶手保持连贯。坡道侧面凌空时，在栏杆扶手下端宜设高度不小于50mm的坡道安全挡台。

坡道尺寸宽度.mp4

4. 坡度

普通行车坡道的坡度与建筑的室内外高差和坡道的面层处理方法有关。室内坡道的坡度应不大于1∶8；室外坡道的坡度应不大于1∶10；供残疾人使用的轮椅坡道的坡度不宜大于1∶12，每段坡道的坡度、允许最大高度和水平长度应符合表9-2的规定。

表9-1 不同位置的坡道坡度和宽度

坡道位置	最大坡度	最小宽度/m
有台阶的建筑物入口	1∶12	1.20
只设坡道的建筑入口	1∶20	1.50
室内走道	1∶12	1.00
室外通路	1∶20	1.50
困难地段	1∶10～1∶8	1.20

表9-2 每段坡道的坡度、最大高度和水平长度

坡道坡度(高/长)	1∶8	1∶10	1∶12	1∶16	1∶20
每段坡道允许高度/m	0.35	0.60	0.75	1.00	1.50
每段坡道允许水平长度/m	2.80	6.00	9.00	16.00	30.00

5. 坡道构造

坡道的构造与台阶基本相同，一般采用实铺，垫层的强度和厚度应根据坡道的长度及上部荷载大小进行选择。严寒地区垫层下部设置砂垫层。

坡道设置应符合的规定：

(1) 室内坡道坡度不宜大于1∶8，室外坡道坡度不宜大于1∶10；

(2) 室内坡道水平投影长度超过15m时，宜设休息平台，平台宽度应根据使用功能或设备尺寸缓冲空间而定；

(3) 供轮椅使用的坡道不应大于1∶12，困难地段不应大于1∶8；

(4) 自行车推行坡道每段长不宜超过6m，坡度不宜大于1∶5；

(5) 坡道应采取防滑措施。

9.5 电梯与自动扶梯

9.5.1 电梯的配置原则与构成

电梯.avi.

1. 电梯的概念及选型配置

电梯是建筑物的垂直交通工具，其选型配置的优劣关系到整个建筑的合理利用，特别是对高层现代化建筑。优良的选型配置意味着乘客和货物在大楼内快捷、便利、安全地流通，意味着增加的建筑面积利用率、节省设备和能源进而降低成本。因此在建筑设计阶段，建筑师、电梯工程师和业主就应紧密配合选择合理的电梯，让电梯真正成为建筑物这曲凝固音乐跳动的和谐的音符。

电梯选型配置时应认真了解建筑物的自身情况和使用环境，包括建筑物的用途、规模、高度、客货流量等。比如在作电梯交通分析时需要了解以下内容：

(1) 建筑物用途，分办公楼、住宅、旅馆、百货商场、医院、图书馆、车站等，还有多功能、多用途的综合建筑，如智能大厦。即使是办公楼，也有公司专用楼、准专用楼、分区出租楼、分层出租楼之分；

(2) 楼层数、楼层高度、电梯的提升高度；

(3) 大楼的人数及在各层的分布情况；

(4) 各层的有效使用面积及其用途，如会议室、餐厅、售货店、办公室等；

(5) 每人使用的地板面积；

(6) 大楼周围或地下有无交通车站、地下街道等。

选型配置过程中应考虑的因素很多，为了方便，我们应该以影响电梯输送效率的因素为主线并兼顾其他相关因素进行讨论。

2. 电梯一般配置原则

(1) 住宅：60~90户设一台。30层左右高层住宅，一般设3台电梯。

(2) 写字楼：3000m² 至 5000m² 设一台。

(3) 酒店宾馆：100 间客房设一台。

电梯的合理配置数量可根据下述内容进行结算。

(1) 高层办公楼按每 3000～5000m² 一部客梯进行估算，而服务梯(货梯，消防梯)按客梯数的 1/3～1/4 进行估算。

(2) 高层旅馆电梯数量估算一般取决于客房的数量，常按每 100 间标准间一部客梯进行估算，服务梯数按客梯总数的 30%～40%进行估算。

高层住宅：18 层以下的高层住宅或每层不超过 6 户的 19 层以上的住宅设 2 部电梯，其中一部兼做消防电梯，18 层以上(高度 100m 以内)每层 8 户和 8 户以上的住宅设 3 部电梯，其中一部兼做消防电梯。

3. 下列建筑应设电梯

(1) 住宅七层及以上(包括底层为商店或架空层)，或者最高住户入口层楼面距室外地面高度超过 16m 时；

(2) 六层及六层以上的办公建筑；

(3) 四层及以上的医疗建筑和老年人建筑、图书馆建筑、档案馆建筑；

(4) 宿舍最高居住层楼面距入口层地面高度超过 20m；

(5) 一二级旅馆三层及以上、三级旅馆四层及以上、四级旅馆六层及以上、五六级旅馆七层及以上；

(6) 高层建筑。

下列建筑应设电梯.mp4

4. 电梯设计的一般要求

【案例 9-2】 方圆创世大厦消防电梯 DT9，现场底坑尺寸比电梯小，电梯无法正常安装，请结合上下文，分析出现这种情况的原因。

(1) 电梯应尽可能地集中在一个区域内布置，以达到乘客对电梯的均匀化分布。电梯厅的位置应与主要通行线相邻并容易找到。

(2) 电梯厅附近宜设置楼梯，以备不乘电梯时就近上下楼梯，但电梯井不可被楼梯环绕。

(3) 单侧并列成排的电梯不宜超过 4 台，双侧排列的电梯不宜超过 8 台(4 台×2)。电梯不应在转角处紧邻布置。

(4) 成组的候梯厅应紧凑布置，以便迅速搭乘到达的空梯。

【案例 9-3】 南仓西里项目，2008 年 12 月 28 号日公司初始设计所提资料，电梯按建筑面平面布置设计，10 年 8 月 27 号所提电梯资料，底坑深度，顶层提升高度大量调整，造成大量修改，请结合上下文，分析电梯设计时需注意哪些问题。

5. 电梯类型的选择

每种类型的电梯都有其功能配置要求和适用场合，对其合理地选择是保证大楼高效交通的基础。

(1) 电梯按用途分为乘客电梯、载货电梯、客货电梯、病床电梯、住宅电梯、杂物电梯、观光电梯、船用电梯、汽车电梯、建筑施工电梯等。还有一些特殊用途的电梯如：防爆电梯、冷库电梯、家用电梯、残疾人电梯、矿井电梯、电站电梯、消防电梯等。比如观光电梯可以安装在室内或室外，外形有圆形、棱形等多种，乘客可以透过玻璃观赏外景。再如残疾人电梯，它有普通残疾人客梯、轮椅平台电梯和楼梯升降椅等种类，其特点是轿厢尺寸、开门宽度、操纵盘等应适合乘轮椅的乘客或盲人进出和操作，一般还要设置语音报站和故障声音报警等功能。轮椅兼用的自动扶梯有几个相邻梯级可以联动形成支持轮椅的平台。

(2) 电梯按驱动方式分为曳引驱动电梯、液压电梯、直线电机驱动电梯、齿轮齿条驱动电梯、卷筒驱动电梯、螺杆式电梯、斜行电梯等。电梯按曳引机有无齿轮减速分为有齿轮驱动(包括V型带驱动)和无齿轮驱动等。曳引驱动电梯又分为交流电梯和直流电梯。

① 交流电梯经历了交流单速、交流双速、调压调速、变频调速等发展阶段，最终变频调速电梯以其良好的调速性能和舒适感、节能、驱动设备小、噪声低、平层精度高、可靠性高、电路负载低而成为当今主流电梯产品。

② 直流电梯具有调速性能好、调速范围大等优点，但需要直流电源且电机维护难，如今常用于无齿轮驱动的2.00m/s以上速度的电梯。

③ 液压电梯具有井道结构强度要求低、井道利用率高、提升载荷大、运行平稳、安全可靠、机房布置灵活等特点，常用于提升高度低于30m，速度低于1.00m/s的电梯，特别适合于一些旧楼增设电梯的场合。液压电梯在欧美的使用量很大，但是因其能耗高、泵站噪声大(采用浸油式泵站可以降低噪声)、运行状态易受油温影响、需处理油管安全与泄漏问题等近来受到了无机房电梯的挑战。

④ 直线电机驱动电梯利用直线电机原理，一般线圈装在整个井道，轿厢或对重装有永磁材料，采用光控技术或无线电波控制，适用于未来1000m高的超高层建筑。

⑤ 斜行电梯的轿厢在倾斜的井道中沿导轨运行，是集观光和运输于一体的坡道交通工具，行程可以超过200m。但为了安全其最高速度极限为4.00m/s，最大减速度极限为0.5g。

⑥ 自动扶梯与电梯相比输送能力强；可有效使用建筑空间；层与层之间可连续输送乘客；适用于人流集中的公共场所，如大型商场、车站、机场、剧院、码头等。

自动扶梯按其结构特点分为标准型、苗条型、加重型。苗条型适用于客流量不太大且需要节省空间的场合，加重型适用于大客流量的公共交通。按提升高度分为小提升高度、中提升高度、大提升高度自动扶梯。按驱动装置的位置分为端部驱动式(或称链条式)和中间驱动式(或称齿条式)，后者可以装设多组驱动装置，应用于大提升高度自动扶梯。按驱动控制方式分为常速型和变频调速型，后者可以通过传感器在无人乘坐时实现低速运行或停止运行，乘客到来时自动恢复到额定速度，以节省能源和延长设备寿命。按电梯路线分为直线型、多坡度型、螺旋型。多坡度型一般中间设有水平段，在大提升高度时可降低乘客对高度的恐惧感，并能与大楼土建楼梯协调配置。螺旋型可以节省建筑空间，具有装饰艺术效果。

(3) 电梯按操纵控制方式分为手柄开关操纵、按钮控制、信号控制、集选控制、并联控制、群控等，如今发展到单梯集选控制和多梯的智能群控。电梯按机房位置分为上机房、下机房、侧机房和无机房(曳引系统和控制柜置于井道中)等。

6. 电梯位置布置原则

(1) 电梯是人员出入大楼经常使用的工具，因此要设置在进入大楼的人容易看到且离出入口近的地方。一般可以将电梯对着正门或大厅出入口并列布置(但对于超高层建筑为避免井道风的作用应阻止正门进入的风直接吹向层门)；也可将电梯布置在正门或大厅通路的旁侧或两侧。为了防止靠近正门或大厅入口的电梯利用率高，较远的利用率低可将电梯群控，或将单梯分服务层设置。

(2) 百货商场的电梯最好集中布置在售货大厅或一端容易看到的地方，当有自动扶梯设置时综合考虑决定二者位置，而工作人员和运货用的电梯应设置在顾客不易见到的地方。

(3) 为便于梯组的群控，大楼内的电梯应集中布置，而不要分散布置(消防电梯可除外)。对于电梯较多的大型综合楼，可以根据楼层的用途、出入口数量和客货流动路线分散布置成电梯组。同组群控的电梯服务楼层一般要一致。

(4) 同组群控的电梯相互距离不要太大，否则增加了候梯厅乘客的步行距离，乘客还未到达轿厢就出发了。因此直线并列的电梯不应超过 4 台；5~8 台电梯一般排成 2 排，厅门面对面布置；8 台以上电梯一般排成"凹"形分组布置。呼梯按钮不要远离轿厢。候梯厅深度应参照 GB/T 7025.1—1997 第 8 章的要求。

(5) 为了使乘客方便，大楼主要通道应有指引候梯厅位置的指示牌；候梯厅内、电梯与电梯之间不要有柱子等突出物；应避免轿厢出入口缩进；不同服务层的 2 组电梯布置在一起时，应在候梯厅入口和候梯厅内标明各自服务楼层，以防乘错造成干扰；群控梯组除首层可设轿厢位置显示器外，其余各候梯厅不要设置，否则易引起乘客误解。

(6) 若大楼出入口设在上下相邻的两层(如地下有停车场、地铁口、商店等)，则电梯基站一般设在上层，不设地下服务层，两层间使用自动扶梯，以保证电梯运输效率。对于地下入口交通量很少时可设单梯通往地下，或在候梯厅加地下专用按钮。

(7) 对于超高层建筑，电梯一般集中布置在大楼中央，采用分层区或分层段的方法。候梯厅要避开大楼主通路，设在凹进部位以免影响主通路的人员流动。

(8) 医院的乘客电梯和病床电梯应分开布置，有助于保持医疗通道畅通，提高输送效率。

(9) 对于旅馆和住宅楼，应使电梯的井道和机房远离住室(如井道旁是楼梯或非住室)，避免噪声干扰住户，必要时考虑采用隔声材料隔声。

(10) 电梯的位置布置应与大楼的结构布置相协调。

(11) 候梯厅的结构布置应便于层门的防火。

9.5.2 自动扶梯的配置原则与构成

自动扶梯.avi

1. 自动扶梯的概念

自动扶梯是指带有循环运动梯级，向上或向下倾斜输送乘客的固定电力输送设备。1899 年诞生了世界上第 1 台梯级式木制扶梯，历经 100 多年的发展，自动扶梯已经成为商业建筑、车站、机场、地铁等客流量较大场所必备的输送设备。自动人行道的原理与自动扶梯相似，可以用来运输购物小车以及拉杆箱包等，在超市、机场等场所应用比较多。相比电梯，自动扶梯的输送能力是电梯的十几倍，特别适合在短距离内输送较大客流。自动扶梯的运输能力包括理论输送能力与实际输送能力，实际输送能力根据理论输送能力统计计算得出。

自动扶梯的布置形式对于单列有连续线型、连续型、重叠型；对于复列有并列型、平行连续型、十字交叉型。

2. 自动扶梯选择依据

自动扶梯的数量要满足两个选择依据：

(1) 满足运输能力；

(2) 乘客搭乘舒适度。关于运输能力，应考虑通道宽度在单位时间内的人流量，按照通道在最拥挤程度下最大的客流来选择。关于乘客搭乘舒适度，应充分考虑建筑的面积、形状，一般来说一部自动扶梯的服务半径不宜超过 50m。

3. 自动扶梯的位置设置、配置排列的方式

1) 自动扶梯的位置设置原则

(1) 应设置在商业建筑内显眼的位置，如靠近入口处，避免设置在建筑物的角落。

(2) 自动扶梯的设置方向宜与人流动方向一致，也就是与主通道的方向一致，尽量避免交叉交错，造成人员碰撞。

自动扶梯的位置设置应遵循以下原则.mp4

(3) 自动扶梯的设置位置宜在建筑物的中心，有利于乘客的疏导；在考虑设置位置时，要充分考虑乘客搭乘舒适度，自动扶梯的服务半径不宜超过 50m。

2) 自动扶梯的配置排列

自动扶梯的配置排列主要有 4 种。

(1) 单台平行排列和双台平行排列。这种排列方式需要乘客在楼层内走一段行程才能坐下一排自动扶梯上下楼层，层间运输不连续。

(2) 单台连贯排列和多台连贯排列。这种布置方式一般用在高度较大的提升场所，可以分段运行。

(3) 单台交叉排列和双台交叉排列。与单台平行排列和双台平行排列相反，乘客不需要在楼层内多走，即可上下到目标楼层，层间运输连续，但占用建筑面积较大。

(4) 双台集中交叉排列，也称交叉连续排列。这种布置方式相对于双台交叉排列节约了建筑的空间，缺点是顾客在乘坐自动扶梯时，对商场部分位置的视野不佳。该种排列方式目前在一些较大的商场中应用比较多。

对于商业建筑，选择单台平行排列和双台平行排列与双台集中交叉排列，这两种排列配置方式比较多。但值得注意的是，如果选择单台排列方式的自动扶梯，应该在附近设置相配的楼梯。

第9章 楼梯与电梯

本章小结

通过本章的学习我们主要学习楼梯的类型、构成及尺度等楼梯基本知识，了解现浇式钢筋混凝土楼梯、预制装配式钢筋混凝土楼梯、楼梯的踏步、栏杆、栏板与扶手构造以及楼梯的基础、室外台阶的设定及坡道的基本规定、电梯及自动扶梯的配置原则与构成等基础知识。

实训练习

一、选择题

1. 楼梯踏步的踏面宽 b 及踢面高 h，参考经验公式( )。
   A. $b+2h=600\sim630mm$
   B. $2b+h=600\sim630mm$
   C. $b+2h=580\sim620mm$
   D. $2b+h=580\sim620mm$
2. 在楼梯形式中，不宜用于疏散楼梯的是( )。
   A. 直跑楼梯
   B. 两跑楼梯
   C. 剪刀楼梯
   D. 螺旋型楼梯
3. 楼梯的净空高度在平台处通常应大于( )。
   A. 1.8m
   B. 1.9m
   C. 2.0m
   D. 2.1m
4. 民用建筑中，楼梯踏步的高度 h、宽度 b，有经验公式 $2h+b=$ ( )mm。
   A. 450～500
   B. 500～550
   C. 600～620
   D. 800～900
5. 室外楼梯踏步的宽度不小于( )mm。
   A. 300
   B. 400
   C. 200
   D. 350

二、多选题

1. 根据楼梯样式的不同楼梯可分为( )。
   A. 直上式
   B. 旋转楼梯
   C. 伸缩楼梯
   D. 折叠楼梯
   E. 螺旋楼梯
2. 楼梯的组成( )。
   A. 楼梯段
   B. 楼梯平台
   C. 栏杆(栏板)
   D. 扶手
   E. 楼梯净高
3. 电梯分类一般按照( )。
   A. 用途
   B. 并联控制
   C. 拖动方式
   D. 控制方式
   E. 速度
4. 导轨导向的组成( )。
   A. 轿厢
   B. 导轨
   C. 平衡重
   D. 牛腿
   E. 支架

5. 电梯重量平衡系统由(　　)。
   A. 轿厢　　　　　　　B. 对重　　　　　　　C. 曳引绳
   D. 补偿装置　　　　　E. 牛腿

三、填空题

1. 楼梯主要由_____、_____、_____三部分组成。
2. 每个楼梯段的踏步数量一般不应超过_____级，也不应少于_____级。
3. 钢筋混凝土楼梯按施工方式不同，主要有_____和_____两类。
4. 现浇钢筋混凝土楼梯按梯段的结构形式不同，有_____和_____两种类型。
5. 栏杆与梯段的连接方法主要有_____、_____和_____等。
6. 栏杆扶手在平行楼梯的平台转弯处最常用的处理方法是_____。
7. 通常室外台阶的踏步高度为_____，宽度为_____。

四、简答题

1. 简述电梯一般配置原则。
2. 简述什么是踏步。
3. 简述室外台阶组成。

第 9 章 楼梯与电梯习题答案.pdf

第 9 章 楼梯与电梯

实训工作单一

班级		姓名		日期	
教学项目	楼梯构造				
任　务	了解楼梯构造检测		楼梯类型	铁艺楼梯	
相关知识	1. 掌握楼梯的构成。 2. 了解楼梯的结构宽度应该如何选择。				
其他要求					
工作过程记录					
评语			指导老师		

实训工作单二

班级		姓名		日期	
教学项目		楼梯的构造			
任务	了解楼梯的构造检测		楼梯的类型	1. 铁艺楼梯 2. 单跑楼梯	
相关知识	对楼梯的踏步、栏板以及基础设置要求进行掌握。				
其他要求					

工作过程记录

评语			指导老师	

第10章 门、窗
教案.pdf

第 10 章 门、窗

10

【学习目标】

- 了解门、窗的分类和作用
- 熟悉门的构造和尺度
- 熟悉窗的构造和尺度

第10章 门、窗
图片.pptx

【教学要求】

本章要点	掌握层次	相关知识点
门窗的分类及作用	1. 了解门、窗的分类 2. 了解门、窗的作用	窗的基本概念
门	1. 熟悉门的尺度 2. 熟悉门的构造	门的构造
窗	1. 熟悉窗的尺度 2. 熟悉窗的构造	窗的构造

【引子】

  门窗,古时称为牖,在中国建筑文化中显得相当活跃,是一种独具文化意蕴与审美魅力的重要建筑构件。我国境内已知的最早的人类住所是天然岩洞。"上古穴居而野处",无数奇异深幽的洞穴为人类提供了最原始的家,洞穴口的草盖大约便是最早的门。建筑门窗在我国有着悠久的历史,可以追溯到三千多年前的商、周。建筑门窗作为我国古代灿烂建筑文明的组成部分,堪称中华文化宝库中一颗璀璨的明珠。窗户虽然看起来平淡无奇,但包含了古代劳动人民的智慧。早在两千多年前,老子在他所著的《道德经》里就说:"凿户牖(yǒu)以为室,当其无,有室之用。故有之以为利,无之以为用。"大概意思就是,盖房建室看得见的实体提供的只是物质条件，看不见的空间才是有用的。直到今天这一论述也被一些西方建筑大师视为建筑的基本思想。

10.1 门窗的分类及作用

10.1.1 门、窗的分类

1. 窗的分类

按窗的框料材质分为铝合金窗、塑钢窗、彩板窗、木窗、钢窗等；按窗的层数分为单层窗和双层窗；按窗扇的开启方式分为固定窗、平开窗、悬窗、立转窗、推拉窗、百叶窗等，如图10-1所示。

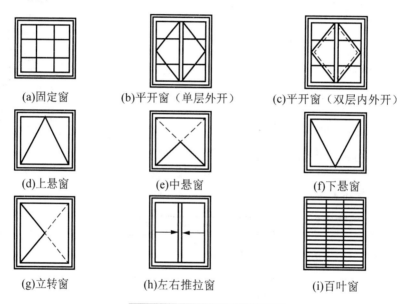

图 10-1　窗的开启形式示意图

1) 固定窗

固定窗是指将玻璃直接镶嵌在窗框上，不设可活动的窗扇。一般用于只要求有采光、眺望功能的窗，如走道的采光窗和一般窗的固定部分。

2) 平开窗

平开窗是指窗扇一侧用铰链与窗框相连接，窗扇可以向外或向内水平开启。平开窗构造简单，开关灵活，制作与维修方便，在一般建筑物中采用较多。

3) 悬窗

悬窗是指窗扇绕水平轴转动的窗。按照旋转轴的位置可以分为上悬窗、中悬窗和下悬窗，上悬窗和中悬窗的防雨、通风效果好，常用作门上的亮子和不方便手动开启的高侧窗。

4) 立转窗

立转窗是指窗扇绕垂直中轴转动的窗。这种窗通风效果好，但不严密，不宜用于寒冷地区和多风沙的地区。

5) 推拉窗

推拉窗是指窗扇沿着导轨或滑槽推拉开启的窗，有水平推拉窗和垂直推拉窗两种。推拉窗开启后不占室内空间，窗扇的受力状态好，适宜安装大玻璃，但通风面积受限制。

6) 百叶窗

百叶窗是指窗扇一般用塑料、金属或木材等制成小板材，与两侧框料相连接的窗，有固定式百叶窗和活动式百叶窗两种。百叶窗的采光效率低，主要用于遮阳、防雨及通风。

百叶窗.mp4

【案例 10-1】有一栋比较破旧的单层建筑，之前的窗户均为木质的，且窗户面向大路，噪声比较大，现考虑全部翻新，原来窗的洞口尺寸为 1800mm×2000mm，现考虑采光的需求、美观效果、隔热隔音的效果，同时考虑造价的控制。请结合现代窗的工艺及不同材质的优劣点综合考虑，给出合理的选择方案。

2. 门的分类

按门在建筑物中所处的位置分为内门和外门；按门的使用功能分为一般门和特殊门；按门的框料材质分为木门、铝合金门、塑钢门、彩板门、玻璃钢门、钢门等；按门扇的开启方式分为平开门、弹簧门、推拉门、折叠门、转门、卷帘门、升降门等，如图 10-2 所示。

门的分类.mp4

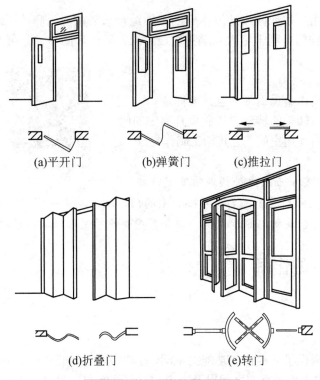

图 10-2 门的开启方式示意图

1) 平开门

平开门是指门扇与门框用铰链连接，门扇水平开启的门，有单扇、双扇及向内开、向外开之分。平开门构造简单，开启灵活，安装维修方便。

2) 弹簧门

平开门.avi

弹簧门.avi　推拉门.avi

弹簧门是指门扇与门框用弹簧铰链连接，门扇水平开启的门，分为单向弹簧门和双向弹簧门，其最大优点是门扇能够自动关闭。

3) 推拉门

推拉门是指门扇沿着轨道左右滑行来启闭的门，有单扇和双扇之分，开启后，门扇可以隐藏在墙体的夹层中或贴在墙面上。推拉门开启时不占空间，受力合理，不易变形，但其构造较复杂。

4) 折叠门

折叠门是指门扇由一组宽度约为600mm的窄门扇组成的门，窄门扇之间采用铰链连接。开启时，窄门窗相互折叠推移到侧边，占空间少，但其构造复杂。

折叠门.mp4　折叠门.avi

转门.avi

5) 转门

转门是指门扇由三扇或四扇通过中间的竖轴组合起来，在两侧的弧形门套内水平旋转来实现启闭的门。转门有利于室内阻隔视线、保温、隔热和防风沙，并且对建筑物立面有较强的装饰性。

6) 卷帘门

卷帘门是指门扇由金属页片相互连接而成，在门洞的上方设转轴，通过转轴的转动来控制页片启闭的门。其特点是开启时不占使用空间，但其加工制作复杂，造价较高。

卷帘门.avi　立体效果平开门.avi

【案例10-2】 有一五层办公楼现需要进行翻新，办公楼内分为入户大门和进去之后每层办公室的门以及每层洗手间的门，仓储间的门等都要进行更换翻新，结合最新定额和规范，综合考虑造价控制，以及门的功能给出合理建议。

10.1.2 门、窗的作用

1. 门的作用

1) 水平交通与疏散

建筑物给人们提供了各种使用功能的空间，这些空间之间既相对独立又相互联系，门能在室内各空间之间以及室内与室外之间起到水平交通联系的作用；同时，当有紧急情况和火灾发生时，门还起交通疏散的作用。

门窗的作用.mp4

第10章 门、窗

2) 围护与分隔

门是空间的围护构件之一，依据其所处环境起保温、隔热、隔声、防雨、密闭等作用，门还以多种形式按需要将空间分隔开。

3) 采光与通风

当门的材料以透光性材料(如玻璃)为主时能起到采光的作用，如阳台门等；当门采用通透的形式(如百叶门等)时，可以通风，常用于换气量要求大的空间。

4) 装饰

门是人们进入一个空间的必经之路，会给人留下深刻的印象。门的样式多种多样，和其他的装饰构件相配合，能起到重要的装饰作用。

动物园大门.avi

【案例10-3】 如图10-3所示为郑州动物园的大门，请结合所学知识分析此大门的作用。

图10-3 动物园大门

2. 窗的作用

1) 采光

窗是建筑物中主要的采光构件。开窗面积的大小以及窗的样式，决定着建筑空间内是否具有满足使用功能的自然采光量。

2) 通风

窗是空气进出建筑物的主要洞口之一，对空间中的自然通风起着重要作用。

3) 装饰

窗在墙面上占有较大面积，无论是在室内还是室外，窗都具有重要的装饰作用。

【案例10-4】 如图10-4所示为一写字楼的窗户，请结合所学知识分析此窗户的作用。

图10-4 某写字楼窗户

10.2 门

10.2.1 门的尺度

1. 门的尺度

门的尺度是指门洞的高宽尺寸，应满足人流疏散，搬运家具、设备的要求，并应符合《建筑模数协调统一标准》(GBJ 2—86)中的相关规定。

一般情况下，门保证通行的高度不小于 2000mm，当上方设亮子时，应加高 300～600mm。门的宽度应满足一个人通行，并考虑必要的空隙，一般为 700～1000mm，通常设置为单扇门。对于人流量较大的公共建筑物的门，其宽度应满足疏散要求，可以设置两扇以上的门。

门.avi

2. 门的组成

门一般由门框、门扇、五金零件及附件组成，如图 10-5 所示。

门框是门与墙体的连接部分，由上框、边框、中横框和中竖框组成。门扇一般由上、中、下冒头和边梃组成骨架，中间固定门芯板；五金零件包括铰链、插销、门锁、拉手等；附件有贴脸板、筒子板等。

门的组成.mp4

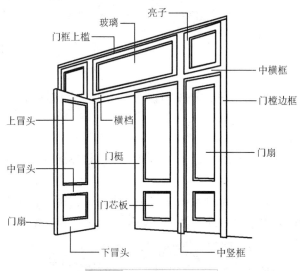

图 10-5　门的组成示意图

10.2.2 门的构成

1. 平开木门的构造

1) 门框

门框的断面形状与尺寸取决于门扇的开启方式和门扇的层数，由于门框要承受各种撞击荷载和门扇的重量作用,应有足够的强度和刚度,故其断面尺寸较大,如图10-6所示。

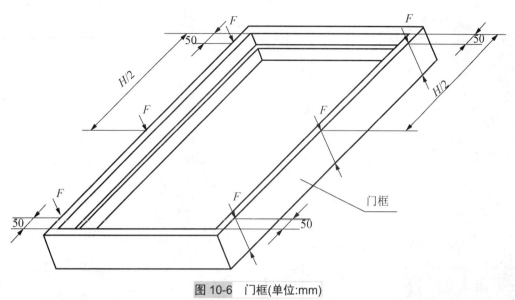

图10-6 门框(单位:mm)

门框在洞口中,根据门的开启方式及墙体厚度不同分为外平、居中、内平、内外平四种,如图10-7所示。

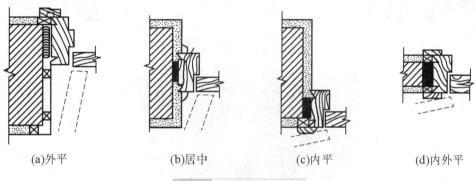

(a)外平　　　　　(b)居中　　　　　(c)内平　　　　　(d)内外平

图10-7 门框位置示意图

2) 门扇

平开木门的门扇有多种做法,常见的有镶板门、夹板门、拼板门等,门扇如图10-8所示。

(1) 镶板门。

由上、中、下冒头和边梃组成骨架,中间镶嵌门芯板,门芯板可以采用15mm厚的木板拼接而成,也可以采用胶合板、硬质纤维板或玻璃等。

(2) 夹板门。

用小截面的木条(35mm×50mm)组成骨架,在骨架的两面铺钉胶合板或纤维板等,如图10-9所示。

建筑识图与构造

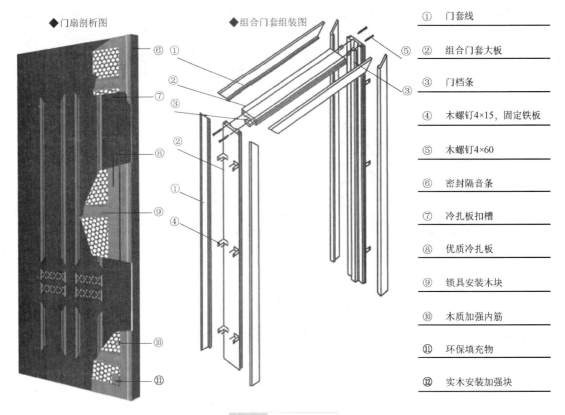

◆门扇剖析图　　◆组合门套组装图

① 门套线
② 组合门套大板
③ 门档条
④ 木螺钉4×15，固定铁板
⑤ 木螺钉4×60
⑥ 密封隔音条
⑦ 冷扎板扣槽
⑧ 优质冷扎板
⑨ 锁具安装木块
⑩ 木质加强内筋
⑪ 环保填充物
⑫ 实木安装加强块

图 10-8　门扇示意图

图 10-9　夹板门

(3) 拼板门。

其构造与镶板门相同，由骨架和拼板组成，只是拼板门的拼板用 35～45mm 厚的木板拼接而成，因而其自重较大，但坚固耐久，多用于库房、车间的外门，如图 10-10 所示。

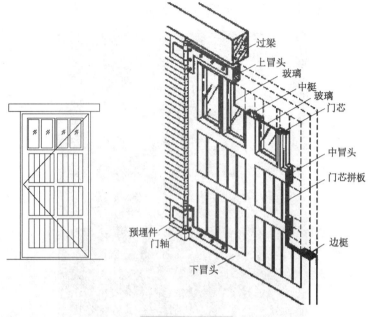

图 10-10　拼板门

(4) 玻璃门。

门扇构造与镶板门基本相同，只是门芯板用玻璃代替，用在要求采光与透明的出入口处，如图 10-11 所示。

图 10-11　玻璃门

2. 金属门的构造

目前建筑工程中金属门包括塑钢门、铝合金门、彩板门等。塑钢门多用于住宅的阳台门或外门，其开启方式多为平开或推拉。铝合金门多为半截玻璃门，采用平开的开启方式，门扇边框的上、下端用地弹簧连接，如图 10-12 所示。

图 10-12 金属门

【案例 10-5】 现有一复式建筑，二楼卧室的阳台上有一个门，可以进到另一个房间，考虑大人和孩子休息方便，现需要将阳台上的门封住，然后在另一个房间的墙上单开一个门，二楼层高 2.1m。请结合楼层高度和隔音效果，给出合理的修改方案。

10.3 窗

10.3.1 窗的尺度

窗的尺度应根据采光、通风的需要来确定，同时兼顾建筑物的造型和《建筑模数协调统一标准》(GBJ 2—86)等的要求。首先根据房屋的使用情况确定其采光等级，再根据采光等级，确定窗与地面面积比(窗洞面积与地面面积的比值)，最后根据窗的样式及采光百分率、建筑立面效果、窗的设置数量以及相关模数规定，确定单窗的具体尺寸。根据模数，窗的基本尺寸一般以 300mm 为模数，由于建筑物的层高为 100mm 的模数，故窗的高度一般在 1200～2100mm。从构造上讲，一般平开窗的窗扇宽度为 400～600mm，腰头上的气窗高度为 300～600mm。上、下悬窗的窗扇高度为 300～600mm；中悬窗窗扇高

窗.avi

度不大于 1200mm，宽度不大于 1000mm；推拉窗的高、宽均不宜大于 1500mm。

10.3.2 窗的构成

窗一般由窗框、窗扇和五金零件组成，如图 10-13 所示。

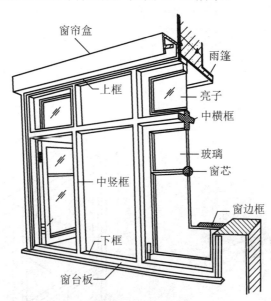

图 10-13 窗的构造

窗框是窗与墙体的连接部分，由上框、下框、边框、中横框和中竖框组成。

窗扇是窗的主体部分，分为活动窗扇和固定窗扇两种，一般由上冒头、下冒头、边梃和窗芯(又称为窗棂)组成骨架，中间固定玻璃、窗纱或百叶。

五金零件包括铰链、插销、风钩等。

1. 平开木窗的构造

1) 窗在墙洞中的位置

窗在墙洞中的位置主要根据房间的使用要求和墙体的厚度来确定。一般有三种形式：窗框内平，窗框外平，窗框居中。

2) 窗框的安装

平开木窗窗框的安装有立口和塞口两种方式。

(1) 立口。

立口也称为立樘子。施工时，先将窗框立好，再砌窗间墙。为加强窗框与墙体的联系，在窗框上、下档均留出 120mm 长的端头伸入墙内。在边框外侧，每隔 500～700mm，设一木拉砖或铁脚砌入墙身。木拉砖一般是用鸽尾榫与窗框拉接，如图 10-14 所示。这种做法能使窗框与墙体连接紧密且牢固，但安装窗框和砌墙两种工序相互交叉进行，会影响施工进度，并且容易对窗造成损坏。

(2) 塞口。

塞口又称为塞樘子。塞口是在砌墙时先留窗洞，再安装窗框。在砌墙洞时，在洞口两侧，每隔 500～700mm，砌入一块半砖大小的防腐木砖(每边不应少于两块)，安装窗框时，用长钉或螺钉将窗框钉在木砖上。这种做法不影响砌墙进度，但为了方便安装，窗框外围尺寸长度方向均缩小 20mm 左右，致使窗框四周缝隙较大，如图 10-15 所示，这种方法一般用于次要窗或成品窗的安装。

塞口.mp4

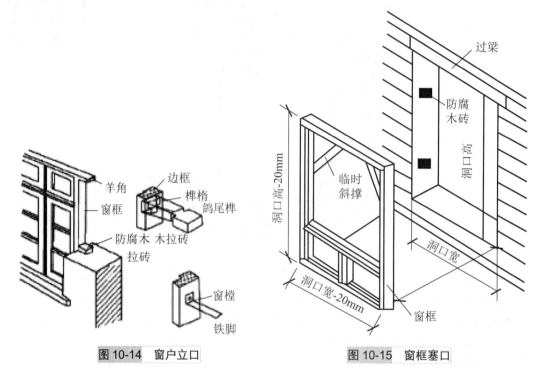

图 10-14　窗户立口　　　　　图 10-15　窗框塞口

3) 窗框与窗扇的防水措施

平开木窗的窗框与窗扇之间，除要求开启方便、关闭紧密外，特别应注意防雨水渗透问题。常在内开窗下部和外开窗中横框处设置披水板、滴水槽和裁口，以防雨水内渗，并在窗台处做排水孔和积水槽，排除渗入的雨水。

窗框与窗扇的防水措施.mp4

4) 窗扇

(1) 窗扇的组成及断面尺寸。

窗扇由上、下冒头，左、右边梃和窗芯组成。这些构件的厚度均应一致，一般为 35～42mm，下冒头和边梃宽度一般为 50～60mm，冒头加做披水板时，可以较上冒头加宽 10～25mm，窗芯宽度为 27～35mm。为满足镶嵌玻璃的要求，在冒头、边梃和窗芯上，做 8～12mm 宽的铲口，铲口深度一般为 12～15mm，且不应超过窗扇的 1/3。铲口的内侧可以做装饰性线脚，既美观又可以减少挡光，窗扇如图 10-16 所示。

建筑用玻璃按其性能有：普通平板玻璃、磨砂玻璃(压花玻璃)、装饰玻璃、吸热玻璃、反射玻璃、中空玻璃、钢化玻璃、夹层玻璃等。平板玻璃制作工艺简单，价格最便宜，在民用建筑工程中广泛应用。为了遮挡视线的需要，也选用磨砂玻璃或压花玻璃。对其他几种玻璃，则多用于有特殊要求的建筑工程中。玻璃的薄厚与窗扇分格大小有关，普通窗均用无色透明的 3mm 厚的平板玻璃。当窗框面积较大时，可以采用较厚的玻璃。

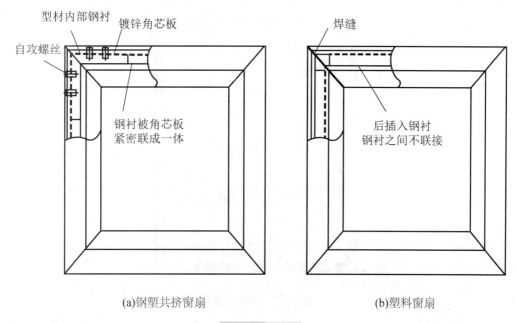

图 10-16 窗扇

(2) 五金零件。

平开窗上装设的五金零件，主要是为窗扇活动服务的，一般可以分为启闭时转动、启闭时定位及推拉执手三类。平开窗转动五金为铰链，为方便窗的拆卸可以采用抽心铰链或铁摇梗；为开启后能贴平墙身以及便于擦窗，常采用开启后可以离开樘子有一段距离的方铰链、长脚铰链或平移式铰链。推拉用执手一般为拉手，简易的可以省去拉手而以插销代替。

2. 铝合金窗和塑钢窗的构造

1) 铝合金窗的构造

铝合金窗的种类很多，其称谓也是以窗料的系列来称呼的。如 70 系列铝合金推拉窗是指窗框厚度构造尺寸为 70mm，另外常用的还有 50 系列的铝合金平开窗。

铝合金窗所采用的玻璃根据需要可以选择普通平板玻璃、浮法玻璃、夹层玻璃、钢化玻璃及中空玻璃等。铝合金窗常见形式有固定窗、平开窗、滑轴窗、推拉窗、立轴窗和悬窗等，一般铝合金窗多采用水平推拉式的开启方式，窗扇在窗框的轨道上滑动开启。窗扇与窗框之间用尼龙密封条进行密封，以避免金属材料之间相互摩擦。玻璃卡在铝合金窗框料的凹槽内，并用橡胶压条固定，铝合金窗如图 10-17 所示。

铝合金窗一般采用塞口的方法安装，在结束土木工程、粉刷墙面前进行。窗框的固定方式是将镀锌锚固板的一端固定在门框外侧，另一端与墙体中的预埋铁件焊接或锚固在一起，再填以矿棉毡、泡沫塑料条、聚氨酯发泡剂等软质保温材料，填实处用水泥砂浆抹好，留 6mm 深的弧形槽，槽内用密封胶封实。玻璃嵌固在铝合金窗料的凹槽内，并加密封条。其连接方法有：采用射钉固定；采用墙上预埋铁件连接；采用金属膨胀螺栓连接；墙上预留孔洞埋入燕尾铁角连接，如图 10-18 所示。

图 10-17　铝合金窗扇

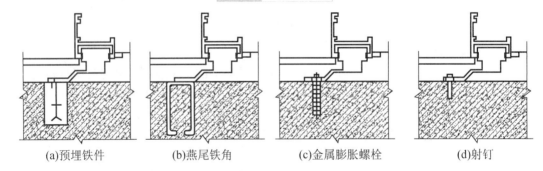

(a)预埋铁件　　(b)燕尾铁角　　(c)金属膨胀螺栓　　(d)射钉

图 10-18　铝合金窗框与墙体的固定方式示意图

2) 塑钢窗的构造

塑钢窗是以 PVC(聚氯乙烯)为主要原料制成空腹多腔异型材，中间设置薄壁加强型钢，经加热焊接而成的窗框。塑钢窗线条清晰、挺拔、造型美观，表面光洁细腻，不但具有良好的装饰性，而且具有良好的抗风压强度、阻燃性、耐候性、密闭性，以及抗腐蚀、使用寿命长、防潮、隔热、耐低温、色泽优美、自重轻和造价适宜等优点，故得到了广泛的应用。

塑钢窗.mp4

铝合金窗的构造.avi

塑钢窗的开启方式及安装构造与铝合金窗基本相同。塑钢窗按其开启方式分为平开窗、推拉窗、上提窗、悬窗等多种形式；按其构造层次分为单层玻璃窗、双层玻璃窗、纱窗等。塑钢推拉窗的构造如图 10-19 所示。

塑钢窗的安装用塞口法，窗框与墙体的连接固定方法一般有以下两种。

(1) 连接铁件固定法。

窗框通过固定铁件与墙体连接，将固定铁件的一端用自攻螺钉安装在窗框上，固定铁件的另一端用射钉或塑料膨胀螺钉固定在墙体上。

为了确保塑钢窗正常使用的稳定性，需给窗框热胀冷缩留有余地，为此要求塑钢窗与墙体之间的连接必须是弹性连接，因此在窗框和墙体之间的缝隙处分层填入毛毡卷或泡沫塑料等，再用1∶2水泥砂浆嵌入抹平，用嵌缝膏进行密封处理。

窗框与墙体连接固定的方法.mp4

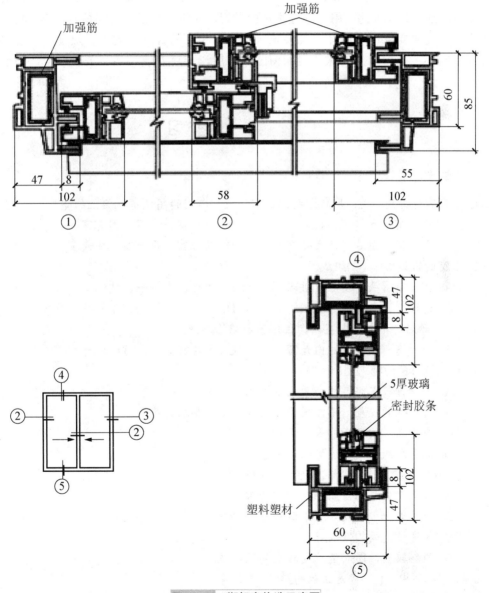

图 10-19 塑钢窗构造示意图

(2) 直接固定法。

用木螺钉直接穿过窗框型材与墙体内预埋木砖相连接，或者用塑料膨胀螺钉直接穿过窗框将其固定在墙体上。

本章小结

门和窗在建筑物中起着十分重要的作用。门主要用作交通联系；窗的主要功能是采光、通风及眺望等。门和窗作为建筑物围护或分隔构件的重要组成部分，应能阻止风、雨、雪等自然因素的侵蚀，且必须满足隔声要求。此外，门和窗在建筑形象中，无论是对外观或室内装修，都起着很大的作用。通过本章的学习，应掌握在设计门和窗时，能根据相关规范和房屋的使用要求以及整体美观要求来决定门和窗的数量、大小、尺度、位置、开启方式和方向等；在构造上能保证门和窗坚固耐用，开启方便灵活、关闭严密，便于维修和清洁。

实训练习

一、单选题

1. 下列窗宜采用(   )开启方式，卧室的窗、车间的高侧窗、门上的亮子。
   A. 平开窗、立转窗、固定窗   B. 推拉窗、悬窗、固定窗
   C. 平开窗、固定窗、立转窗   D. 推拉窗、平开窗、中悬窗

2. 木窗的窗扇由(   )组成。
   A. 上、下冒头、窗芯、玻璃   B. 边框、上下框、玻璃
   C. 边框、五金零件、玻璃   D. 亮子、上冒头、下冒头、玻璃

3. (   )开启时不占室内空间，但擦窗及维修不便。
   A. 内开窗   B. 内开窗   C. 立转窗   D. 外开窗

4. 彩板钢门窗的特点是(   )。
   A. 易锈蚀，需经常进行表面油漆维护
   B. 密闭性能较差，不能用于有洁净、防尘要求的房间
   C. 质量轻、硬度高、采光面积大
   D. 断面形式简单，安装快速方便

5. 下列(   )是对铝合金门窗的特点的描述。
   A. 表面氧化层易被腐蚀，需经常维修
   B. 色泽单一，一般只有银白和古铜两种
   C. 气密性、隔热性较好
   D. 框料较重，因而能承受较大的风荷载

6. 下列描述中，(   )是正确的。
   A. 铝合金窗因其优越的性能，常被应用为高层甚至超高层建筑的外窗

B. 50系列铝合金平开门，是指其门框厚度构造尺寸为50mm
C. 铝合金窗在安装时，外框应与墙体连接牢固，最好直接埋入墙中
D. 铝合金框材表面的氧化层易褪色，容易出现"花脸"现象
7. 请选出错误的一项( )。
 A. 塑料门窗有良好的隔热性和密封性
 B. 塑料门窗变形大，刚度差，在大风地区应慎用
 C. 塑料门窗耐腐蚀，不用涂涂料
 D. 以上都不对
8. 常用门的高度一般应大于( )。
 A. 1800mm B. 1500mm C. 2100mm D. 2400mm

二、多选题

1. 门一般由( )组成。
 A. 门框 B. 门扇 C. 五金零件
 D. 附件 E. 塑钢
2. 门的五金零件包括( )。
 A. 铰链 B. 插销 C. 门框
 D. 门锁 E. 拉手
3. 窗框是窗与墙体的连接部分，由( )组成。
 A. 上框 B. 下框 C. 边框
 D. 中横框 E. 中竖框
4. 平开木窗窗框的安装有( )两种方式。
 A. 立口 B. 平口 C. 侧口
 D. 栽口 E. 塞口
5. 窗扇由( )组成。
 A. 上、下冒头 B. 左、右边梃 C. 窗芯
 D. 窗框 E. 五金

三、简答题

1. 简述窗户的分类及作用。
2. 门由哪些部分组成？
3. 窗由哪些部分组成？
4. 门的作用有哪些？
5. 简述成品门的优劣点。

第10章 门、窗习题答案.pdf

建筑识图与构造

实训工作单一

班级		姓名		日期	
教学项目	现场实地了解各类门、窗				
任务	了解门窗的分类,构造及特点、作用等。		要求	做好各类门窗的现场实地考察记录	
相关知识	门、窗相关知识				
其他要求					

工程过程记录

评语			指导老师	

第 11 章 屋 顶

 【学习目标】

- 了解屋顶的分类和构成
- 掌握平屋顶的构成
- 掌握坡屋顶的构成

第 11 章 学习目标.mp4　　第 11 章 屋顶.pptx

 【教学要求】

本章要点	掌握层次	相关知识点
屋顶的分类和构成	1. 屋顶的分类 2. 屋顶的构成	1. 屋顶的概念和作用 2. 屋顶如何分类 3. 屋顶的具体构造
平屋顶的构成	1. 平屋顶的排水方式 2. 平屋顶的构造	1. 平屋顶相关的排水方式介绍 2. 平屋顶的构造方式
坡屋顶的构成	1. 坡屋顶的排水方式 2. 坡屋顶的构造	1. 坡屋顶的相关排水方式介绍 2. 坡屋顶的构造方式

 【引子】

　　时间追溯到三万年前，我们的祖先山顶洞人正居住在这个时代，为了遮蔽寒暑风雨，防虫蛇、猛兽，住在山洞里或树上，这就是所谓的"穴居"和"巢居"。悠悠中华在岁月的沉淀下创造了一个又一个灿烂的文化，建筑一直是生活中不可或缺的部分，而屋顶是建筑的重要组成部分之一，没有屋顶的建筑不能称之为完整的建筑。比如中国古建筑屋顶在材质、功能、传统的封建等级思想、宗教信仰、美学思想等诸多因素的影响下，经历了多个朝代的发展演变，其形式愈加多样，技术愈加成熟，功能愈加齐全，在世界建筑之林独树一帜，彰显着巍巍中华的传统文化艺术和封建礼制思想，可见屋顶的演变历史源远流长。

11.1 屋顶的分类及构成

11.1.1 屋顶的作用

屋顶位于建筑物的最顶部,主要有三个作用:

(1) 承重作用,承受作用于屋顶上的风、雨、雪、检修、设备荷载和屋顶的自重等;

(2) 围护作用,防御自然界的风、雨、雪、太阳辐射和冬季低温等的影响;

(3) 装饰建筑立面,屋顶的形式对建筑立面和整体造型有很大的影响。

屋顶应满足坚固耐久、防水排水、保温隔热、抵御侵蚀等使用要求,同时还应做到自重轻、构造简单、施工方便、造价经济,并与建筑整体形象相协调。

屋顶的作用.mp4

11.1.2 屋顶的分类

按照屋顶的排水坡度和构造形式,屋顶分为平屋顶和坡屋顶两种类型。

(1) 平屋顶:屋面排水坡度小于或等于10%的屋顶,常用的坡度为2%~3%,如图11-1所示。

屋顶的分类.mp4

挑檐女儿墙平屋顶.avi　　女儿墙平屋顶.avi

挑檐平屋顶　　女儿墙平屋顶　　挑檐女儿墙平屋顶

图 11-1　平屋顶示意图

(2) 坡屋顶:指屋面排水坡度在10%以上的屋顶,如图11-2所示。

单坡顶　　硬山两坡顶　　悬山两坡顶　　四坡顶

卷棚顶　　庑殿顶　　歇山顶　　圆攒尖顶

图 11-2　坡屋顶示意图

硬山两坡顶.avi

悬山两坡顶.avi

四坡顶.avi

11.1.3 屋顶的构造

屋顶一般由屋面、承重结构、顶棚三个基本部分组成，当对屋顶有保温隔热要求时，需在屋顶设置保温隔热层。

屋顶构造组成.mp4

1. 屋面

屋面是屋顶构造中最上面的表面层次，要承受施工荷载和使用时的维修荷载，以及自然界风吹、日晒、雨淋、大气腐蚀等的长期作用，因此屋面材料应有一定的强度、良好的防水性和耐久性能。屋面也是屋顶防水排水的关键层次，所以又叫屋面防水层。在平屋顶中，人们一般根据屋面材料的名称对其进行命名，如卷材防水屋面、刚性防水屋面、涂料防水屋面等。

2. 承重结构

承重结构承受屋面传来的各种荷载和屋顶自重。平屋顶的承重结构一般采用钢筋混凝土屋面板，其构造与钢筋混凝土楼板类似；坡屋顶的承重结构一般采用屋架、横墙、木构架等；曲面屋顶的承重结构则属于空间结构。

3. 顶棚

顶棚位于屋顶的底部，用来满足室内对顶部的平整度和美观要求。按照顶棚的构造形式不同，分为直接式顶棚和悬吊式顶棚。

4. 保温隔热层

当对屋顶有保温隔热要求，需要在屋顶中设置相应的保温隔热层，防止外界温度变化对建筑物室内空间带来影响。

【案例 11-1】 以下为不同的屋顶形式，请根据图 11-3 所示，结合本章内容，分析不同屋顶的作用及使用范围。

(a)　　　　　　　　　　　　　　　(b)

图 11-3　不同屋顶形式

(c)

图 11-3 不同屋顶形式(续)

11.2 平屋顶构成

11.2.1 平屋顶排水

平屋顶是坡度很小的坡屋顶，一般坡度在 5%以内，以利排水。

平屋顶的排水组织主要包括排水坡度、排水方式和排水组织设计三方面的内容。

1. 屋顶坡度的形成

平屋顶坡度的常用坡度为 1%～3%，坡度的形成一般有材料找坡和结构找坡两种方式。

(1) 材料找坡。

材料找坡也称为垫置坡度或填坡。此时屋顶结构层为水平搁置的楼板，坡度是利用轻质找坡材料在水平结构层上的厚度差异形成的。常用的找坡材料有炉渣、蛭石、膨胀珍珠岩等轻质材料或在这些轻质材料中加适量水泥形成的轻质混凝土。在需设保温层的地区，可利用保温材料的铺放形成坡度。材料找坡形成的坡度不宜过大，否则会增大找坡层的平均厚度，导致屋顶自重加大。

(2) 结构找坡。

结构找坡也称为搁置坡度或撑坡。它是将屋面板搁置在有一定倾斜度的墙或梁上，直接形成屋面坡度。结构找坡不需要另做找坡材料层，屋面板以上各层构造层厚度不变，形成倾斜的顶棚。结构找坡省工省料、没有附加荷载、施工方便，适用于有吊顶的公共建筑和对室内空间要求不高的生产性建筑。

2. 排水方式

排水可分为有组织排水和无组织排水两类。无组织排水是将层面做成挑檐，伸出檐墙，使屋面雨水经挑檐自由下落，有组织排水是利用屋面排水坡度，将雨水排到檐沟，汇入雨水口，再经雨水管

平屋顶排水.avi

屋顶找坡的形式.mp4

屋顶排水方式.mp4

排到地面。

(1) 无组织排水。

无组织排水又称自由落水，其屋面的雨水由檐口自由滴落到室外地面。无组织排水不必设置天沟、雨水管导流，构造简单、造价较低，但要求屋檐必须挑出外墙面，防止屋面雨水顺外墙面漫流影响墙体。无组织排水方式主要适用于雨量不大或一般非临街的低层建筑，如图11-4所示。

(2) 有组织排水。

有组织排水是将屋面划分为若干排水区域，按一定的排水坡度把屋面雨水有组织地排到檐沟或雨水口，再经雨水管流到散水或明沟中。有组织排水较无组织排水有明显的优点，有组织排水适用于年降雨量较大地区或高度较大或较为重要的建筑。有组织排水分为外排水和内排水两种方式，如图11-5、图11-6所示。

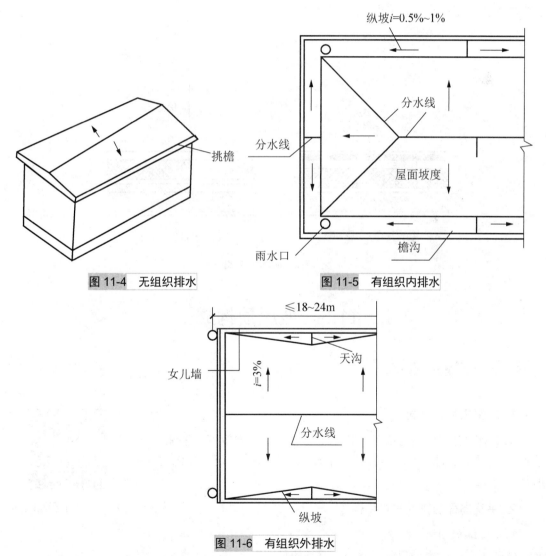

图 11-4　无组织排水　　　图 11-5　有组织内排水

图 11-6　有组织外排水

11.2.2 平屋顶构造

平屋顶构造简单,室内顶棚平整,能够适应各种复杂的建筑平面形状,可以提高预制装配化程度、方便施工、节省空间,有利于防水、排水、保温和隔热的构造处理。由于平屋顶的坡度小,会造成排水慢,以及屋面积水的情况出现,从而产生渗漏现象。

平屋顶一般由面层、结构层、保温隔热层和顶棚等部分组成,还包括保护层、结合层、找平层、隔气层等结构。由于地区和屋顶功能的不同,屋面组成略有区别,如我国南方地区一般不设保温层,北方地区一般很少设隔热层;对上人屋顶则应设置有较好强度和整体性的屋面面层。普通卷材防水屋面和刚性防水屋面构造组成示意,如图 11-7 所示。

屋面防水结构方式.mp4

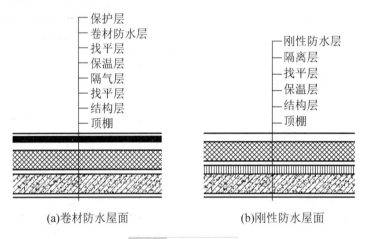

图 11-7　防水示意图

11.3　坡屋顶构成

11.3.1　坡屋顶排水

1. 木望板平瓦屋面

木望板平瓦屋面是在檩条或椽木上钉木望板,木望板上干铺一层油毡,用顺水条固定后,再钉挂瓦条挂瓦所形成的屋面,如图 11-8 所示。

2. 平瓦屋面的排水方式和构造

1)　纵墙檐口

(1)　无组织排水檐口。

当坡屋顶采用无组织排水时,应将屋面伸出纵墙形成挑檐,挑檐的构造做法有砖挑檐、

木望板平瓦屋面.mp4

椽条挑檐、挑檐木挑檐和钢筋混凝土挑板挑檐等，如图 11-9 所示。

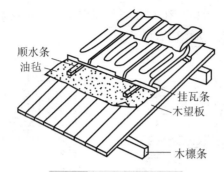

图 11-8　木望板平瓦屋面

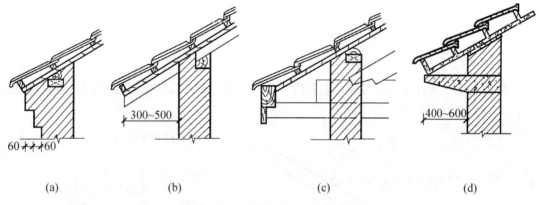

图 11-9　无组织排水(单位：mm)

(2) 有组织排水檐口。

当坡屋顶采用有组织排水时，一般多采用外排水，需在檐口处设置檐沟。檐沟的构造形式一般有钢筋混凝土挑檐沟和女儿墙内檐沟两种，如图 11-10 所示。

2) 山墙檐口

双坡屋顶山墙檐口的构造有硬山和悬山两种。

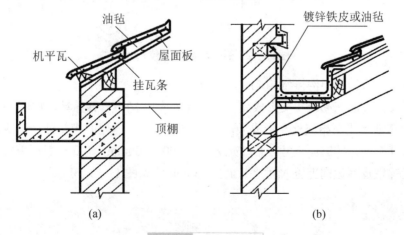

图 11-10　有组织排水

(1) 硬山。

硬山是将山墙升起包住檐口，在女儿墙与屋面交接处做泛水，一般用砂浆粘结小青瓦或抹水泥石灰麻刀砂浆泛水，如图 11-11 所示。

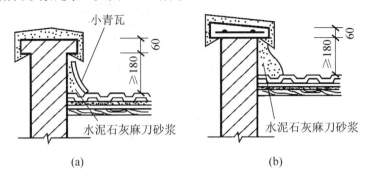

图 11-11　硬山做法(单位：mm)

(2) 悬山。

悬山是将檩条伸出山墙挑出，上部的瓦片用水泥石灰麻刀砂浆抹出披水线，进行封固，如图 11-12 所示。

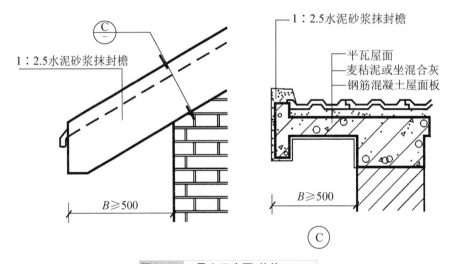

图 11-12　悬山示意图(单位：mm)

(3) 屋脊、天沟和斜沟排水构造。

互为相反的坡面在高处相交形成屋脊，屋脊处应用 V 形脊瓦盖缝，如图 11-13(a)所示。在等高跨和高低跨屋面相交处会形成天沟，两个互相垂直的屋面相交处会形成斜沟。天沟和斜沟应保证有一定的断面尺寸，上口宽度应为 300～500mm，沟底一般用镀锌铁皮铺于木基层上，镀锌铁皮两边向上压入瓦片下至少 150mm，如图 11-13(b)所示。

第 11 章 屋顶

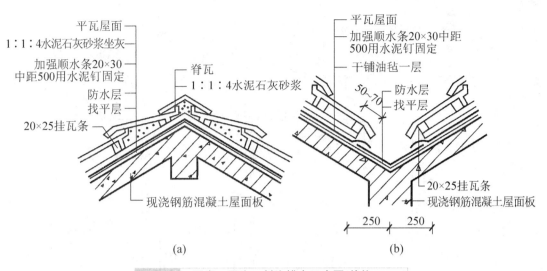

图 11-13 屋脊、天沟、斜沟排水示意图(单位：mm)

3. 压型钢板屋面的细部构造

1) 压型钢板屋面无组织排水檐口

当压型钢板屋面采用无组织排水时，挑檐板与墙板之间应用封檐板密封，以提高屋面的围护效果，如图 11-14 所示。

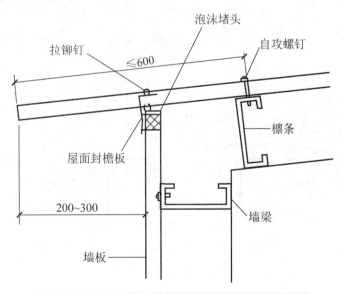

图 11-14 压型钢板屋面无组织排水檐口(单位：mm)

2) 压型钢板屋面有组织排水檐口

当压型钢板屋面采用有组织排水时，应在檐口处设置檐沟。檐沟可采用彩板檐沟或钢板檐沟，当用彩板檐沟时，压型钢板应伸入檐沟内，其长度一般为 150mm，如图 11-15 所示。

3) 压型钢板屋面屋脊排水构造

压型钢板屋面屋脊排水分为双坡屋脊和单坡屋脊，如图 11-16 所示。

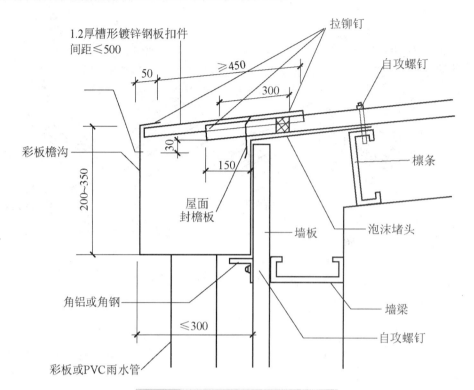

图 11-15 有组织排水檐口(单位：mm)

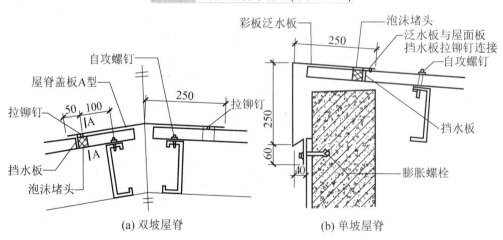

(a) 双坡屋脊　　　　(b) 单坡屋脊

图 11-16 屋脊构造图(单位：mm)

4) 压型钢板屋面山墙排水构造

压型钢板屋面与山墙之间一般用山墙包角板整体包裹，包角板与压型钢板屋面之间用通长密封胶带密封，如图 11-17 所示。

5) 压型钢板屋面高低跨排水构造

压型钢板屋面高低跨交接处，加铺泛水板进行处理，泛水板上部与高侧外墙连接，高度不小于 250mm，下部与压型钢板屋面连接，宽度不小于 200mm，如图 11-18 所示。

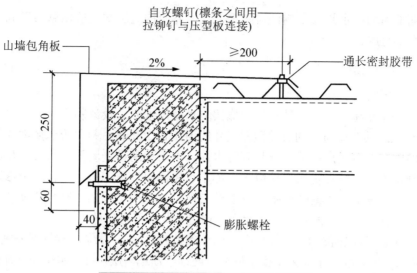

图 11-17 屋面山墙排水构造(单位：mm)

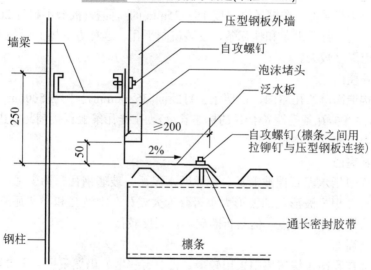

图 11-18 高低跨排水构造(单位：mm)

【案例 11-2】 自建房屋顶一般就是两种选择，往往在屋顶形式的选择上让人头疼，到底是平屋顶好还是坡屋顶好？坡屋顶的形式和坡度主要取决于建筑平面、结构形式、屋面材料、气候环境、风俗习惯和建筑造型等因素。云南西双版纳地区的传统民居是竹楼，江南水乡降水较多，综合对传统民居屋顶的构架、屋顶的形态及材料选择并结合当地情景请为当地自建房屋居民给出一套合理选建方案。

11.3.2 坡屋顶构造

所谓坡屋顶是指屋面坡度在 10%以上的屋顶。与平屋顶相比较，坡屋顶的屋面坡度大，因而其屋面构造及屋面防水方式均与平屋顶不

坡屋顶的屋面形式
构成.mp4

同。坡屋面的屋面防水常采用构件自防水方式，屋面构造层次主要由屋顶天棚、承重结构层及屋面面层组成。

1. 坡屋面的类型

1) 平瓦屋面

平瓦有水泥瓦和黏土瓦两种，其外形按防水及排水要求设计制作，平瓦的外形尺寸约为 400×230mm，其在屋面上的有效覆盖尺寸约为 330×200mm，每平方米屋面约需 15 块瓦。

平瓦屋面的主要优点是瓦本身具有防水性，不需特别设置屋面防水层，瓦块间搭接构造简单，施工方便。缺点是屋面接缝多，如不设屋面板，雨、雪易从瓦缝中渗进，造成漏水。为保证有效排水，瓦屋面坡度不得小于 20%。在屋脊处需盖上鞍形脊瓦，在屋面天沟下需放上镀锌铁皮，以防漏水。平瓦屋面的构造方式有下列几种：

(1) 有椽条、有屋面板平瓦屋面。在屋面檩条上放置椽条，椽条上稀铺或满铺厚度在 8～12mm 的木板，板面或芦席上方平行于屋脊方向铺干油毡一层，钉顺水条和挂瓦条，安装机制平瓦。采用这种构造方案，屋面板受力较小，因而厚度较薄。

(2) 屋面板平瓦屋面。在檩条钉厚度 15～25mm 的屋面板(板缝不超过 20mm)平行于屋脊方向铺油毡一层，钉顺水条和挂瓦条，安装机制平瓦。这种方案屋面板与檩条垂直布置，为受力构件因而厚度较大。

2) 冷摊瓦屋面

这是一种构造简单的瓦屋面，在檩条上钉断面 35×60mm，中距 500mm 的椽条，在椽条上钉挂瓦条(注意挂瓦条间距符合瓦的标志长度)，在挂瓦条上直接铺瓦。由于构造简单，冷摊瓦屋面适用于简易或临时建筑。

3) 波形瓦屋面

波形瓦屋面包括水泥石棉波形瓦、钢丝网水泥瓦、玻璃钢瓦、钙塑瓦、金属钢板瓦、石棉菱苦土瓦等。根据波形瓦的波形大小可分为大波瓦、中波瓦和小波瓦三种。波形瓦具有重量轻，耐火性能好等优点，但易折断破坏，强度较低。

4) 小青瓦屋面

小青瓦屋面在我国传统房屋中采用较多，目前有些地方仍然采用。小青瓦断面呈弧形，尺寸及规格不统一。铺设时分别将小青瓦仰俯铺排，覆盖成垅。仰俯瓦成沟，俯铺瓦盖于仰铺瓦纵向交接处，与仰铺瓦间搭接瓦长 1/3 左右。上下瓦间的搭接长在少雨地区为搭六露四，在多雨区为搭七露三。小青瓦可以直接铺设于椽条上，也可铺于望板(屋面板)上。

2. 坡屋面的细部构造

坡屋面的檐口式样有两种：一是挑出檐，要求挑出部分的坡度与屋面坡度一致；另一种是女儿墙檐口，要做好女儿墙内侧的防水，以防渗漏。

(1) 砖挑檐。砖挑檐一般不超过墙体厚度的 1/2，且应大于 240mm。每层砖挑长为 60mm，砖可平挑出，也可把砖斜放，用砖角挑出，挑檐砖上方瓦伸出 50mm。

屋面细部构造.mp4

(2) 橡木挑檐。

当屋面有橡木时，可以用橡木出挑，以支承挑出部分的屋面。挑出部分的橡条，外侧可钉封檐板，底部可钉木条并涂油漆。

(3) 屋架端部附木挑檐或挑檐木挑檐。

如需要较大挑长的挑檐，可以沿屋架下弦伸出附木，支承挑出的檐口木，并附木外侧面钉封檐板，在附木底部做檐口吊顶。对于不设屋架的房屋，可以在其横向承重墙内压砌砖挑檐木并外挑，用挑檐木支承挑出的檐口。

(4) 钢筋混凝土挑天沟。

当房屋屋面集水面积大、檐口高度高、降雨量大时，坡屋面的檐口可设钢筋混凝土天沟，并采用有组织排水。

(5) 山墙。

双坡屋面的山墙有硬山和悬山两种。硬山是指山墙与屋面等高或高于屋面成女儿墙。悬山是把屋面挑出山墙之外。

(6) 斜天沟。

坡屋面的房屋平面形状有凸出部分，屋面上会出现斜天沟。构造上常采用镀锌铁皮折成槽状，依势固定在斜天沟下的屋面板上，以作防水层。

(7) 烟筒泛水构造。

烟筒四周应做泛水，以防雨水的渗漏。一种做法是镀锌铁皮泛水，将镀锌铁皮固定在烟筒四周的预埋件上，向下披水。在靠近屋脊的一侧，铁皮伸入瓦下，在靠近檐口的一侧，铁皮盖在瓦面上。另一种做法是用水泥砂浆或水泥石灰麻刀砂浆做抹灰泛水。

(8) 檐沟和落水管。

坡屋面房屋采用有组织排水时，需在檐口处设檐沟，并布置落水管。坡屋面排水计算、落水管的布置数量、落水管、雨水斗、落水口等要求同平屋顶有关要求。坡屋面檐沟和落水管可用镀锌铁皮、玻璃钢、石棉水泥管等材料。

3. 坡屋顶的承重结构

1) 硬山搁檩

横墙间距较小的坡屋面房屋，可以把横墙上部砌成三角形，直接把檩条支撑在三角形横墙上，叫作硬山搁檩。

坡屋顶的承重结构.mp4　　硬山隔墙构造.avi

檩条可用木材、预应力钢筋混凝土、轻钢桁架、型钢等材料。檩条的斜距不得超过1.2m。木质檩条常选用Ⅰ级杉圆木，木檩条与墙体交接段应进行防腐处理，常用方法是在山墙上垫上油毡一层，并在檩条端部涂刷沥青，如图11-19所示。

2) 屋架及支撑

当坡屋面房屋内部需要较大空间时，可把部分横向山墙取消，用屋架作为承重构件。坡屋面的屋架多为三角形(分豪式和芬克式两种)。屋架可选用木材(Ⅰ级杉圆木)、型钢(角钢或槽钢)制作，也可用钢木混合制作(屋架中受压杆件为木材，受拉杆件为钢材)，或钢筋混凝土制作。若房屋内部有一道或两道纵向承重墙，可以考虑选用三点支承或四点支承

屋架及支撑.avi

屋架，如图 11-20 所示。

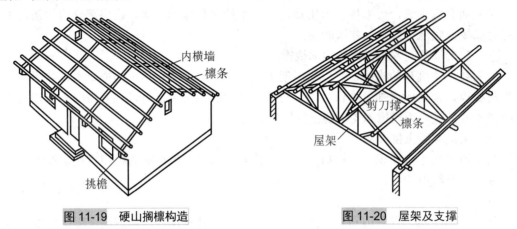

图 11-19　硬山搁檩构造　　　　　　图 11-20　屋架及支撑

为了防止屋架的倾覆，提高屋架及屋面结构的空间稳定性，屋架间要设置支撑。屋架支撑主要有垂直剪刀撑和水平系杆等。

房屋的平面有凸出部分时，屋面承重结构有两种做法。当凸出部分的跨度比主体跨度小时，可把凸出部分的檩条搁置在主体部分屋面檩条上，也可在屋面斜天沟处设置斜梁，把凸出部分檩条搭接在斜梁上。当凸出部分跨度比主体部分跨度大时，可采用半屋架。半屋架的一端支承在外墙上，另一端支承在内墙上；当无内墙时，支承在中间屋架上。对于四坡形屋顶，当跨度较小时，在四坡屋顶的斜屋脊下设置斜梁，用于搭接屋面檩条；当跨度较大时，可选用半屋架或梯形屋架，以增加斜梁的支承点。

3）木构架承重

木构架结构是我国古代建筑的主要结构形式，它一般由立柱和横梁组成屋顶和墙身部分的承重骨架，檩条把一排排梁架联系起来形成整体骨架，如图 11-21 所示。

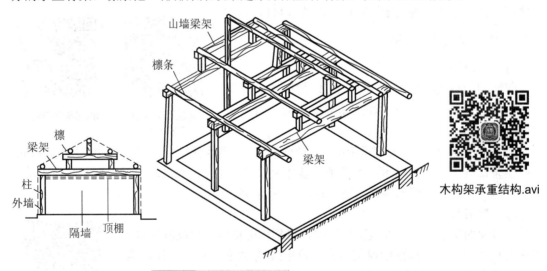

图 11-21　木构架承重结构

第 11 章 屋顶

这种结构形式的内外墙填充在木构架之间,不承受荷载,仅起分隔和围护作用。构架交接点为榫齿结合,整体性及抗震性较好;但消耗木材量较多,耐火性和耐久性均较差,且维修费用高。

本章小结

本章给同学们介绍了屋顶的分类及构成要素,主要是讲解了屋顶的作用,如何区分平屋面和斜屋面,还有就是具体的构造;然后介绍了平屋顶和斜屋顶的排水方式、种类以及相应的结构构造。通过这一章节的学习,我们可以清楚地了解屋顶的概念、种类、作用和方式构造,在以后的实际工作中可以熟练的运用。

实训练习

一、单选题

1. 平屋顶的排水坡度一般不超过 5%,最常用的坡度为( )。
   A. 5%　　　　B. 4%　　　　C. 1%~3%　　　　D. 1%
2. 在刚性防水屋面中,为减少结构变形对防水层的不利影响,常在防水层和基层之间设置( )。
   A. 隔热汽层　　B. 隔离层　　C. 隔热层　　D. 隔声层
3. 屋面具有的功能有( )。
   A. 遮风、蔽雨　　　　　　　B. 遮风、蔽雨、隔热
   C. 保温、隔热　　　　　　　D. 遮风、蔽雨、保温、隔热
4. 屋顶设计最核心的要求是( )。
   A. 美观　　　　B. 承重　　　　C. 防水　　　　D. 保温
5. 下列哪种建筑的屋面应采用有组织排水方式( )。
   A. 高度较低的简单建筑　　　B. 积灰多的屋面
   C. 有腐蚀介质的屋面　　　　D. 降雨量较大地区的屋面
6. 刚性防水屋面主要用于防水等级为( )建筑屋面。
   A. Ⅱ级　　　　B. Ⅲ级　　　　C. Ⅳ级　　　　D. Ⅱ~Ⅲ级

二、多选题

1. 按照屋顶的排水坡度和构造形式,屋顶分为( )类型。
   A. 平屋顶　　　　B. 坡屋顶　　　　C. 曲面屋顶
   D. 防腐屋顶　　　E. 多波式折板屋顶
2. 平屋顶一般由( )等主要部分组成。
   A. 面层　　　　B. 结构层　　　　C. 保温隔热层
   D. 顶棚　　　　E. 垫层

3. 顶棚位于屋顶的底部，用来满足室内对顶部的平整度和美观要求。按照顶棚的构造形式不同，分为(　　)。

    A. 开敞式顶棚　　　　B. 封闭式顶棚　　　　C. 直接式顶棚
    D. 悬吊式顶棚　　　　E. 悬挑式顶棚

4. 砖挑檐一般不超过墙体厚度的 1/2，且应大于(　　)。每层砖挑长为(　　)，砖可平挑出，也可把砖斜放，用砖角挑出，挑檐砖上方瓦伸出(　　)。

    A. 240mm　　　　B. 360mm　　　　C. 120mm
    D. 60mm　　　　　E. 50mm

5. 根据波形瓦的波形大小可分为(　　)。

    A. 特大波瓦　　　　B. 中小波瓦　　　　C. 大波瓦
    D. 中波瓦　　　　　E. 小波瓦

三、简答题

1. 屋顶的作用是什么？
2. 屋顶如何分类的？
3. 平屋顶的找坡方式有哪些？
4. 简述屋顶排水的分类。
5. 简述屋顶构造的形式及作用。

第 11 章 屋顶练习题答案.pdf

第 11 章 屋顶

实训工作单一

班级		姓名		日期	
教学项目	现场实地了解屋顶的构造形式及作用				
任务	了解屋顶的分类，构造及特点、作用等。		要求	做好各类屋顶的现场实地考察记录	
相关知识	屋顶相关知识				
其他要求	注意分类对比，汇总做总结				
工程过程记录					
评语				指导老师	

实训工作单二

班级		姓名		日期	
教学项目	实践古建筑屋顶绘图				
任务	机绘古建筑屋顶图一副		要求	有吻兽、斗拱、悬山顶	
相关知识	古建筑屋顶相关知识				
其他要求	在现代屋顶的基础上，发扬传统文化				

工程过程记录

评语			指导老师	

第 12 章 变形缝
教案.pdf

第 12 章 变形缝

【学习目标】

- 了解变形缝的分类及作用
- 掌握伸缩缝、沉降缝及防震缝的设置要求
- 掌握变形缝的构造

第 12 章 变形缝
图片.pptx

【教学要求】

本章要点	掌握层次	相关知识点
变形缝的分类和作用	1. 了解伸缩缝的概念 2. 了解沉降缝的概念 3. 了解防震缝的概念	1. 伸缩缝的类型 2. 沉降缝的方向 3. 不锈钢防震缝的选择
变形缝的设置要求	1. 掌握伸缩缝的设置原则 2. 掌握沉降缝的设置原则 3. 掌握防震缝的设置原则	1. 伸缩缝设计要点 2. 防震缝最小宽度要求
变形缝的构造	1. 变形缝构造设计的基本原则 2. 掌握伸缩缝的构造 3. 掌握沉降缝的构造 4. 掌握防震缝的构造	1. 墙体伸缩缝构造 2. 基础沉降缝

【引子】

变形缝，它可以使缝两侧的建筑物在温度变化、地基不均匀沉降或发生地震时，彼此互不影响。一般说来，变形缝可以分为伸缩缝、沉降缝和防震缝三种。根据建筑物的结构

布置和需要也可以把这两种或三种缝结合起来处理，做成一道缝，可以兼有二缝或三缝的作用。

12.1 变形缝分类和作用

12.1.1 伸缩缝

1. 伸缩缝

建筑伸缩缝即伸缩缝，也称温度缝。伸缩缝是指为防止建筑物构件由于气候温度变化(热胀、冷缩)，使结构产生裂缝或破坏而沿建筑物或者构筑物施工缝方向的适当部位设置的一条构造缝。伸缩缝是将基础以上的建筑构件如墙体、楼板、屋顶(木屋顶除外)等分成两个独立部分，使建筑物或构筑物沿长方向可做水平伸缩，如图 12-1 所示。

伸缩缝.mp4

伸缩缝.avi

立体效果
伸缩缝.avi

图 12-1　伸缩缝示意图

2. 钢伸缩缝的制作流程

(1) 未加工钢筋经过切割、弯曲制成锚固钢筋；
(2) 未加工钢板经过切割制成锚固板；
(3) 锚固钢筋和锚固板制成锚固装置；
(4) 未加工型钢经过喷丸、切割后和锚固装置制成边梁；
(5) 边梁经过焊接制成焊接组件；
(6) 焊接组件经过调直、除锈、整平、刷漆制成伸缩缝半成品；
(7) 伸缩缝半成品与密封条组装形成伸缩缝成品。

【案例 12-1】　某住宅由于伸缩缝两侧潮湿、渗水，造成墙体污染发黑发霉，影响美观。试分析这是什么原因导致这个问题？

3. 主要作用

伸缩缝的主要作用为防止房屋因气候变化而产生裂缝，其做法为：沿建筑物长度方向每隔一定距离预留缝隙，将建筑物从屋顶、墙体、楼层等地面以上构件全部断开，建筑物基础因其埋在地下受温度变化影响较小，不必断开。伸缩缝的宽度一般为20～30mm，缝内填保温材料，两条伸缩缝的间距在建筑结构规范中有明确规定。

若建筑物平面尺寸过长，因热胀冷缩的缘故，可能导致在结构中产生过大的温度应力，需在结构一定长度位置设缝将建筑分成几部分，该缝即为温度缝。对不同的结构体系，伸缩缝间的距离不同，中国现行《混凝土结构设计规范》中对此有专门规定。

4. 伸缩缝的类型

桥梁伸缩缝 GQF-C 型、GQF-Z 型、GQF-E 型、GQF-F 型、GQF-MZL 型，全都是采用热轧整体成型的异型钢材设计的桥梁伸缩缝产品。其中 GQF-C 型、GQF-Z 型、GQF-L 型、GQF-F 型桥梁伸缩装置适用于伸缩量 80mm 以下的桥梁，GQF-MZL 型桥梁伸缩装置型是由边梁、中梁、横梁和连动机构组成的模数式桥梁伸缩缝装置，适用于伸缩量 80～1200mm 的大中跨度桥梁。

5. 伸缩缝的控制要点

(1) 梁板上的预埋钢筋如果位置不对或者是漏预埋了，则需要采用植筋的方法把钢筋补上；
(2) 切割后要清理干净，链接锚固；
(3) 钢筋焊接焊缝要够，焊接要牢固；
(4) 混凝土的表面标高要正确，防止跳车；
(5) 伸缩缝锚固牢靠，不松动，伸缩性能有效；
(6) 混凝土的养护时间要够，不要因为养护时间不够而开放交通。

伸缩缝的控制要点.mp4

6. 伸缩缝的注意事项

(1) 伸缩装置因受运输长度限制，可分段制造，现场拼接。存放在工地的伸缩装置应平行放置，不得交叉堆放，以防变形。

(2) 出厂时，连接卡具仅为运输方便而设，缝隙并不是定位置。伸缩装置安装时，应在监理工程师的认可下方可进行。如设计文件上有规定，以桥梁设计文件所规定的为依据。

(3) 伸缩装置吊装就位前，应将预留槽内的混凝土打毛，清扫干净。安装时伸缩装置顺桥向的宽度 a 值，应对称放在伸缩缝的间隙上，并使其顶面标高与设计标高吻合后垫平，然后穿放横向的联接水平钢筋，将伸缩装置上的锚固钢筋与梁上预埋钢筋两侧焊牢(尽量增加焊接点与焊接长度，以延长伸缩装置的使用寿命)，放松卡具，使其自由伸缩，此时伸缩装置已进入工作状态。

(4) 完成上述工序后，安装必要模板，以防止砂浆流入伸缩缝内，然后认真用水清洗。在混凝土预留槽内浇筑混凝土。浇筑混凝土时应采取必要的措施，振捣密实。

(5) 混凝土初凝后，拔掉模板，及时清除伸缩缝内的异物。

7. 伸缩缝的设计要点

合理选定恰当伸缩量的缝隙极为重要，缝隙越大伸缩装置越容易遭破坏。采用的缝隙过大或过小，以及没有考虑安装时的温度而调整间隙，特别是针对板式橡胶伸缩装置，易造成破坏。因此，要采取预先切割桥面，设置接缝，或用较软的铺装层来吸收裂缝，或者安设小型的伸缩装置来解决。在较大纵坡的情况下，如不设置考虑适应竖直变位的构造，也容易产生缺陷，引起破坏。伸缩装置沿桥面纵向，即使伸缩量小，也存在挠度差大的问题。因此，在伸缩装置构造上要给予重视。伸缩装置与梁体结合成等强的整体是提高其使用效能的重要手段。除模数式伸缩装置之外的其他类型的桥梁伸缩装置，与桥面板的固定、结合往往不够充分，效果不甚理想。一般构造尺寸较小、刚度不足，而且对新材料的特征、配合等研究不够深入，所以在选型时应作充分的比较研究。为防止因雨水而起的漏水现象，虽然在一些钢制伸缩缝装置中，对配合部位采取插入密封橡胶、将排水装置、铺装层面层作为容易清扫的形式，或在整个缝隙中灌注填入防水材料的实用形式。对于桥面的雨水，一般应在伸缩装置附近设集中排水口；对不在日常养护作多次涂漆的构件上，设计上应采用优质耐久的防护材料作有效的处理。

8. 伸缩缝破损原因

1) 桥梁伸缩缝设计不周

设计时梁端部未能慎重考虑，在反复荷载作用下，梁端破损引起伸缩装置失灵。另外，有时变形量计算不恰当，采用了过大的伸缩间距，导致伸缩装置破损。

伸缩缝破损原因.mp4

2) 伸缩缝装置自身存在问题

伸缩装置本身构造刚度不足，锚固的构件强度不足，在营运过程中产生不同程度的破坏。

3) 压填材料选择不当

对伸缩装置的后浇压填材料没有认真对待、精心选择，致使伸缩装置营运质量下降，产生不同程度的病害。

4) 施工不科学

施工过程中，梁端伸缩缝间距没有按设计要求完成，人为地放大和缩小，定位角钢位置不正确，致使伸缩装置不能正常工作。这样会出现下列情况：由于缝距太小，橡胶伸缩缝因超限挤压凸起而产生跳车；由于缝距过大，荷载作用下的剪切力以及车辆行驶的惯性，会将松动的伸缩缝橡胶带出定位角钢，产生了另一类型的跳车。施工时伸缩装置的锚固钢筋焊接的不够牢固，或产生遗漏预埋锚固钢筋的现象，给伸缩缝本身造成隐患；施工时伸缩装置安装得不好，桥面铺装后伸缩缝浇筑的不好，使用过程中，在反复荷载作用下致使伸缩缝损坏。

5) 连续缝设置不够完善

为了减少伸缩缝，大量采用连续梁或连续桥面。桥面连续就需设置连续缝，连续缝的设置不够完善，致使连续缝破损，而产生桥面跳车。桥面连续缝处，变形假缝的宽度和深度设置得不够规范，不够统一，这也不同程度地影响着连续缝的正常工作。

9. 伸缩缝的安全安装

(1) 要求施工单位将伸缩缝吊装就位，检查其中心线与梁缝中心线是否重合，其顶面与路面标高是否一致，及时进行调整。将预埋钢筋和伸缩缝锚固件焊接牢固，再横穿$\phi 12$或$\phi 16$水平钢筋。一定要立即拆除伸缩缝定位压板，錾去定位螺丝，并用角向砂轮磨去焊疤，补上油漆。用胶粘纸带或木板密封伸缩缝顶面缝口，在槽口部位即浇筑50号混凝土；用插入式振动棒，充分振捣密实。抹平混凝土过渡段表面。用直尺检查伸缩缝顶面、过渡段，应尽量与路面平顺，做好混凝土养生后方可通车。带有防撞墙，人行道结构的伸缩缝，参照上述安装工序作业。

(2) 安装前应检查伸缩缝是否有出厂合格证、使用说明书等，并请监理、设计及有关人员对伸缩缝外观、几何精度进行检查验收，合格后方可使用。在桥梁上进行划线、切割：根据设计位置放出伸缩缝中线，并按设计尺寸从中线位置量测伸缩缝混凝土保护带边线，用混凝土切缝机按所画边线切割桥面沥青混凝土。为保证切边不受损坏，可分两次切割。第一次切缝距离保护带边线预留 5cm，待浇筑混凝土前，再沿准确边线进行第二次切割。切缝要求顺直、准确，切割时注意不要破坏桥面防水层，将防水层卷起予以保护。

(3) 一定要及时进行桥面的清理、填塞间隙：人工配合空压机清除切割范围内的沥青混凝土，并凿除松散混凝土，同时将缝内的杂物清理干净。缝宽一定要满足设计宽度要求，清理后用苯板将伸缩缝堵严。恢复预埋锚筋，预留钢筋数量要与设计图纸相符，若不相符要及时补焊，用空压机再次清理。为预防伸缩缝安装过程中焊花烧坏泡沫板，可在泡沫板两侧用钢板或铁皮覆盖保护。

(4) 当要安装的伸缩缝就位用吊车吊运时，应检查好吊车的吊钩，防止脱钩。吊装时，应严格按照厂家预留的吊位进行吊装，并按照设计图纸绑轧钢筋。在固定过程中采用拉线的方法控制伸缩装置的中线和直顺度，用长度大于 3m 具有足够刚度的工字钢或铝合金钢搭、放在伸缩缝两侧来控制高程。工字钢沿垂直伸缩缝的方向以 1m 间距放置，并与缝两侧路面压紧，用木楔将伸缩缝型钢垫平，然后用 3m 直尺配合自制小门架逐段精确调平，调平过程中应采用钢楔。伸缩缝就位后，应调整伸缩缝的中线及标高，标高根据缝两侧 5m 范围内的实测路面标高确定。

12.1.2 沉降缝

1. 沉降缝的概念

沉降缝是指为防止建筑物各部分由于地基不均匀沉降引起房屋破坏所设置的垂直缝。当房屋相邻部分的高

沉降缝.mp4

墙体沉降缝.avi

度、荷载和结构形式差别很大而地基又较弱时，房屋有可能产生不均匀沉降，致使某些薄弱部位开裂。为此，应在适当位置如复杂的平面或体形转折处、高度变化处、荷载、地基的压缩性和地基处理的方法明显不同处设置沉降缝。

沉降缝将建筑物划分若干个可以自由沉降的独立单元。沉降缝同伸缩缝的显著区别在于沉降缝是从建筑物基础到屋顶全部贯通，沉降缝宽度与地基性质和建筑高度有关。

2. 沉降缝的位置方向

涵洞洞身、洞身与端墙、翼墙、进出水口急流槽交接处必须设置沉降缝，但无圬工基础的圆管涵仅于交接处设置沉降缝，洞身范围不设。具体设置位置视结构物和地基土的情况而定。

沉降缝1.avi　　沉降缝2.avi

1) 洞身沉降缝

一般每隔 4~6m 设置 1 处，但无基础涵洞仅在洞身涵节与出入口涵节间设置，缝宽一般 3cm。两端与附属工程连接处也各设置 1 处。

2) 其他沉降缝

凡地基土质发生变化、基础埋置深度不一、基础对地基的荷载发生较大变化处、基础填挖交界处、采用填石垫高基础交界处，均应设置沉降缝。

3) 岩石地基上的涵洞

凡置于岩石地基上的涵洞，不设沉降缝。

4) 斜交涵洞

斜交涵洞洞口正做的，其沉降缝应与涵洞中心线垂直；斜交涵洞洞口斜做的，沉降缝与路基中心线平行；但拱涵与管涵的沉降缝，一律与涵洞轴线垂直。

3. 沉降缝的作用

结构物因荷载或建筑地基承载力不均匀而发生不均匀沉陷，产生不规则的多处裂缝，使结构物破坏而设置的缝。设置沉降缝后，可限定结构物发生整齐、位置固定的裂缝；如有不均匀沉降，则将其限制在沉降缝处，有利于结构物的安全、稳定和防渗(防止管内水流渗入涵洞基底或路基内，造成土质浸泡松软)。

沉降缝的作用.mp4

4. 沉降缝做法规范

(1) 为了避免因地基不均匀沉陷而引起墙身的开裂，需要根据地质条件的变异及墙高、墙身断面的变化情况来设置沉降缝。沉降缝把建筑物划分为几个段落，自成系统。从墙体、基础、楼板及房顶各不连接，缝宽通常为 30~70mm。将建筑物或者构筑物从基础至顶部完全分隔成段的竖直缝。

(2) 挡土墙沉降缝不但应贯通上部结构，而且也应贯通基础本身。挡土墙沉降缝应考虑缝两侧结构非均匀沉降倾斜和地面高差的影响。抗震缝、伸缩缝在地面以下可不设缝，连接处应加强。但沉降缝两侧墙体基础一定要分开。

(3) 挡土墙沉降缝的施工，要求做到使缝两边的构造物能自由沉降，又能严密防止水分渗漏，故沉降缝必须贯穿整个断面(包括基础)。其基础部分可将原基础施工时嵌入的沥青木板或沥青砂板留下，作为防水之用。如基础施工时不用木板，也可用黏土填入捣实，并在流水面边缘以 1:3 水泥砂浆填塞，深度约为 15cm。

(4) 涵身部分则缝外侧以热沥青浸制的麻筋填塞，深度约为 5cm，内侧以 1:3 水泥砂浆填塞，深度约为 15cm，视沉降缝处圬工的厚薄而定。缝内可以用沥青麻筋与水泥砂浆填满。如太厚，亦可将中间部分先填以黏土。

（5）挡土墙沉降缝的施工质量要求端面应整齐、方正，基础和涵身上下不得交错，应贯通，嵌塞物应紧密填实。各式有圬工基础涵洞的基础襟边以上，均顺沉降缝周围设置黏土保护层，厚约 20cm，顶宽约 20cm。对于无圬工基础涵洞，保护层宜使用沥青混凝土或沥青胶砂，厚度 10~20cm。

（6）挡土墙沉降缝防水处理在施工过程中，应注意浇捣的冲击力，以免由于力量过大而刺破橡胶止水带。如发现有破裂现象应及时修补，否则在接缝变形和受水压时橡胶止水带所能抵抗外力的能力就会大幅度降低。在混凝土浇捣时还必须充分震荡，以免止水带和混凝土结合不良而影响止水效果。

12.1.3 防震缝

防震缝.mp4　　　防震缝.avi

1. 防震缝的概念

防震缝是指地震区设计房屋时，为防止地震使房屋破坏，应用防震缝将房屋分成若干形体简单、结构刚度均匀的独立部分。为减轻或防止相邻结构单元由地震作用引起的碰撞而预先设置的间隙，在地震设防地区的建筑必须充分考虑地震对建筑造成的影响，如图 12-2 所示。

图 12-2　防震缝

2. 防震缝的作用

设置防震缝，可以将复杂结构分割为较为规则的结构单元，有利于减少房屋的扭转并改善结构的抗震性能。但震害表明，按规范要求确定的防震缝宽度，在强烈地震下仍有发生碰撞的可能，而宽度过大的防震缝又会给建筑立面设计带来困难。因此，设置防震缝对结构设计而言是两难的选择。

【案例 12-2】2015 年 1 月 14 日 13 时 21 分，四川省乐山市金口河区发生 5.0 级地震，震源深度 14 千米。据四川省民政厅报告，截至 15 日 17 时统计，地震造成金口河区、峨眉山市、峨边彝族自治县、沙湾区 4 个县(市、区)3.2 万人受灾，17 人受伤(其中峨边县 9 人、金口河区 7 人、峨眉山市 1 人，伤者均已在医院救治，目前情况稳定。试分析此事件中防震缝的作用。

12.2 变形缝的设置要求

1. 伸缩缝

(1) 伸缩缝的设置要求。

伸缩缝的间距主要与结构类型、材料和当地温度变化情况有关，根据屋盖刚度以及屋面是否设保温层或隔热层来考虑。其中，建筑物长度主要关系到温度应力累计的大小；结构类型和屋顶钢度主要关系到温度应力是否容易传递并对结构的其他部分造成影响；是否设置保温层或隔热层，则关系到结构直接受温度应力影响的程度。

伸缩缝设计要点.mp4

(2) 伸缩缝设计要点。

合理选定恰当伸缩量的缝隙极为重要，缝隙越大伸缩装置越容易遭破坏。采用的缝隙过大或过小，以及没有考虑安装时的温度而调整间隙。特别是针对板式橡胶伸缩装置，易造成破坏。即使是连续桥面，在面层铺装上往往也会出现裂纹。因此要采取预先切割桥面，设置接缝，或用较软的铺装层来吸收裂缝，或者安设小型的伸缩装置来解决。在较大纵坡的情况下，如不设置考虑适应竖直变位的构造，也容易产生缺陷，引起破坏。伸缩装置沿桥面纵向，即使伸缩量小，也存在挠度差大的问题，因此，在伸缩装置构造上要给予重视。伸缩装置与梁体结合成等强的整体无疑是提高其使用效能的重要手段。除模数式伸缩装置之外的其他类型的桥梁伸缩装置，与桥面板的固定、结合往往不够充分，效果不甚理想。一般构造尺寸较小、刚度不足，而且对新材料的特征、配合等研究不够深入，所以在选型时应作充分的比较研究。为防止因雨水而起的漏水现象，在一些钢制伸缩缝装置中，对配合部位采取插入密封橡胶或将排水装置或铺装层面层作为容易清扫的形式，或在整个缝隙中灌注填入防水材料的实用型式。对于桥面的雨水，一般应在伸缩装置附近设集中排水口；对不在日常养护作多次涂漆的构件上，设计上应采用优质耐久的防护材料作有效的处理。

(3) 伸缩缝的位置和间距与建筑物的结构类型、材料施工条件及当地温度变化情况有关。设计时应根据相关规范的规定设置，如表12-1、表12-2所示。

表12-1 砌体房屋伸缩缝的最大间距

屋盖或楼盖类别		间距/mm
整体式或装配整体式钢筋混凝土结构	有保温层或隔热层的屋盖、楼盖	50
	无保温层或隔热层的屋盖	40
装配式无檩体系钢筋混凝土结构	有保温层或隔热层的屋盖、楼盖	60
	无保温层或隔热层的屋盖	50
装配式有檩体系钢筋混凝土结构	有保温层或隔热层的屋盖、楼盖	75
	无保温层或隔热层的屋盖	60
瓦材屋盖、木屋盖、轻钢屋盖		100

注：(1) 对烧结普通砖、多孔砖、配筋砌块砌体房屋取表中数值；对石砌体、蒸压灰砂砖、蒸压粉煤灰砖和混凝土砌块房屋取表数值乘以 0.8 的系数。当有实践经验并采取有效措施时，可不遵守本表规定；
(2) 在钢筋混凝土屋面上挂瓦的屋盖应按钢筋混凝土屋盖采用；
(3) 按本表设置的墙体伸缩缝，一般不能同时防止由于钢筋混凝土屋盖的温度变形和砌体干缩变形引起的墙局部裂缝；
(4) 层高大于 5m 的烧结普通砖、多孔砖、配筋砌块砌体结构单层房屋，其伸缩缝间距可按表中数值乘以 1.3；
(5) 温差较大且变化频繁地区和严寒地区不采暖的房屋及构筑物墙体的伸缩缝的最大间距，应按表中数值予以适当减小；
(6) 墙体的伸缩缝应与结构的其他变形缝相重合，在进行立面处理时，必须保证缝隙的伸缩作用。

表 12-2　钢筋混凝土结构伸缩缝的最大间距

结构类别		室内或土中/mm	露天/mm
排架结构	装配式	100	70
框架结构	装配式	75	50
	现浇式	55	35
剪力墙结构	装配式	65	40
	现浇式	45	30
挡土墙、地下室墙壁等结构	装配式	40	30
	现浇式	30	20

注：(1) 装配整体式结构房屋的伸缩缝间距宜按表中现浇式的数据取用；
(2) 框架-剪力墙结构或框架-核心筒结构房屋的伸缩缝间距，可根据结构的具体布置情况取表中框架结构与剪力墙结构之间的数值；
(3) 当屋面无保温或隔热措施时，框架结构、剪力墙结构的伸缩缝间距宜按表中露天栏的数值取用；
(4) 现浇挑槽、雨罩等外露结构的伸缩缝间距不宜大于 12m。

2. 沉降缝

1) 沉降缝的设置原则：
(1) 设置在建筑物平面的转折部位；
(2) 设置在建筑的高度和荷载差异较大处；
(3) 设置在过长建筑物的适当部位；
(4) 地基土的压缩性有着显著差异处设置沉降缝；
(5) 建筑物基础类型不同以及分期建造房屋的交界处。

沉降缝的设置原则.mp4

如果基础持力层类别基本相同，且为素混凝土基础，基础可以不断开。因为混凝土的抗剪能力薄弱，即使发生不均匀沉降，对变形缝两侧的建筑并无多大影响。

2) 沉降缝的宽度与地基的性质和建筑物的高度有关，地基越软弱，建筑物的高度越大，沉降缝的宽度也越大，见表 12-3。

表 12-3　沉降缝的宽度

地基情况	建筑物高度	沉降缝的宽度/(mm)
一般地基	<5m	30
	5～10m	50
	10～15m	70
软弱地基	2～3 层	50～80
	4～5 层	80～120
	6 层以上	>120
湿陷性黄土地基		≥30～70

不过除了设置沉降缝以外，不属于扩建的工程还可以用加强建筑物的整体性等方法来避免建筑物的不均匀沉降；或者在施工时采用所谓的后浇板带法，即先将建筑物分段施工，中间留出 2m 左右的后浇板带部分，以此来避免不均匀沉降有可能造成的影响。但是这样做必须对沉降量把握准确，或者在建筑物的某些部位会因特殊处理而需要较大的投资，因此大量的建筑物必要时目前还是选设置沉降缝的方法来将建筑物断开。

3. 防震缝

《建筑抗震设计规范》6.1.4 条规定：高层钢筋混凝土房屋宜避免采用不规则建筑结构方案，这种方案不设防震缝；当需要设置防震缝时，应符合下列规定：

(1) 防震缝最小宽度要求。

防震缝最小宽度要求.mp4

① 框架结构房屋的防震缝宽度、当高度不超过 15m 时，不应小于 100mm；超过 15m 时，6 度、7 度、8 度、9 度分别每增加高度 5m、4m、3m 和 2m，宜加宽 20mm。

② 框架剪力墙结构的房屋防震缝宽度不应小于规定数值的 70%，剪力墙结构的房屋防震缝宽度不应小于规定数值的 50%；且均不宜小于 100mm。

③ 防震缝两侧结构类型不同时，宜按需要较宽防震缝的结构类型和较低房屋高度确定缝宽。

(2) 砌体建筑，应优先采用横墙承重或是纵横墙混合承重的结构体系。在设防烈度为 8 度和 9 度地区。有下列情况之一时，建筑宜设防震缝：

① 建筑立面高差在 6m 以上；

② 建筑有错层且错层楼板高差较大；

③ 建筑各相邻部分结构刚度、质量截然不同。

(3) 防震缝要沿建筑全高设置，缝两侧应布置双墙或者双柱，或一墙一柱，使各部分结构都有较好的刚度。

(4) 防震缝应与伸缩缝、沉降缝统一布置，并满足防震缝的要求。一般情况下，设防震缝时，基础可以不分开。

(5) 防震缝的宽度，在多层砖混结构中按设防烈度的不同取 50～100mm；在多层钢筋混凝土框架结构建筑物中，建筑物的高度不超过 15m 时为 70mm，当建筑物高度超过 15m 缝宽如表 12-4 所示。

表 12-4　防震缝的宽度

设防烈度	建筑物高度	缝　宽
7度	每增加 4m	在 70mm 基础上增加 20mm
8度	每增加 3m	在 70mm 基础上增加 20mm
9度	每增加 2m	在 70mm 基础上增加 20mm

12.3　变形缝的构造

1. 变形缝构造设计的基本原则

（1）满足变形缝力学方面的要求，即吸收变形、跟踪变形。如温度变形、沉降变形、震动变形等；

（2）满足空间使用的基本功能需要；

（3）满足缝的防火方面的要求。缝的构造处理应根据所处位置的相应构件的防火要求，进行合理处理，避免由于缝的设置导致防火失效。如在楼面上设置了变形缝后，是否破坏了防火分区的隔火要求，要在设计中给予充分重视；

变形缝构造设计的基本原则.mp4

（4）满足缝的防水要求。不论是墙面、屋面或是楼面，缝的防水构造都直接影响建筑物空间使用的舒适、卫生以及其他基本要求；

（5）满足缝的热工方面的要求；

（6）满足美观要求。

2. 伸缩缝

伸缩缝的宽度一般为 20～40mm，以保证缝两侧的建筑构件能在水平方向自由伸缩。

1) 构造要求

（1）在平行、垂直于建筑轴线的两个方向均能自由伸缩；

（2）牢固可靠；

（3）防水及防止杂物渗入阻塞；

（4）安装、检查、养护、消除污物都要简易方便。

2) 墙体伸缩缝构造

墙体伸缩缝的构造处理既要保证伸缩缝两侧的墙体自由伸缩，又要密封较严，以满足防风、防雨、保温、隔热和外形美观的要求。因此在构造上对伸缩缝必须给予覆盖和装修，墙体伸缩缝可以做成平缝、错口缝、企口缝等截面形式，如图 12-3 所示。砖墙伸缩缝构造如图 12-4 所示。

3) 楼地板层伸缩缝构造

楼地板层伸缩缝的位置与缝宽大小应与墙体、屋顶变形缝一致，缝内常用可压缩变形的材料做封缝处理，上铺活动盖板或橡、塑地板等地面材料，以满足底面平整、光洁、防滑、防水及防尘等功能。顶棚的盖封条只能固定于一端，以保证两端构件能自己有伸缩变形，如图 12-5 所示。

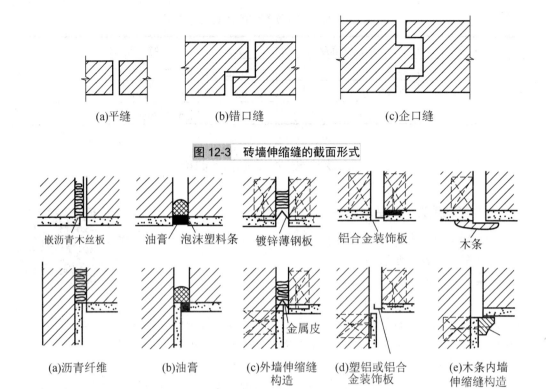

图 12-3　砖墙伸缩缝的截面形式

图 12-4　砖墙伸缩缝构造

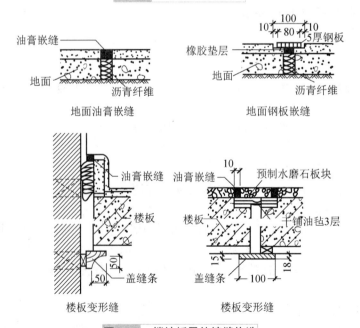

图 12-5　楼地板层伸缩缝构造

4)　屋面伸缩缝构造

屋面伸缩缝的位置、缝宽与墙体、楼地面的伸缩缝一致，一般设在同一高度屋顶或建筑物的高度错落处。屋面伸缩缝应注意做好防水和泛水处理，其基本要求同屋面泛水构造相似，不同之处在于盖缝处应能允许自由伸缩而不造成渗漏。常见平屋顶伸缩缝构造，如图12-6所示。

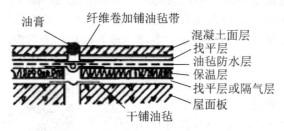

图12-6　同层等高不上人屋面伸缩缝

5) 伸缩缝的结构处理

砖混结构的墙和楼板及屋顶结构布置可采用单墙也可采用双墙承重方案，如图12-7(a)所示。框架结构的伸缩缝结构一般采用悬臂梁方案、双梁双柱方案，如图12-7(b)、(c)所示。

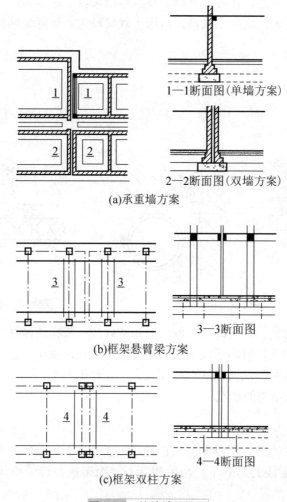

图12-7　伸缩缝的设置

3. 沉降缝

1) 墙体沉降缝

墙体沉降缝一般兼起伸缩缝作用，其构造与伸缩缝相同。但是由于沉降缝要保证两侧的墙体能自由沉降，所以盖缝的金属节片必须保证在水平方向和垂直方向均能自由变形，如图 12-8 所示。屋顶沉降缝处的金属调节盖缝皮或其他构件应考虑沉降变形与维修余地的情况，如图 12-9 所示。

2) 基础沉降缝

基础也必须设置沉降缝，以保证两侧能自由沉降。常见的基础沉降缝的处理方案有三种，如图 12-10 所示。

(1) 双墙式沉降缝处理方法。将基础平行设置，施工简单，造价低，但宜出现两墙之间间距较大或基础偏心受压的情况，因此常用于较小的房屋。

(2) 交叉式处理方法。将沉降缝两侧的基础均做成墙下独立基础，交叉设置，在各自基础上设置基础梁以支撑墙体。这种做法受力明确，效果较好，但施工难度大，造价也较高，适用于载荷较大，沉降缝两侧的墙体间距较小的建筑。

桩基础.avi

常见的基础沉降缝的处理方案.mp4

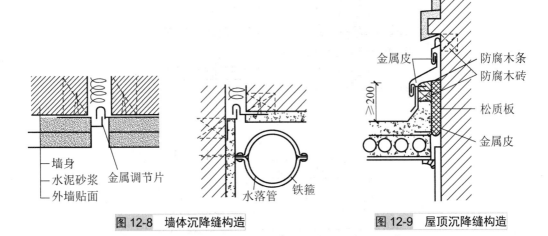

图 12-8　墙体沉降缝构造　　　　图 12-9　屋顶沉降缝构造

(3) 挑梁式处理方案。将沉降缝一侧的墙和基础按一般构造做法处理，而另一侧采用挑梁支撑基础梁，基础上砌筑轻质墙的做法。轻质墙可减少挑梁上的荷载，但挑梁下基础的底面要相应加宽。这种做法两侧基础分开较大，互相影响小，适用于沉降缝两侧基础埋深相差较大或新旧建筑略连的情况。

4. 防震缝

(1) 防震缝根据伸缩缝、沉降缝协调布置，相邻结构不完全断开并留有足够的缝隙，以保证在水平方向地震波的影响下，房屋相邻不致因碰撞而造成破坏，墙身防震构造如图 12-11 所示。

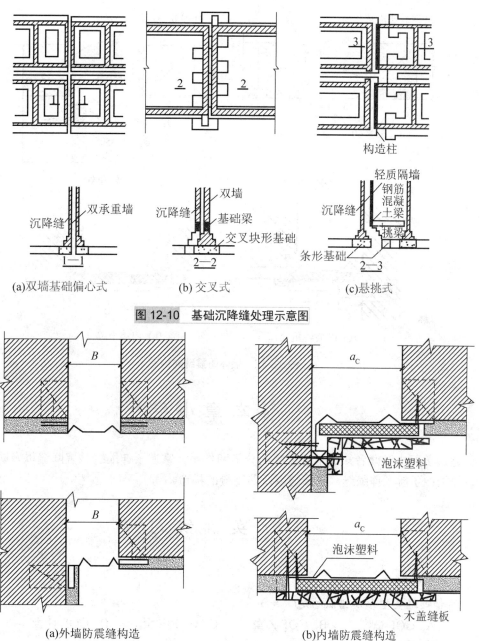

图 12-10 基础沉降缝处理示意图

图 12-11 墙身防震构造

(2) 防震缝因缝宽较宽,在构造处理时,应考虑盖缝板的牢固性及适应变形的能力,具体构造如图 12-12 所示。外缝口用镀锌铁皮、铝片或橡胶覆盖,内缝口常用木质、金属盖板遮缝。寒冷地区的外缝口还需用具有弹性的软质聚氯乙烯泡沫塑料、聚苯乙烯泡沫塑料等保温材料填实。

建筑识图与构造

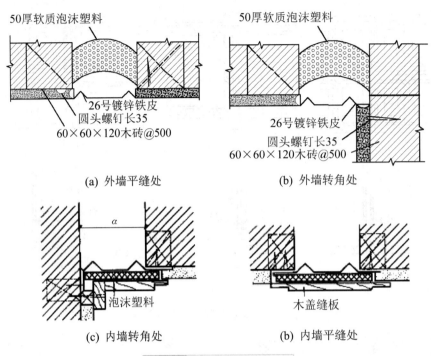

图 12-12 墙体防震缝的构造

本章小结

通过学习本章读者知道了变形缝的分类和作用；掌握了伸缩缝、沉降缝以及防震缝的设置原则；了解了伸缩缝、沉降缝以及防震缝的构造。

实训练习

一、单选题

1. 伸缩缝类型表示错误的是（　　）。
   A. GQF-C 型　　B. GQF-Z 型　　C. GQF-E 型　　D. GQF-H 型
2. 伸缩缝的宽度一般采用（　　）mm。
   A. 10～20　　B. 20～30　　C. 40～50　　D. 50～60
3. 伸缩装置已进入工作状态后，安装必要模板，以防止砂浆流入伸缩缝内，然后认真用水清洗。在混凝土预留槽内浇筑大于（　　）的混凝土。
   A. C25　　B. C30　　C. C40　　D. C50
4. 洞身沉降缝一般每隔（　　）m 设置 1 处，但无基础涵洞仅在洞身涵节与出入口涵节间设置，缝宽一般（　　）cm。两端与附属工程连接处也各设置 1 处。
   A. 2～3 和 1　　B. 4～6 和 3　　C. 2～3 和 3　　D. 4～6 和 1

第 12 章 变形缝

5. 符合防震缝最小宽度，框架结构房屋的防震缝宽度，当高度不超过(　　)m 时不应小于 100mm。

　　A. 15　　　　　　B. 10　　　　　　C. 14　　　　　　D. 10

二、多选题

1. 变形缝包括(　　)。
   A. 伸缩缝　　　　B. 分格缝　　　　C. 沉降缝
   D. 防震缝　　　　E. 施工缝

2. 伸缩缝破损原因(　　)。
   A. 伸缩缝设计不周　　　　　　　　B. 伸缩缝装置自身存在问题
   C. 伸缩装置的后浇压填材料选择不当　　D. 施工不科学合理
   E. 连续缝设置不够完善

3. 下列关于变形缝的说法，正确的是(　　)。
   A. 伸缩缝的缝宽一般为 20~30mm，设置时应从基础底面断开，沿房屋全高设置
   B. 沉降缝除地上建筑部分断开外，基础也应该断开，使相邻部分可自由沉降，互补牵制
   C. 某 6 层房屋，其沉降缝宽度可设置为 100mm
   D. 防震缝设置时，仅仅将地面以上构件全部断开即可
   E. 多层砌体建筑的防震缝宽度一般为 50~100mm

4. 变形缝的主要作用有(　　)。
   A. 保证房屋在温度变化时能有一些自由伸缩
   B. 保证房屋在压力增大时能有一些自由伸缩
   C. 保证房屋在基础不均匀沉降时有一些自由伸缩
   D. 保证房屋在施工过程中出现误差可有一定回旋余地
   E. 保证房屋在地震时能有一些自由伸缩

5. 伸缩缝构造要求(　　)。
   A. 在平行、垂直于桥梁轴线的两个方向均能自由伸缩
   B. 牢固可靠
   C. 车辆驶过应平顺、无突跳与噪声
   D. 防水及防止杂物渗入阻塞
   E. 安装、检查、养护、消除污物都要简易方便

三、填空题

1. 变形缝包括_____、_____和_____。
2. 伸缩缝要求将建筑物_____分开；当既设伸缩缝又设防震缝时，缝宽按_____处理。
3. 伸缩缝的缝宽一般为_____；沉降缝的缝宽为_____；防震缝的缝宽一般取_____。
4. 变形缝包括_____、_____和_____。

5. 沉降缝要求从_____到_____所有构件均需设缝分开。

四、简答题

1. 简述变形缝的分类及其作用。
2. 钢伸缩缝的制作流程包括哪些？
3. 简述伸缩缝的设置要求。
4. 简述沉降缝的设置原则。

第 12 章 变形缝习题答案.pdf

第 12 章 变形缝

实训工作单一

班级		姓名		日期	
教学项目	变形缝的设置				
任务	变形缝的设置检测		变形缝类型	1. 伸缩缝 2. 沉降缝 3. 防震缝	
相关知识					

工作过程记录

评语			指导老师	

建筑识图与构造

实训工作单二

班级		姓名		日期	
教学项目	变形缝的构造				
任务	了解变形缝的构造		楼梯的类型	1. 伸缩缝 2. 沉降缝 3. 防震缝	
相关知识					

工作过程记录：

评语			指导老师	

第 13 章 单层厂房构造

第 13 章 单层厂房构造教案.pdf

【学习目标】

- 掌握工业建筑概念、特点、分类及设计原则
- 了解单层工业厂房组成
- 掌握单层工业厂方的主体构造、墙体构造以及其他构造

第 13 章 识图与构造图片.pptx

【教学要求】

本章要点	掌握层次	相关知识点
工业建筑概述	1. 了解工业建筑概念 2. 了解工业建筑的分类 3. 掌握设计原则	单层厂房 多层厂房 热加工厂房
单层工业厂房组成	1. 了解单层工业厂房的结构类型 2. 掌握外墙围护系统 3. 了解单层工业厂房的主要维护结构	排架结构 刚架结构
单层工业厂房的主体结构构造	1. 了解屋盖结构 2. 了解柱的形式与构造	1. 无檩屋盖 2. 有檩屋盖 3. 屋盖承重构件
单层工业厂房的墙体构造	1. 砖砌外墙 2. 外墙与柱、屋架、屋面板、山墙的连接 3. 钢筋混凝土板材墙的构造	1. 钢筋混凝土墙板规格及类型 2. 墙板布置 3. 墙板和柱的连接
单层工业厂房的其他构造	1. 掌握屋顶构造 2. 掌握天窗的构造 3. 掌握侧窗和大门构造	1. 屋面防水 2. 天窗侧板 3. 单层厂房大门的特点

chapter 13 建筑识图与构造

【引子】

国外单层厂房广泛采用装配式钢筋混凝土、预应力混凝土结构和轻型围护材料的结构，且跨度不断增大，是一种普遍趋势。联邦德国厂房结构体系有薄腹梁屋盖体系、锯齿形屋盖体系、板架合一(或板梁合一)屋盖体系等。英国的单层厂房平面布置一般较紧凑，大都为联跨。波兰轻钢结构体系只在屋面和墙面围护结构采用了轻型板材结构，这些围护结构是压成各种波形的镀锌薄钢板，中间夹轻型保温层；承重结构仍采用传统的梁柱或屋架柱。

13.1 工业建筑概述

【案例 13-1】 2005 年 1 月 29 日 19:50 时左右，由浙江歌山建设集团有限公司承建的方松街道天邻英华园二期工地，一职工在浇筑 2 号楼人防地下车库汽车坡道外墙时，从 5m 左右高处坠落至基坑外侧地面，经送松江区中心医院抢救无效死亡。试分析造成此事故的原因。

工业建筑的特点.mp4

1. 工业建筑概念

工业建筑是指供人民从事各类生产活动的建筑物和构筑物，如图 13-1 所示。工业厂房可分为通用工业厂房和特殊工业厂房。工业建筑在 18 世纪后期最先出现于英国，后来在美国以及欧洲一些国家，也兴建了各种工业建筑。苏联在 20 世纪 20～30 年代，开始进行大规模工业建设。中国在 50 年代开始大量建造各种类型的工业建筑。

(a)建筑物

(b)构筑物

图 13-1 建筑物和构筑物

建筑物.avi

构筑物.avi

2. 工业建筑的特点

(1) 厂房应满足生产工艺的要求；
(2) 厂房内部有较大的面积和空间；
(3) 厂房的结构、构造复杂，技术要求高；
(4) 必须紧密结合生产；
(5) 生产工艺不同的厂房具有不同的特征；
(6) 采光、通风、屋面排水及构造处理较复杂。

3. 工业建筑的分类

厂房：化工厂房、医药厂房、纺织厂房、冶金厂房等。

构筑物：水塔、烟囱、厂区内栈桥、囤仓等。

高新技术产业建筑：供从事高新技术研究、产品并开发以及高新技术产品生产的建筑。

工业区配套设施建筑：城市规划行政主管部门确定须在工业区内配套设置的建筑物，包括宿舍、食堂、管理楼、垃圾站、变配电所、雨水泵房等。

4. 工业建筑的类型

(1) 按用途：主要生产厂房、辅助生产厂房、动力用厂房、储存用房屋、运输用房屋、其他等。

(2) 按层数：单层厂房、多层厂房、混合层次厂房。

(3) 按生产状况：冷加工车间、热加工车间、恒温恒湿车间、洁净车间、其他种情况的车间，有爆炸可能性的车间，有大量腐蚀作用的车间，有防微震、高度噪声、防电磁波干扰等车间。

1) 单层厂房

单层厂房内一般按水平方向布置生产线。这种厂房结构简单，可以采用大跨度、大进深的设计，这种设计便于使用重型起重运输设备，地面上可安装重型设备，同时还可以利用天窗采光、通风，如图 13-2 所示。单层厂房的适应性强，既可用于生产重型产品，又可用于生产轻型产品；既可建成大跨度、大面积的，也可建小跨度、小面积的。

可采用单跨或多跨(联跨)平面，各跨多平行布置，也可有垂直跨。厂房多呈矩形，生活用房和辅助用房多沿柱边布置或利用吊车的死角处，也可集中建在厂房附近或贴建于厂房四周，但不宜过多，以免妨碍厂房采光和通风。

单层厂房结构通常用钢筋混凝土构架体系，特殊高大或有振动的厂房可用钢结构体系。在不需要重型吊车或大型悬挂运输设备时，还可采用薄壳、网架、悬索等大型空间结构，以扩大柱网，增加灵活性。

单层厂房.avi

图 13-2 单层厂房

2) 多层厂房

多层厂房是在单层厂房基础上发展起来的,这类厂房有利于安排竖向生产流程,管线集中,管理方便,占地面积小。如果安排重型的和振动较大的生产车间,则结构设计比较复杂,如图 13-3 所示。

多层厂房平面有多种形式,最常见的是内廊式不等跨布置,中间跨作通道;等跨布置,适用于大面积灵活布置的生产车间。以自然采光为主的多层厂房,宽度一般为 15~24m,过宽则中间地带采光不足,交通枢纽、管道井常布置在中心部位,空调机房则可设在厂房的一侧或底层,利用技术夹层、竖井通至各层。

多层厂房层高一般为 4~5m,有时为取得足够的自然光,可达 6m,除此之外还要考虑设备和悬挂运输机具的高度。多层厂房的底层,多布置对外运输频繁的原料粗加工、设备较大、用水较多的车间或原料和成品库。多层厂房的顶层便于加大跨度和开设天窗,宜布置大面积加工装配车间或精密加工车间。其他各层根据生产线作出安排。

多层厂房各层间主要依靠货梯连系,楼梯宜靠外墙布置。有时为简化结构,也可将交通运输枢纽设在与厂房毗邻的连接体内。在用斗式提升机、滑道、输液通道、风动管道等重力运输设备的生产车间,如面粉厂,其工段要严格按照工艺流程布置。生活辅助用房常布置在各层端部,以接近所服务的工段,也可将生活辅助用房贴建在主厂房外,利用楼梯错层连接。

多层厂房多采用钢筋混凝土框架结构体系,或预制,或现浇,或二者相结合;多层厂房多采用无梁楼盖体系,如升板等类型。楼面荷载除应考虑工艺变更时的适应性,也要考虑为设备安装和大修所增加临时荷载。

图 13-3 多层厂房

3) 热加工厂房

这种厂房在生产过程中散发大量余热或烟尘,故厂房设计应着重解决散热排烟问题,一般以采用自然通风散热为主,机械排热为辅。设计中还要综合考虑车间内外对环境的污染和影响。

热加工厂房多为窄长的单跨厂房,以利自然通风,面积大的也可用联跨。厂房内的热源布置要考虑对相邻工段的影响，如果常年风压不大，热源最好正对排风口(如天窗等)，以减少室内的紊乱气流。

在剖面设计中，单跨厂房须增大低侧窗的面积(或用大面积开敞的大门)和增大高侧窗的面积，利用其高差以利通风换气。天窗要有足够高度，以利排气。在温暖地区，可采用开敞式或半开敞式建筑。为防暴风雨侵袭，厂房设挡雨板，并兼作遮阳用。

热加工厂房如用作冶炼、轧钢、铸造、锻压等车间，一般设有地沟、地坑和较大的设备基础，地下烟道也较多，宜设在地下水位较低的地段，并作防水处理。此外，对铸造、锻压车间产生的振动、噪声，也都应作处理。

4) 冷加工厂房

冷加工是与热加工相对而言的，冷加工厂房是生产过程中不散发大量余热的厂房。按生产和建筑特点可分为重型和轻型两类：

(1) 重型冷加工厂房。它的加工件的体积、重量都比较大。厂房设计应着重解决铁路运输和重型吊车与厂房的关系，以及轻、重部件加工工段的组合等问题。这类厂房在平面上将机械加工和装配工段跨间相互垂直布置。重型部件加工跨间紧靠露天仓库，其余跨间按部件轻重依次排列。重型冷加工厂房也可采用全部平行跨间的组合，由厂房一端引入铁路专用支线，另一端布置生活间。重型冷加工厂房体量大，应合理选择结构形式，处理好厂房体形和立面尺度问题，一般可将辅助用房、办公室、生活间等合并建造，以节约用地。

(2) 轻型冷加工厂房。这种厂房中的加工件都较轻，但数量大，品种多，对生产连续性要求较高，工艺更新周期短，因而在运输路线和设备布置方面要有更大的灵活性。为加大灵活性，轻型冷加工厂房宜采用标准设计的大柱网灵活车间，以利于布置不同方向的流水线。结构上要考虑悬挂运输工具路线改变的可能性。厂房内可采用轻型活动隔墙，以适应生产工艺变更的需要。此外，由于加工精度高，人员密集度高，自然采光和通风的要求比重型加工厂房高。

5) 动力站

大、中型工厂一般都设有各种动力站。动力站建筑可分为两类：一类是供电、供热、供煤气的站房，如自备电站、锅炉房、煤气站等；另一类是供氢气、氧气、乙炔、压缩空气的站房。

(1) 锅炉房和煤气站。在以煤为主要能源的工厂内，常将二者靠近安排，以便共同使用水处理系统、输煤系统、除灰系统，设在厂区内靠近运输干线的地方。较大型锅炉房和煤气站的主要建筑多为三层，以便实现运煤、储煤、除灰的机械化。锅炉房分为加煤层、运转层和出灰层，煤气站分为运煤走廊、煤斗和操作间、发生炉和除渣间。此外，锅炉房还设有烟囱和除尘设施，煤气站的室外设有静电除焦油、循环用水等设备和洗涤塔、冷却塔。高压锅炉房和煤气站还应采取防雷、防爆设施。

(2) 氢气站、氧气站、乙炔发生站、压缩空气站。在总平面布置上，这些动力站应靠近其用量较大的车间，以便于瓶罐运输或缩短管线。氢气站、氧气站和乙炔发生站都有较大的火灾和爆炸危险性，因此氧气站应设在乙炔发生站和向大气中排放可燃气体的车间的上风位，乙炔发生站应设在压缩空气站的下风位。这类站房相互间要有一定的安全距离。它们所用原料主要是建筑周围的空气，所以应保持所处地段空气的洁净。

氧气站有制氧和灌瓶两部分，产量大的分设成两个车间。充瓶台前设高2m的防护墙，以防气瓶爆炸伤人。

乙炔发生站一般为独立建筑，产量小的可与用气车间合并，但须以实墙分隔，以利防火。

压缩空气站有较大的振动和噪声，要远离有防微振要求的车间。规模小的(产量一般每小时小于1000m³)，可贴建于厂房一侧。

这些动力站房一般采用单层，柱距尺寸多为6m，跨度为12m、15m、18m不等。大中型站房设备较多时，可设置检修用的小型单轨吊车。

5. 工业建筑的任务

根据生产工艺设计厂房的平面形状、柱网尺寸、剖面形式、建筑体型，合理选择结构方案和围护结构的类型，进行细部构造设计，协调建筑、结构、水、暖、电、气、通风等各工种，正确贯彻"坚固适用、经济合理、技术先进"的原则。

6. 工业建筑的设计原则

1) 生产工艺

这是确定建筑设计方案的基本出发点，与建筑有关的工艺要求是：

(1) 流程直接影响各工段、各部门平面的次序和相互关系；

(2) 运输工具和运输方式与厂房平面、结构类型和经济效果密切相关；

(3) 生产特点多具有散发大量余热和烟尘，排出大量酸、碱等腐蚀物质或有毒、易燃、易爆气体，以及有温度、湿度、防尘、防菌等特点。

2) 选择结构

根据生产工艺要求和材料、施工条件，选择适宜的结构体系。钢筋混凝土结构材料易得，施工方便，耐火耐蚀，适应面广，可以预制，也可现场浇注，为中国的单层和多层厂房所常用。钢结构则多用在大跨度、大空间或振动较大的生产车间，但要采取防火、防腐蚀措施。

3) 生产环境

下面几点是必须做到的：

(1) 有良好的采光和照明。一般厂房多为自然采光，但采光均匀度较差。如纺织厂的精纺和织布车间多为自然采光，但应解决日光直射问题。如果自然采光不能满足工艺要求，则采用人工照明。

(2) 有良好的通风。如采用自然通风，要了解厂房内部状况(散热量、热源状况等)和当地气象条件，设计好排风通道。某些散发大量余热的热加工和有粉尘的车间(如铸造车间)应重点解决好自然通风问题。

(3) 控制噪声。除采取一般降噪措施外，还可设置隔声间。

(4) 对于某些在温度、湿度、洁净度、无菌、防微振、电磁屏蔽、防辐射等方面有特殊工艺要求的车间，则要在建筑平面、结构以及空气调节等方面采取相应措施。

(5) 要注意厂房内外整体环境的设计，包括色彩和绿化等。

4) 合理布置

生活用房包括存衣间、厕所、盥洗室、淋浴室、保健站、餐室等，布置方式按生产需要和卫生条件而定。车间行政管理用房和一些空间不大的生产辅助用房，可以和生活用房布置在一起。

5) 平面布置

这是工业建筑设计的首要环节。在厂址选定后，总平面布置应以生产工艺流程为依据，确定全厂用地的选址和分区、工厂总体平面布局和竖向设计，以及公用设施的配置，运输道路和管道网路的分布等。此外，生产经营管理用房和全厂职工生活、福利设施用房的安排也属于总平面布置的内容。解决生产过程中的污染问题和保护环境质量也是总平面布置必须考虑的。总平面布置的关键是合理地解决全厂各部分之间的分隔和联系，从发展的角度考虑全局问题。总平面布置涉及面广，因素复杂，常采用多方案比较或运用计算机辅助设计方法，选出最佳方案。

6) 防腐设计

工业生产过程中应用和产生的酸、碱、盐以及侵蚀性溶剂，大气、地下水、地面水、土壤中所含侵蚀性介质，都会使建筑物受到腐蚀。此外，建筑物还会受到生物腐蚀。

(1) 防腐设计。

① 限制侵蚀性介质的作用范围；

② 将侵蚀性介质稀释排放；

③ 在建筑布置、结构选型、节点构造和材料选择等方面采取防护措施。

(2) 布置要点。

① 对散发大量侵蚀性介质的厂房、仓库、贮罐、排气筒、堆场等，尽可能集中布置于常年主导风向的下风侧和地下水流向的下游。为利于通风，厂房和仓库的长轴应尽量垂直于主导风向。

② 室外场地应有足够的排水坡度(一般不小于0.5%)，并布置排水明沟。

③ 厂内输送侵蚀性液体、气体的管道尽量集中埋置；架空敷设时放在下层，以免危及其他管道。

④ 排除侵蚀性污水的管道所设的检查井(窨井)，应同建筑物基础保持一定的距离。

(3) 设计要点。

① 凡散发侵蚀性气体、粉尘的建筑物，造型力求简单。为保持良好的自然通风，可采用敞开式、半敞开式建筑。

② 围护结构应根据室内温度、湿度情况，加强保温性能，以减少墙面、屋面由于侵蚀性气体的冷凝结露腐蚀建筑物。为避免侵蚀性粉尘集聚，屋面不宜砌筑女儿墙。

③ 采用木制或塑料、玻璃钢制门窗。

④ 外露的金属构件或零件应适当加大尺寸或涂饰耐腐蚀涂料。

⑤ 楼面、地面的防护是建筑防腐蚀设计的关键。为了缩小侵蚀性介质的危害范围，应配合生产工艺要求将滴、漏严重的设备集中布置，并可在设备底下设置托盘、地槽，局部地面、楼面作成耐酸、耐碱地坪。地坪的面层材料可选用沥青混凝土、水玻璃混凝土、聚氯乙烯、玻璃钢、陶瓷、花岗岩等制成的板材或块材。在地坪面层和找平层(一般用水泥砂浆)间，用石油沥青油毡或再生橡胶油毡等材料作为隔离层，以防地坪受到侵蚀性介质渗透、扩散的影响。

⑥ 凡与侵蚀性介质接触的其他建筑部位，如地沟、地漏、踢脚线、变形缝和设备等，都应采取耐腐蚀的材料和相应的构造措施。

(4) 构造要求。

防腐蚀建筑一般以钢筋混凝土结构为佳。在含有强腐蚀性气体且处于高湿环境中的梁、板、柱、屋架等钢筋混凝土承重构件，除提高混凝土的标号、密实性和加大钢筋保护层外，表面还可以涂以耐腐蚀涂料(如沥青漆、环氧树脂漆等)。如果建筑物采用钢、铝等金属结构，除加强节点构造和表面防护外，进行结构计算时还应该要适当提高安全度。砖木结构一般仅用于腐蚀性介质影响不大的建筑物，承重砖墙宜用不含石灰质的砂浆砌筑，木材表面也要作防腐处理。建筑物的基础部分，为了防止生产过程中侵蚀性液体渗入地下造成腐蚀，防止杂散电流漏入地下引起钢筋的电化学腐蚀，防止含有侵蚀性介质的地下水和地基土壤造成危害，相接触的建筑部位必须采取地面的防渗堵漏和排水设施，选用合适的基础材料，加强混凝土中钢筋保护层，对基础表面作防腐蚀处理并增加基础埋深等。

7. 厂房内的其中运输设备

为在生产中运送原材料、成品或半成品，以及安装、检查生产设备，厂房内就应设置必要的起重运输设置。常见的运输设备有两类：一是安装在厂房上部空间的起重设备；二是各种平板车、移动式胶带运输机、电动平板车、电瓶车、叉式装卸车、载重汽车、火车等。其中起重设备主要有单轨悬式起重机、梁式起重机和桥式起重机等类型。

单轨悬挂式起重机.avi

(1) 单轨悬挂式起重机。单轨悬挂起重机，如图 13-4 所示。按操纵方法的不同，可分为手动及电动两种。起重机有运行部分和起升部分组成，安装在工字轨道上，轨道悬挂在屋顶(或屋面大梁)的下弦上，单轨悬挂式起重机适用于小型起重量的车间。

图 13-4 单轨悬挂式起重机

(2) 梁式起重机。梁式起重机也分手动和电动两种，如图 13-5 所示。梁式起重机由梁架、Ⅰ型轨道和电动葫芦组成。常见的有悬挂式梁式起重机及支座式梁式起重机，前者的轨道可悬挂在屋架下弦上，如图 13-5(a)所示，后者的轨道支撑在起重机梁上，通过牛腿等支撑在柱子上，如图 13-5(b)所示，梁式起重机适用于小型起重量的车间，起重量一般为 1～5t。

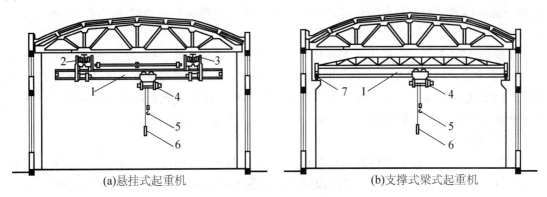

(a)悬挂式起重机　　　　　　　　(b)支撑式梁式起重机

图 13-5　梁式起重机

1—钢梁；2—运行装置；3—轨道；4—提升装置；5—吊钩；6—操纵开关；7—起重机梁

(3) 桥式起重机。桥式起重机是厂房排架柱上设牛腿，牛腿上搁置吊车梁，吊车梁上安装钢轨，钢轨上设置能沿厂房纵向滑移的双榀钢桥架(或板梁)，桥架上铺有起重行车沿厂房横向运行的轨道，桥式起重机的司机室一般设在起重机端部，有的也可设在中部或做成可移动的，如图 13-6 所示，桥式起重机的起重范围 5～300t，适用于 12～36m 跨度的厂房。

桥式起重机.avi

图 13-6　桥式起重机

13.2　单层工业厂房的构造

13.2.1　单层工业厂房组成

1. 单层工业厂房的结构类型

(1) 按结构形式：钢架结构、排架结构、拱结构等。

① 排架结构。

排架结构是目前最基本、最普遍的结构形式，有屋面

单层工业厂房的　　单层厂房.avi
结构类型.mp4

(或屋面梁)、柱和基础组成。柱与屋架铰接，与基础刚接。根据生产工艺和使用要求的不同，排架结构可做成等高。不等高和锯齿形等多种形式。排架结构其跨度可超过 30m，高度可达 20~30m 或者更高，吊车吨位可达 150t 甚至更大。排架结构传力明确，构造简单，施工亦较方便。

【案例 13-2】 2008 年 2 月 1 日晚至 2 日凌晨，受雪灾的影响，地处江西某地的某公司 2 万多平方米的厂房发生大面积坍塌，厂房内的生产设备损毁严重，造成了严重的经济损失，所幸无人员伤亡。近年来，工程事故屡见不鲜，造成了无数人员伤亡和财产损失，这对于我们工程从业人员是惨痛的教训。试分析此次厂房倒塌的原因。

② 钢架结构。

钢架结构是柱与横梁刚体接成一个构件，柱与基础通常为铰接。钢架的优点是梁柱合一、构件种类少、制作较简单，且结构轻巧，如图 13-7 所示。当跨度和高度较小时，其经济指标稍优于排架结构。钢架的缺点是钢架较差，承载后会产生跨变，梁柱转角处易产生早期裂缝，所以对于有较大吨位吊车的厂房，钢架的应用受到一定的限制。

(a)三铰折线形门式钢架

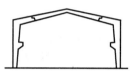
(b)两铰折线形门式钢架

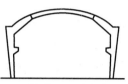
(c)两铰拱形门式钢架

图 13-7　钢架结构示意图

(2) 按结构材料：砌体结构、混凝土结构、钢结构等。

(3) 按屋架材料：木屋架、混凝土薄腹梁、各种形状的混凝土屋架、梯形及弧形钢屋架等。

(4) 按檩条：有檩、无檩。

(5) 按行车：无吊车、单轨吊、梁式吊、桥式吊等。

【案例 13-3】 某生产车间为单层四跨轻钢厂房，屋面采用压型钢板檩条为冷弯薄壁型钢檩条，屋架为变截面 H 形钢梁门式钢架，跨度为 35m，总长 80m。厂房建筑面积约为 11200m²。原设计檩条为连续 Z 形檩条，而施工当中，将其施工为简支檩条，连续钢梁在中间支座处也被施工为铰接，已投入使用 2 年，业主在使用期间又在檩条上增加了消防喷淋。3 年后该厂房倒塌。试问该厂房倒塌原因。

2. 单层工业厂房的主要组成构件

(1) 屋盖结构。

屋盖结构包括屋面板、屋架(或屋面梁)、天窗架及托架等。

(2) 吊车梁。

吊车梁安放在柱子伸出的牛腿上，它承受吊车自重、最大吊重及刹车冲击，并将荷载传递给柱子。

单层工业厂房的主要组成构件.mp4

(3) 柱子。

柱子主要承重构件，承受屋盖、吊车梁、墙体上的荷载及风载，并传递给基础。

(4) 基础。

基础承担柱子上的全部荷载，以及基础梁上部分墙体荷载，并由基础传递给地基，基础采用独立基础。

(5) 外墙围护系统。

外墙围护系统包括厂房四周的外墙、抗风柱、墙梁和基础梁等，这些构件主要承受墙体和构件的自重以及作用在墙体上的风载等。

(6) 支撑系统。

支撑系统包括柱间支撑、屋盖支撑。作用是加强厂房结构空间的整体刚度和稳定性，主要传递水平风荷载以及吊车产生的冲切力。

3. 单层工业厂房的主要维护结构

(1) 屋面。

它是厂房维护结构的主要部分，受自然条件直接影响，必须处理好屋面的排水、防水、保温、隔热等方面问题。

(2) 外墙。

厂房外墙通常采用自承重墙形式，除承自重和风荷载外，主要起防风、防雨、保温、隔热、遮阳、防火等作用。

(3) 门窗：起交通、采光、通风作用。

(4) 地面：它满足生产使用要求，提供良好的劳动条件。

4. 单层厂房中主要支撑及其作用

为了使厂房的各个构件相互联系，形成空间骨架来抵抗外部作用，单层厂房必须加设支撑系统。

(1) 屋架间的垂直支撑及水平系杆，是保证屋架的整体稳定，当吊车工作时防止屋架下弦发生侧向颤动。

(2) 屋架间的横向水平支撑形成刚性框架，增强屋盖的整体刚度，保证屋架上弦或屋面梁上翼缘的侧向稳定，同时可将抗风柱传来的风力传递到纵向排架柱顶上。

(3) 屋架间的纵向水平支撑提高厂房刚度，保证横向水平力的纵向分布，加强横向排架的空间工作。

单层厂房中主要
支撑及其
作用.mp4

(4) 天窗架间的支撑包括天窗架上弦横向水平支撑和天窗架间的垂直支撑，前者的作用是传递天窗端壁所受的风力和保证天窗架上弦的侧向稳定，后者的作用是保证天窗架的整体稳定，应在天窗架两端的第一柱间设置。

(5) 柱间支撑，提高厂房纵向刚性和稳定性，如图13-8所示。

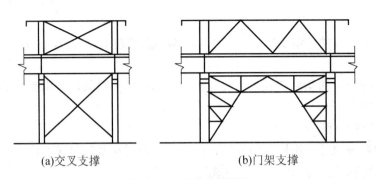

图 13-8 柱间支撑形式

13.2.2 单层工业厂房的主体结构构造

厂房结构一般是由屋盖结构，吊车梁(或桁架)、各种支撑以及墙架等构件组成的空间体系。

这些构件按其所起作用可分为下面几类：横向框架、屋盖结构、支撑体系(屋盖部分支撑和柱间支撑、支撑体系、吊车梁和制动梁(或制动桁架)。

1. 厂房构件

1) 屋盖结构

厂房屋盖围护与承重作用，它包括覆盖构件(如屋面板或檩条、瓦等)和承重构件(如屋架或屋面架)两部分。

(1) 无檩屋盖：无檩屋盖一般用于预应力混凝土大型屋面板等重型屋面，将屋面板直接放在屋架或天窗架上。预应力混凝土大型屋面板的跨度通常采用 6m，有条件时也可采用 12m。当柱距大于所采用的屋面板跨度时，可采用托架支承中间屋架。

(2) 有檩屋盖：有檩屋盖常用于轻型屋面材料的情况。如压型钢板、压型铝合金板、石棉瓦、瓦楞铁皮等。石棉瓦和瓦楞铁皮屋面，屋架间距通常为 6m；当柱距大于或等于 12m 时，则用托架支承中间屋架。钢板和压型铝合金板屋面，屋架间距常大于或等于 12m。

2) 屋盖承重构件

屋架是屋盖结构的主要承重构件，直接承受屋面荷载，有些厂房的屋架还承受悬挂吊车、管道或其他工艺设备及天窗架等荷载。屋架和柱屋面结构件连接起来，使厂房组成一个整体的空间结构，对保证厂房空间刚度起着重要作用。除了跨度很高很大的重型车间和高温车间采用钢屋架之外，一般多采用钢筋混凝土屋面梁和各种形式的钢筋混凝土屋架。

(1) 屋架形式。

屋架按其形式可分为屋面梁、两铰(或三铰)拱屋架、桁架式屋架三大类。

(2) 屋架托架。

当厂房全部或局部柱间距为 12m 或 12m 以上，屋架间距仍保持 6m 时，需在 12m 柱间距设置托架来支撑中间屋架，通过托架，屋架上的荷载传递给柱子，吊车梁也相应采用 12m 长。托架有预应力混凝土和钢托架两种。

3) 屋盖的覆盖构件

(1) 屋面板。

目前,厂房中应用较多的是预应力混凝土屋面板,其常用的外形尺寸是 1.5×6m,为了配合屋架尺寸和檐口做法,还有 0.9×6m 的嵌板和檐口板,如图 13-9 所示。

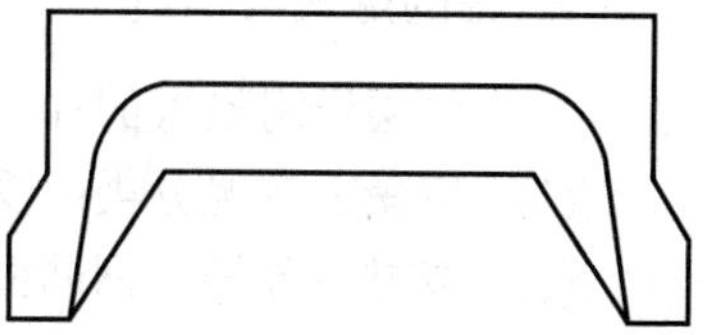

(2) 天沟板。

预应力混凝土天沟板的截面形状为槽形,两边柱高低不同,低柱依附在屋面板边,高柱在外侧,安装时应注意其位置。天沟板宽度是随屋架宽度和排水方式而确定的,如图 13-10 所示。

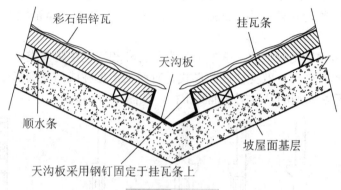

图 13-9 嵌板

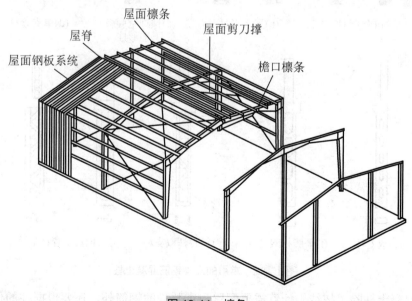

图 13-10 天沟板

(3) 檩条。

檩条起着支撑槽瓦或小型屋面等作用,并将屋面荷载传给屋架,如图 13-11 所示。檩条有钢筋混凝土、型钢和冷弯钢板檩条。

图 13-11 檩条

2. 柱的形式与构造

1) 单层厂房设置的柱分类

(1) 按受力状况分类：受力框(排)架柱、抗风柱、构造柱；

(2) 按材料分类：钢筋混凝土柱、钢结构柱；

(3) 按截面类型分：钢筋混凝矩形柱、钢筋混凝土工字形柱；型钢柱、格构式柱等。

矩形柱.avi

排架柱：排架柱是厂方结构中的主要承重构件之一。它主要承受屋盖和吊车梁等竖向荷载、风荷及吊车产生的纵向和横向水平荷载，有时还承受墙体、管道设备等荷载。所以柱应具有足够的抗压和抗弯能力，并通过结构计算来合理确定截面尺寸和形式。

一般工业厂房多采用钢筋混凝土柱。跨度、高度和吊车起重量都较大的大型厂房可采用钢柱。

单层工业厂房钢筋混凝土柱，基本上分为单支柱和双支柱两大类。单支柱截面形式有矩形、工字形及单管圆形。双支柱截面形式是有两支矩形柱或两支圆形管柱，用腹杆连接而成。单层工业厂房常用的几种钢筋混凝土柱，如图 13-12 所示。

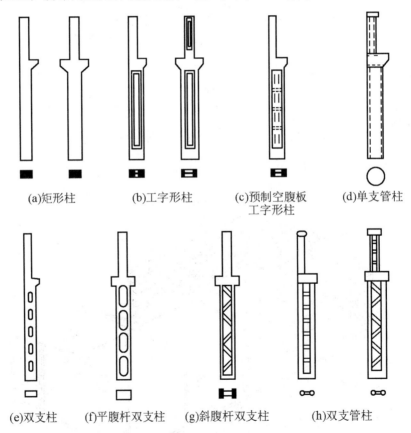

图 13-12 常用的几种钢筋混凝土柱

钢筋混凝土柱除了按结构计算需要配置一定数量的钢筋外，还要根据柱的位置以及柱与其他构建连接的需要，在柱上预先埋设铁件。如柱与屋架、柱与吊车梁、柱与连系梁或圈梁、柱与砖墙或大型墙板之间等。

2) 厂房柱设置要求

(1) 抗震设防 8 度和 9 度时，宜采用矩形、工字形截面柱或斜腹杆双支柱，不宜采用薄壁工字形柱、腹板开孔工字形柱、预制腹板的工字形柱和管柱。

厂房柱设置要求.mp4

(2) 柱底至室内地坪以上 500mm 范围内和阶形柱的上柱宜采用矩形截面。厂房的柱距一般为 6m，边柱柱距为 5.4m，跨度一般为 3m 的整数倍。柱距以柱中心为轴线，跨度以柱外边线为轴线。厂房的围护结构(墙)一般为外包厂房柱。墙厚一般为 240mm(南方)、370mm(北方)。当然，有特殊要求的除外，柱截面尺寸一般分为下柱和上柱，柱宽一般都为 400mm，下柱有可能会支承吊车，截面高度稍大，为 600mm 或以上，上柱仅支承屋架(屋面梁)，截面高度一般为 400mm 或略小于 400mm。防风墙一般应称为山墙，墙内侧距边柱中心一般为 600mm，并在墙内侧设抗风柱，抗风柱要与边跨屋架连接。

13.2.3 单层工业厂房的墙体构造

单层工业厂房的外墙按承重方式可分为承重墙、承自重墙和框架墙等。高大厂房的上部墙体及厂房高低跨交接处的墙体，采用架空支承在排架柱上的墙梁(连系梁)来承担，这种墙称框架墙。

单层工业厂房的外墙按材料分有砖墙、板材墙、开敞式外墙等。

1. 砖砌外墙

按墙与柱的相对位置，单层厂房墙与柱的位置有四种方案，如图 13-13 所示。

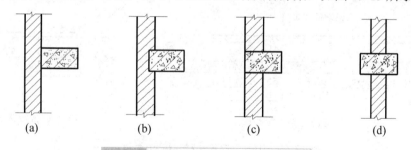

图 13-13 框架墙的墙、柱平面位置关系

2. 外墙与柱、屋架、屋面板、山墙的连接

做法是沿柱子高度方向每隔 500~600mm 预埋两根 $\phi 6$ 钢筋，砌墙时把伸出的钢筋砌在墙缝里。纵向女儿墙与屋面板之间的连接采用钢筋拉结措施，即在屋面板横向缝内放置一根 $\phi 12$ 钢筋，并与屋面板纵缝内及纵向外墙中各放置一根 $\phi 12$ 长度为 1000mm 的钢筋连接，形成工字形的钢筋，然后在缝内用 C20 细石混凝土捣实。山墙与屋面板构造连接，如图 13-14 所示。

3. 钢筋混凝土板材墙的构造

(1) 钢筋混凝土墙板规格及类型。

钢筋混凝土墙板的长度和高度采用扩大模数 3M，厚度采用分模数 1/5M。长度有 4500mm、6000mm、7500mm、12000mm 四种，高度有 900mm、1200mm、1500mm、1800mm 四种，常用的厚度为 160～240mm。

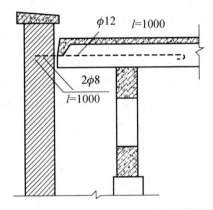

图 13-14 工业厂房山墙与屋面板的连接

钢筋混凝土墙板按材料和构造方式分有单一材料墙板和复合墙板。

单一材料墙板有钢筋混凝土槽形板、空心板和配筋轻混凝土墙板，如图 13-15 所示。

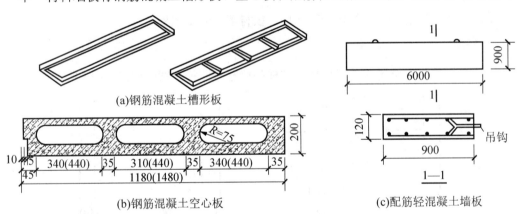

图 13-15 工业厂房单一材料墙板(单位：mm)

复合墙板是指采用承重骨架、外壳及各种轻质夹芯材料所组成的墙板。

(2) 墙板布置。

墙板布置方式有横向布置、竖向布置和混合布置三种。

横向布置山墙时，墙身部分同侧墙，山尖处的布置有台阶形、人字形、折线形等，如图 13-16 所示。

(3) 墙板和柱的连接。

墙板与柱的连接分为柔性连接和刚性连接两种。

柔性连接是指通过墙板和柱的预埋件和连接件将二者拉结在一

墙板和柱的连接.mp4

起。柔性连接的方法有螺栓连接和压条连接两种做法。螺栓连接在水平方向用螺栓、挂钩等辅助件拉结固定，在垂直方向每3~4块板设一个钢支托支承。压条连接是在墙板上加压条，再用螺栓(焊于柱上)将墙板与柱子压紧拉牢。

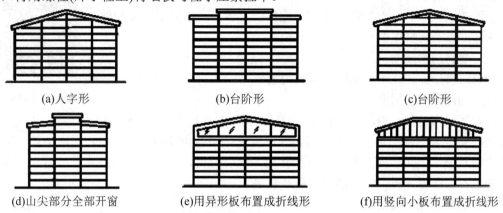

图 13-16　工业厂房山墙墙板的布置

13.2.4　单层工业厂房的其他构造

1. 屋顶构造

厂房屋顶除应满足与民用建筑屋顶相同的防水、保温、隔热、通风等要求外，还应考虑吊车传来的冲击，振动荷载以及散热和防爆等要求。为了提高施工速度，屋顶应尽量采用预制装配式结构和构件。

1) 屋面排水

屋面排水方式可分为有组织排水和无组织排水两种。如屋面设置天沟、檐沟、雨水口、雨水管等设备，对屋面雨水进行有组织的疏导，则称为有组织排水；如屋面上不设排水设备，屋面雨水由檐口自由落到地面，则称为无组织排水。

根据排水管道的布置位置，有组织排水又可分为天沟外排水、内排水和悬吊管外排水三种。

(1) 天沟外排水。

天沟外排水是将屋面雨水排至檐沟，再经雨水管流入室外明沟。管道不经过室内，用料较省，检修方便，但在寒冷地区因冬季融雪易将雨水管冻结堵塞，故不宜采用此排水方式。

(2) 内排水。

内排水是将屋面雨水通过天沟、雨水口和室内立管，从地下管沟排出。大面积多跨厂房的中间部分以及寒冷地区的厂房，常采用此种排水方式。内排水的构造比较复杂，消耗管材较多，造价和维修费用高。

(3) 悬吊管外排水。

为了避免厂房地下的雨水管沟与工艺设备、管线发生矛盾，在设备和

有组织排水.mp4

内排水.avi

悬吊管外排水.avi

管沟较多的多跨厂房中，可采用悬吊管外排水方式。它是把天沟中的雨水经过悬吊管引向外墙处排出的。

2) 屋面防水

屋面防水做法有：卷材防水屋面、刚性防水屋面、钢筋混凝土构件自防水屋面以及瓦材屋面等。

(1) 卷材防水屋面。

卷材防水屋面在我国单层厂房中应用最广泛。

(2) 构件自防水屋面。

屋面防水.mp4

这种屋面指的是利用屋面构件(如大型屋面板、F 形屋面板等)自身的混凝土密实度来达到防水目的的屋面。在不要求做保温和隔热的厂房中，采用钢筋混凝土构件自防水屋面，可以充分发挥构件的作用，节省材料，降低造价。但要求材料、构造设计及施工都必须保证质量，才能取得防水效果。

(3) 石棉水泥瓦屋面。

这种屋面材料自重轻，施工方便，造价低；但材料脆性大，在运输和施工、使用过程中容易破碎，保温性能也较差，一般只用于保温要求不高的小型厂房或仓库中。

3) 屋面的保温

目前厂房屋面的保温一般采用夹芯板，夹芯板有成品的，也有在现场复合的。其结构是一样的，上下两层彩钢板，中间夹保温材料，保温材料一般采用 80～100mm 厚的岩棉或玻璃丝棉。如果需要保温效果更好，墙面也要采取这种结构形式。

2. 天窗的构造

在大跨度和多跨度的单层工业厂房中，为了满足天然采光和自然通风的要求，常在厂房的屋顶设置各种类型的天窗。大部分天窗都同时兼有采光和通风双重作用，其中主要起采光作用的有矩形天窗、锯齿形天窗、平天窗、三角形天窗、横向下沉式天窗等，主要用作通风的有矩形避风天窗、纵向或横向下沉式天窗、井式天窗、M 形天窗等，下面着重介绍矩形天窗。

矩形天窗在我国南北方均适用，是应用最为广泛的一种。矩形天窗沿厂房的纵向布置，为简化构造和检修的需要，在厂房两端及变形缝两侧的第一个柱间一般不设天窗，每段天窗的端部设置上天窗屋顶的检修梯。矩形天窗主要由天窗架、天窗屋面板、天窗端壁、天窗侧板、天窗扇等组成。

矩形天窗的组成如下：

(1) 天窗架。

天窗架是天窗的承重构件，它支承在屋架或屋面梁上，常用的有钢筋混凝土和型钢天窗架，跨度为 6m、9m、12m。

(2) 天窗扇。

天窗扇多为钢材制成，按开启方式分有上悬式和中悬式，可按一个柱距独立开启分段设置，也可按几个柱距同时开启通长设置。

(3) 天窗侧板。

天窗侧板是天窗下部的围护构件，它的主要作用是防止屋面的雨水溅入车间以及积雪，为防止挡住天窗扇影响开启，屋面至侧板顶面的高度一般应不小于 300mm，常有大风雨或多雪地区应增高至 400～600mm，侧板常采用钢筋混凝土槽形板。

(4) 天窗屋面及檐口。

天窗屋面通常与厂房屋面的构造相同，由于天窗宽度和高度均较小，故多采用无组织排水，并在天窗檐口下部的屋面上铺设滴水板，雨量多或天窗高度和宽度较大时，宜采用有组织排水。

(5) 天窗端壁。

天窗两端的山墙称为天窗端壁，常用预制钢筋混凝土端壁板，它不仅使天窗尽端封闭起来，同时也支承天窗上部的屋面板。

3. 侧窗和大门构造

1) 单层工业厂房侧窗的类型

(1) 按材料分，有木窗、钢窗和钢筋混凝土窗；

(2) 按层数分，有单层窗、双层窗；

(3) 按开启方式分，有中悬窗、平开窗、固定窗、立转窗等。

2) 单层厂房的侧窗的特点

(1) 中悬窗的窗扇沿水平中轴转动，开启角度大，通风良好，便于采用侧窗开关器进行启闭，宜设在外墙的上部。

(2) 平开窗构造简单，通风效果好，开关方便，但防雨较差，而且只能用手开关，不便于设置联动开关器，宜布置在外墙的下部作为进气口。

(3) 固定窗构造简单，节省材料，宜设置在外墙的中部，主要用于采光。

(4) 立转窗的窗扇沿垂直轴转动，通风好，可根据风向调整窗扇，常用于热加工车间的外墙下部作为进风口。

厂房侧窗洞口尺寸一般比较大，根据车间通风的需要，通常将平开窗、中悬窗、固定窗组合在一起。为了便于安装开关器，侧窗组合时，在同一横向高度内应采用相同的开启方式。

3) 单层厂房大门

为了使满载货物的车辆能顺利地通过大门，门的宽度应比满载货物的车辆外轮廓宽 600～1000mm，高度则应高出 400～500mm。为了便于采用标准构配件，大门的尺寸应符合《建筑模数协调标准》的规定，以 300mm 作为扩大模数进级。

(1) 按用途可分为一般大门和有特殊要求的大门(如保温、防火等)；

(2) 按门扇材料分为木门、钢木门、钢板门、铝合金门等；

(3) 按开启方式分为平开门、推拉门、折叠门、上翻门、升降门、卷帘门等。

4) 大门洞口尺寸的确定

当门洞宽度大于 3m 时，应采用钢筋混凝土门框。边框与墙体之间应采用拉筋连接，并在铰链位置上预埋铁件。

当门洞宽度小于 3m 时，采用砖砌门框，并在安装铰链的位置砌入有预埋铁件的预制块，且用拉筋与墙体连接。

4. 地面的构造

单层工业厂房地面与民用建筑地面基本构造层一样，一般由面层、垫层和基层组成。当它们不能充分满足使用要求和构造要求时，可增设其他构造层，如结合层、隔离层、找平层等，可统称为附加层。

1) 面层选择

面层是地面最上的表面层，它直接承受各种物理、化学作用，如摩擦、冲击、冷冻、酸碱侵蚀等，因此应根据生产特征、使用要求和技术经济条件来选择面层和厚度。

2) 隔离层

为满足厂房地面的防腐蚀要求，需设隔离层。常用的隔离层有石油沥青油毡、热沥青等。

3) 不同材料接缝

一个厂房内，由于各工段生产工艺要求不同，可能出现两种不同材料的地面，由于强度不同、材料的性质不同，接缝处是最易破坏的地方，应根据不同情况采取不同的措施。

本 章 小 结

本章主要讲解了工业建筑构造概念、分类、设计原则以及运输设备；了解了单层工业厂房的组成；掌握了单层工业厂房的主体结构构造、墙体构造以及其他构造。

实 训 练 习

一、单选题

1. 关于吊车厂房结构温度区段的纵向排架柱间支撑布置原则，下列(　　)项为正确做法。
   A. 下柱支撑布置在中部，上柱支撑布置在中部及两端
   B. 下柱支撑布置在两端，上柱支撑布置在中部
   C. 下柱支撑布置在中部，上柱支撑布置在两端
   D. 下柱支撑布置在中部及两端，上柱支撑布置在中部

2. 当单层工业厂房纵向排架柱列数为(　　)时，纵向排架也需计算。
   A. 8   B. 9   C. 6   D. 7

3. 排架计算时，对一单层单跨厂房的一个排架，应考虑(　　)台吊车。
   A. 4 台   B. 2 台
   C. 3 台   D. 按实际使用时的吊车台数计

4. 大部分短牛腿的破坏形式属于(　　)。
   A. 剪切破坏   B. 斜压破坏   C. 弯压破坏   D. 斜拉破坏

5. 排架结构内力组合时，任何情况下都参与组合的荷载是(　　)。
   A. 活荷载   B. 风荷载
   C. 吊车竖向和水平荷载   D. 恒荷载

第 13 章　单层厂房构造

二、多选题

1. 单层厂房中吊车梁的形式有(　　)。
   A. 三角形　　　　B. 梯形　　　　C. 拱形
   D. 折线形　　　　E. 鱼腹形

2. 单层工业厂房的组成部分包括(　　)。
   A. 屋面板　　　　B. 柱子　　　　C. 基础
   D. 支撑系统　　　E. 吊车梁

3. 关于单层厂房安装前的准备工作，以下说法不正确的是(　　)。
   A. 钢筋混凝土构件在运输时的混凝土强度不应高于设计规定的强度
   B. 运输道路应有足够的转弯半径
   C. 构件在安装后才在构件表面上弹出中心线
   D. 较长而重的构件应根据运输方向确定装车方向
   E. 检查并清理构件

4. 单层厂房是排架结构房屋的典型，单层工业厂房由(　　)组成。
   A. 屋盖结构　　　　B. 吊车梁　　　　C. 承重墙、柱、基础
   D. 柱子、基础、支撑　E. 围护结构

5. 矩形天窗的组成(　　)。
   A. 天窗架　　　　B. 天窗扇　　　　C. 天窗侧板
   D. 天窗屋面及檐口　E. 天窗端壁

三、填空题

1. 厂房屋盖结构有_____、_____两种类型。
2. 厂房横向排架是由_____、_____、_____组成。
3. 厂房纵向排架是由_____、_____、_____、_____组成。
4. 屋架之间的支撑包括_____、_____、_____、_____。
5. 钢筋混凝土排架结构单层厂房当室内最大间距为_____，室外露天最大间距为_____时，需设伸缩缝。
6. 柱间支撑按其位置可分为_____和_____。
7. 单厂排架内力组合的目的是_____。

四、简答题

1. 简述工业建筑的特点。
2. 单层工业厂房的结构类型分为哪两大类？
3. 单层工业厂房的主要组成构件有哪些？
4. 简述矩形天窗的组成。

第 13 章 单层厂房构造习题答案.pdf

实训工作单一

班级		姓名		日期	
教学项目	单层厂房结构构造				
任务	了解单层厂房的构造检测		单层厂房类型	1.钢筋混凝土 2.钢结构	
相关知识					
工作过程记录					
评语			指导老师		

第 13 章　单层厂房构造

实训工作单二

班级		姓名		日期	
教学项目	单层厂房施工工艺				
任务	了解单层厂房的施工工艺		单层厂房的结构	1.外墙围护系统 2.支撑系统	
相关知识					

工作过程记录

评语			指导老师		

参 考 文 献

[1] 中华人民共和国建设部. GB/T 50001—2001 房屋建筑制图统一标准[M]. 北京：中国计划出版社，2002.
[2] 中华人民共和国建设部. GB/T 50103—2001 建筑制图标准[M]. 北京：中国计划出版社，2002.
[3] 中华人民共和国建设部. GB/T 50104—2001 建筑制图标准[M]. 北京：中国计划出版社，2002.
[4] 中华人民共和国建设部. GB/T 50105—2001 建筑结构制图标准[M]. 北京：中国计划出版社，2002.
[5] 郑贵超，赵庆双. 建筑构造与识图[M]. 北京：北京大学出版社，2009.
[6] 肖明和. 建筑工程制图[M]. 北京：北京大学出版社，2008.
[7] 卢传贤. 土木工程制图[M]. 3 版. 北京：中国建筑工业出版社，2008.
[8] 崔光大. 建筑图学[M]. 北京：巨流图书公司，2006.
[9] 吴书琛. 建筑识图与构造[M]. 北京：高等教育出版社，2002.
[10] 赵研. 建筑识图与构造[M]. 2 版. 北京：中国建筑工业出版社，2008.
[11] 白丽红. 建筑工程制图与识图[M]. 北京：北京大学出版社，2009.
[12] 林启迪. 工程制图基础[M]. 合肥：中国科学技术大学出版社，2006.